生态环境监测技术与应用研究

刘　鑫　刘翠翠　姜海静 著

吉林科学技术出版社

图书在版编目（CIP）数据

生态环境监测技术与应用研究 / 刘鑫，刘翠翠，姜海静著. -- 长春 : 吉林科学技术出版社，2024.3

ISBN 978-7-5744-1249-1

Ⅰ. ①生… Ⅱ. ①刘… ②刘… ③姜… Ⅲ. ①生态环境一环境监测一研究 Ⅳ. ①X835

中国国家版本馆 CIP 数据核字 (2024) 第 068710 号

生态环境监测技术与应用研究

著　　刘　鑫　刘翠翠　姜海静
出 版 人　宛　霞
责任编辑　吕东伦
封面设计　树人教育
制　　版　树人教育
幅面尺寸　185mm×260mm
开　　本　16
字　　数　300 千字
印　　张　13.375
印　　数　1~1500 册
版　　次　2024 年 3 月第 1 版
印　　次　2024 年12月第 1 次印刷

出　　版　吉林科学技术出版社
发　　行　吉林科学技术出版社
地　　址　长春市福祉大路5788 号出版大厦A 座
邮　　编　130118
发行部电话/传真　0431-81629529 81629530 81629531
81629532 81629533 81629534
储运部电话　0431-86059116
编辑部电话　0431-81629510
印　　刷　廊坊市印艺阁数字科技有限公司

书　　号　ISBN 978-7-5744-1249-1
定　　价　85.00元

前　言

随着社会经济和文明的持续发展，地球上存在的环境污染问题越来越严重。如今环境已成为我们广泛关注的对象，生态环境保护是一项重要工作。在生态环境保护工作开展的过程中，生态环境监测工作可以说是最基础的工作，它能有效地促进环境保护工作的顺利进行。面对日益严峻的生态环境形势，社会大众对生态环境保护的关注度在不断提高。基于此，本书对环境监测与生态环境保护展开了研究。

环境监测是监视、准确测定自然环境质量的重要手段，是主要涉及特定、监视性、研究性等方面的监测工作。在环境监测的指引下，人们可以及时了解到环境质量及其污染程度，从而得出准确的环境变化数据，以便预测出未来环境污染的大致趋势和后果，并提出有效的环境保护措施。由此可见，在保护生态环境的过程中，环境监测起到了至关重要的作用。但伴随着环境保护的持续增强和环境监测专业技术的快速更新，我国需要积极采取发展措施，以进一步做好环境监测工作，更好地保护大自然，改善环境质量，促进全社会的可持续发展。本书就是围绕环境监测与生态保护展开的分析。

为了确保研究内容的丰富性和多样性，笔者在写作过程中参考了大量理论与研究文献，在此向涉及的专家学者表示衷心的感谢。

最后，限于笔者水平，加之时间仓促，本书难免存在一些不足，在此，还望同行专家和读者朋友能够批评指正！

目 录

第一章 环境监测与生态环境监测概述

环境监测技术（Technique of Environment Monitoring）是随着环境科学的形成和发展而产生的，在环境分析的基础上发展起来的，它是用现代科学技术方法测取、运用环境质量数据资料的科学活动，是用科学的方法监视和检测可以反映环境质量及其变化趋势的各种数据的过程。用监测到的数据表征环境质量的变化趋势及污染的来龙去脉为目的，它是环境保护的基础工作。

环境监测的过程一般为：现场调查→监测计划设计→优化布点→样品采集→运送保存→分析测试→数据处理→综合评价。

从信息技术角度看，环境监测是环境信息的捕获→传递→解析→综合的过程。只有在对监测信息进行解析、综合的基础上，对各种有关污染因素、环境因素在一定范围、时间、空间内进行测定，分析其综合测定数据，才能全面、客观、准确地揭示监测数据的内涵，对环境质量及其变化做出正确的评价。

环境监测的对象包括：反映环境质量变化的各种自然因素；对人类活动与环境有影响的各种人为因素；对环境造成污染危害的各种成分。

第一节 环境监测的目的、内容与类型

一、环境监测的目的

环境监测的任务主要包括以下六项。

（1）确定污染物质的浓度、分布现状、发展趋势和速度，以追究污染物的污染途径和污染源，并判断污染物在时间和空间上的分布、迁移、转化和发展规律。

（2）确定污染源造成的污染影响，掌握污染物作用于大气、水体、土壤和生态系统的规律性，判断浓度最高和问题潜在最严重的区域所在，以确定控制和防治的对策，评价防治措施的效果。

（3）为研究污染扩散模式，做出新污染源对环境污染影响的预期评价及环境污染

的预测预报，提供数据资料。

（4）判断环境质量是否符合国家制定的环境质量标准，定期提交环境质量报告。

（5）收集环境本底数据，积累长期监测资料，为研究环境容量、实施总量控制和完善环境管理体系提供基础数据。

（6）为保护人类健康、保护环境、合理使用资源、制定和修订各种环境法规与标准等提供依据。

二、环境监测的内容

人类生存在地球表面上。地球可划分为不同物理化学性质的圈层，即覆盖地球表面的大气圈、以海洋为主的水圈、构成地壳的岩石圈及它们共同构成生物生存与活动的生物圈等，这些总称人类生存与活动的环境。环境监测就是以这个环境的各个部分和局部为对象，监测影响环境的各种有害物质和因素。

物质从宏观上说是由元素组成的；从微观结构上来说是由分子（多以共价键）、原子（金属键）或离子（离子键）构成，依其组成和结构的不同，物质有两种形式：一种是无机物，另一种是有机物。

无机物：有单质（包括金属、非金属等）和化合物（包括氧化物、络合物及酸、碱、盐等）。

有机物碳氢化合物是，包括烃类（链烃和环烃）和烃的衍生物（包括卤代烃、酚、醛、酮、酯、胺、酰胺硝基化合物等）。在自然界中，无机物有10余万种；有机化合物有600余万种，所以对影响环境的各种有害物质和因素的监测必然是：无机（包括金属和非金属）污染物监测、有机（包括农药化肥）污染物监测及物理能量（噪声、振动、电磁、热、放射性）污染监测。因而我们可以依据不同污染物的特性，有针对性地选用不同的监测分析技术和方法。对于无机污染物、金属、非金属而言，适用离子、原子分析技术；对于化合物，则适用分子分析、色质谱法等。

通常环境监测内容以其监测的介质（或环境要素）为对象分为：空气污染监测、水体污染监测、土壤污染监测、生物监测、生态监测、物理污染监测（包括噪声、振动污染监测，放射性污染监测，电磁辐射监测等）。

（1）空气污染监测：空气污染监测的主要任务之一是监测和检测空气中的污染物及其含量，目前已认识的空气污染物有100多种，这些污染物以分子和粒子状两种形式存在于空气中，分子状污染物的监测项目主要有SO_2、NO_2、CO、O_3、总氧化剂、卤化氢以及碳氢化合物等。粒子状污染物的监测项目主要有TSP、IP、PM2.5自然降尘量及尘粒的化学组成如重金属和多环芳烃等。此外，酸雨的监测，局部地区还可根据具体情况增加某些特有的监测项目。

因为空气污染的浓度与气象条件有密切关系，因此在监测空气污染的同时还要测定风向、风速、气温、气压等气象参数。

（2）水体污染监测：水体污染监测包括水质监测与底质（泥）监测，就水质来说，便有未被污染或已 受污染的天然水（包括江、河、湖、海和地下水）、各种各样的工业废水和生活污水等。主要监测项目大体可分为两类：一类是反映水质污染的综合指标，如温度、色度、浊度、闭、电导率、悬浮物、溶解氧（DO）、化学需氧量（COD）和生化需氧量（BOD）等；另一类是一些有毒物质，如酚、氰、铅、铬、镉、汞、镍和有机农药、苯并芘等。除上述监测项目外，还要对水的流速和流量进行测定。

（3）土壤污染监测：土壤污染主要是由两方面因素引起的：一是工业废弃物，主要是废水和废渣；另一方面是使用化肥和农药所带来的有机物。其中工业废弃物是土壤污染的主要原因，土壤污染的主要监测任务是对土壤、作物、有害的重金属如铬、铅、镉、汞及残留的有机农药等事物进行监测。

（4）生物监测：与人类一样，地球上的生物也是以大气、水体、土壤以及其他生物为生存和生长的条件。无论是动物或植物，都是从大气、水体和土壤（植物从阳光）中直接或间接地汲取各自所需的营养。在它们汲取营养的同时，某些有害的污染物也进入体内，其中有些毒物在某些生物体中还会富集，从而使动植物生长和繁殖受到损害，甚至死亡。受害的生物、作物，用于人的生活，也会危害人体健康。因此，生物体内有害物的监测、生物群落种群的变化监测也是环境监测的对象之一。具体监测项目依据具体状况而定。

（5）生态监测：生态监测就是观测与评价生态系统对自然变化及人为变化所作出的反应，是对各类生态系统结构和功能的时空格局的度量。它包括生物监测和地球物理化学监测。生态监测是比生物监测更复杂、更综合的一种监测技术，是利用生命系统（无论哪一层次）为主进行环境监测的技术。

(6)物理污染监测：包括噪声、振动、电磁辐射、放射性等物理能量的环境污染监测。物理污染虽然不同于化学污染物质引起人体中毒，但超过其阈值会直接危害人的身心健康，尤其是放射性物质所放射的 α、β 和 γ 射线对人体损害更大，所以对物理因素的污染监测也是环境监测的重要内容。

上述监测对象基本上都包括环境监测和污染源监测。这里所谓的环境，可以是一个企业、矿区、城市地区、流域等。在任何一个监测对象中，都包括许多项目，要适当地对其加以选择。因为环境监测是一项复杂而繁重的工作。在实际工作中，由于受人力、物力及技术水平和环境条件的限制，不能也不可能对所涉及的项目全部监测，因此，要根据监测目的、污染物的性质和危害程度，对监测项目进行必要的筛选，从中挑选出对解决问题最关键和最迫切的项目。选择监测项目应遵循如下原则。

第一，对污染物的性质如自然性、化学活性、毒性、扩散性、持久性、生物可分解性和积累性等进行全面分析，从中选出影响面广、持续时间长、不易或不能被微生物所分解而且能够使动植物发生病变的物质作为日常例行的监测项目。对某些有特殊目的或特殊情况的监测工作，则要根据具体情况和需要选择监测的项目。

第二，必须采取可靠的方法与技术。

第三，监测结果所获得的数据，要有可比较的标准或能做出正确的解释和判断，如果监测结果无标准可比，又不了解所获得的监测结果对人体和动植物的影响，则会使监测陷入盲目性。

三、环境监测的类型

1. 监视性监测

监视性监测又叫常规监测或例行监测，是纵向指令性任务，是监测站第一位的工作，是监测工作的主体。其工作质量是环境监测水平的主要标志。监视性监测是对各环境要素的污染状况及污染物的变化趋势进行监测，评价控制措施的效果，判断环境标准实施的情况和改善环境取得的进展，积累质评监测数据，确定一定区域内环境污染状况及发展趋势。

（1）环境质量监测

①空气环境质量监测。通常在县级以上城区进行。任务是对所管辖区空气环境中的主要污染物进行定期或连续的监测，积累空气环境质量的基础数据。据此定期编报空气环境质量状况的评价报告，为研究空气质量的变化规律及发展趋势，为空气污染预测、预报提供依据。

②水环境质量监测。对所管辖区的江河、湖泊、水库以及海域的水体（包括底泥、水生生物）进行定期定位的常年性监测，适时地对地表水（或海水）质量现状及其污染趋势作出评价，为水域环境管理提供可靠的数据和资料。

③环境噪声监测。对所管辖城区的各功能区噪声、道路交通噪声、区域环境噪声进行经常性的定期监测，及时、准确地掌握城区噪声现状，分析其变化趋势和规律，为城镇噪声管理和治理提供系统的监测资料。

（2）污染源监督监测：污染源监督监测是为掌握污染源，监视和检测主要污染源在时间和空气的变化所采取的定期定点的常规性监督监测，包括主要生产、生活设施排放的各种废水的监测，生产工业废气、机动车辆尾气监测，各种锅炉、窑炉排放的烟气和粉尘的监测，噪声、热、电磁波、放射性污染的监督监测等。

污染源监督监测旨在掌握污染源排向环境的污染物种类、浓度、数量，分析和判断污染物在时间和空间上散布、迁移、稀释、转化、净化规律，掌握污染物造成的影响和污染水平，确定污染控制和防治对策，为环境管理提供长期的、定期的技术支持和技术服务。

2. 特定目的性监测

特定目的性监测又叫应急监测或特例监测，是横向服务性任务，是监测站第二位的工作，是仅次于监视性监测的一项重要工作但它不是定期的定点监测，这类监测的内容和形式很多，除一般的地面固定监测外，还有流动监测、低空航测、卫星遥感监测等形式。但都是为完成某项特种任务而进行的应急性的监测，包括以下几方面。

（1）污染事故监测：对各种污染事故进行现场追踪监测，摸清其事故的污染程度和范围，造成的危害大小等。如油船石油溢出事故造成的海洋污染，核动力厂泄漏事故引起放射性对周围空间的污染危害。工业污染源各类突发性的污染事故等均属此类。

（2）纠纷仲裁监测：主要是解决执行环境法规过程中所发生的矛盾和纠纷而改期进行的监测，如排污收费、数据仲裁监测、调解污染事故发生纠纷时向司法部门提供的仲裁监测等。

（3）考核验证监测：主要是对环境管理制度和措施实施考核验证方面的各种监测，如排污许可、目标责任制、企业上等级的环保指标的考核，建设项目“三同时”竣工验收监测、治理项目竣工验收监测等。

（4）咨询服务监测：除了为环境管理、工程治理等做好应急性的服务监测工作外，还可为社会各部门、各单位提供科研、生产、技术咨询，环境评价、资源开发保护等所需要进行的监测。

3. 研究性监测

研究性监测又叫科研监测，属于高层次、高水平、技术比较复杂的一种监测。该监测可依监测站自身能力、水平承担，量力而行，可以充分利用监测站的技术力量，提高自身的监测科研水平，增加效益。

（1）标准法研制监测：为研制监测环境标准物质（包括标准水样、标准气、土壤、尘、粉煤灰、植物等各种标准物质）制订和统一监测分析方法以及优化布点、采样的研究等。

（2）污染规律研究监测：主要是研究并确定污染物从污染源到受体的运动过程。监测研究环境中需要注意的污染物质及它们对人、生物和其他物体的影响。

（3）背景调查监测：专项调查监测某环境的原始背景值，监测环境中污染物质的本底含量，如农药、放射性、重金属等本底调查监测及生态监测、全球环境变化遥感监测等。

（4）综合研究监测：参加某个环境工程、建设项目的开发预测影响的综合性研究。如温室效应、臭氧层破坏、酸雨规律研究等。

这类监测需要化学分析、物理测量和生物生理检验技术和已积累的监测数据资料，运用大气化学、大气物理、水化学、水文学、气象学、生物学、流行病学、毒性学、病理学、地质学、地理学、生态学、遥感学等多种学科知识进行分析研究、科学实验等。进行这类监测事先必须要制订周密的研究计划，并联合多个部门、多个学科协作共同完成。

第二节　环境监测的发展、特点和监测技术概述

一、环境监测的发展

环境科学作为一门学科是在20世纪50年代开始发展起来的。最初危害较大的环境污染事件主要是由于化学毒物所造成，因此，对环境样品进行化学分析以确定其组成、含量的环境分析就产生了。由于环境污染物通常处于痕足级(10-6、10-9数量级)甚至更低，并且基体复杂，流动性、变异性大，又涉及空间分布及变化，所以对分析的灵敏度、准确度、分辨率和分析速度等均提出了很高的要求。因此，环境分析实际上是分析化学的发展。这一阶段称之为污染监测阶段或被动监测阶段。

到了20世纪70年代，随着科学的发展，人们逐渐认识到影响环境质量的因素不仅是化学因素，还有物理因素，例如噪声、光、热、电磁辐射、放射性等。所以用生物（动物、植物）的生态、群落、受害症状等的变化作为判断环境质量的标准更为确切可靠。此外，某一化学毒物的含量仅是影响环境质量的因素之一，环境中各种污染物之间、污染物与其他物质及其他因素之间还存在着相加和拮抗作用。所以环境分析只是环境监测的一部分。环境监测的手段除了化学的，还有物理的、生物的，等等。同时，从点污染的监测发展到面污染以及区域性污染的监测，这一阶段称之为环境监测阶段，也称为主动监测或目的监测阶段。

监测手段和监测范围的扩大，虽然能够说明区域性的环境质量，但由于受采样手段、采样频率、采样数量、分析速度、数据处理速度等的限制，仍不能及时地发现环境质量变化，预测变化趋势，更不能根据监测结果发布并采取应急措施的指令。20世纪80年代初，发达国家相继建立了自动连续监测系统，并使用了遥感、遥测手段。监测仪器用电子计算机遥控，数据用有线或无线传输的方式送到监测中心控制室，经电子计算机处理，可自动打印成指定的表格，画成污染态势、浓度分布图。这样可以在极短时间内观察到空气、水体污染浓度变化，预测预报未来环境质量。当污染程度接近或超过环境标准时，可发布指令、通知并采取保护措施。这一阶段称之为污染防治监测阶段或自动监测阶段。

二、环境监测对象的特点

关于环境分析监测对象的特点可列举如下。

（一）体系复杂且项目繁多

实际环境体系大多是流动的非热力学平衡体系，样品中组分复杂而且可能随时发生变化。即使是样品中同一元素，也可能有多种不同的赋存形态（如物理结合形态、化学异构形态、化合态、价态），要逐一地测定样品中每一组分及每一形态，虽然不无可能，但却是一个既繁杂又艰巨的任务，实际上也是行不通的。针对这种情况，监测工作者可按下述原则来选定监测项目：①本着主要与次要相分开、需要与可能相结合的原则来选定监测项目，即对那些毒性大、数量多、环境影响恶劣的对象作优先监测考虑；②以表征一组物质在环境中总数量水平的非专一性参数来代替该组物质的各单一性的监测项目，由此减少监测工作量。在进行非专一性参数测定时，特别需要严格控制实验条件，并使之标准化。

（二）被测对象微量低浓

由于实际环境体系非常宏大，很多人为污染物的排放又受到严格的规约控制，所以滞留在环境中的污染物通常是微量低浓的，试样中的量值经常为毫克、微克、纳克数量级，浓度数量级相应地为10-6、10-9甚至10-12、这样就大大提高了监测工作的难度。所以对环境样品一般都需要作预处理，使其中对象组经浓集后达到分析检出限以上的浓度或量值。

（三）被测对象的危害性

环境污染物特别是那些化学性污染物大多是有害物质。对人、生物或其他有价值物质会产生即时的或潜在的危险。其主要表现有毒性、致癌、致畸、致突变性、可燃性、腐蚀性、爆炸性、耗氧性、氧化性、富营养作用及破坏生态平衡等，这就要求环境监测工作人员具有高度责任感，同时还要求技术本身具有高度准确性。否则，错误的监测结果会直接贻误环境保护和环境治理工作。对监测数据持“宁缺毋滥”的方针是专业监测人员公认的准则。

（四）被测对象的易变性

由于环境因素十分复杂，致使大多数化学污染物的环境行为都变化多端。研究性监测工作要求掌握污染物在环境介质中的即时行为，这就为监测工作者提出了特殊的更高要求，在很多场合下需要运用自动、在线等实时性监测技术。

三、环境监测的分析技术概述

污染物分析监测技术可按其使用的方法分为化学法、物理法、物理化学法和生物法。

化学法（主要是滴定分析法）是以化学反应为其工作原理的一类方法，适用于样品中常量组分的分析，选择性较差，在测定前常需要对样品进行预处理。该方法简便，操作快捷，所需器具简单，分析费用较低。

物理法和物理化学分析法都是使用仪器进行监测的方法，前者如温度、电导率、噪声、放射性、气溶胶粒度等项目的测定，需要具备专用的仪器和装置。后者又通称仪器分析法，适用于定性和定量分析绝大多数化学物质。

物理化学分析法种类繁多，大体上可分为光学分析法、电化学分析法和色谱分析法3类。光学分析法是利用光源照射试样，在试样中发生光的吸收、反射、透过、折射、散射、衍射等效应，或在外来能量激发下使试样中被测物发光，最终以仪器检测器接收到的光的强度与试样中待测组分含量间存在对应的定量关系而进行分析。环境分析中常用的有分光光度法、原子吸收分光光度法、化学发光法、非分散红外法等。特别是紫外-可见分光光度法是环境分析中最广泛应用的方法，原子吸收分光光度法则是对环境样品中痕埴金属分析最常用的方法。电化学分析法是仪器分析法中的另一个类别，是通过测定试样溶液电化学性质而对其中被测定组分进行定量分析的方法。这些电化学性质是在原电池或电解池内显示出来，包括电导、电位、电流、电量等。环境分析中常用的电化学分析法有电导分析法、离子选择性电极法、阳极溶出伏安法（该方法应用范围在近期有缩减的趋势）等。各种电化学分析法，大多可实施自动化分析，很多方法被国家标准所采纳而成为标准法。色谱分析法可用于分析多组分混合物试样，是利用混合物中各组分在两相中溶解-挥发、吸附-脱附或其他亲和作用性能的差异，当作为固定相和流动相的两相做相对运动时，使试样中各待测组分在两相中反复受上述作用而得以分离后进行分析，在环境分析中常用的有气相色谱法、高效液相色谱法（包括离子色谱法）、色谱-质谱联用法等。色谱分析法承担着对大多数有机污染物的分析任务，也是对环境试样中未知污染物作结构分析或形态分析的最强有力的方法。在各种色谱分析法中，目前还仅限于柱色谱，并没有将属于简易分析法一类的纸层析和薄层层析等方法包括在内。此外，在图中还列示了这些方法的大致适用范围。

为了更好地解决环境监测中繁难的分析技术问题，近年来已越来越多地采用仪器联用的方法。例如气相色谱仪是目前最强有力的成分分析仪器，质谱仪是目前最强有力的结构分析仪器，将两者合在一起再配上电子计算机组成气相色谱-质谱-计算机联用仪（GC-MS-COM），可用于解决环境监测中有关污染物特别是有机污染物分析的大量疑难问题。

生物监测技术是利用植物和动物在污染环境中所产生的各种信息来判断环境质量的方法，这是一种最直接的方法，也是一种综合的方法。

生物监测包括生物体内污染物含量的测定；观察生物在环境中受伤害症状；生物的生理生化反应；生物群落结构和种类变化等。例如：利用某些对特定污染物敏感的植物或动物（指示生物）在环境中受伤害的症状，可以对空气或水的污染做出定性和定量的判断。

四、环境优先污染物和优先监测

目前，世界上已知的化学品有700万种之多，而进入环境的化学物质已达10万种。无论从人力、物力、财力或从化学毒物的危害程度和出现频率的实际情况来说，人们不可能对每一种化学品都进行监测，实行控制，而只能有重点、有针对性地对部分污染物进行监测和控制。这就必须确定一个筛选原则，对众多有毒污染物进行分级排队，从中筛选出潜在危害性大、在环境中出现频率高的污染物作为监测和控制对象。这一筛选过程就是数学上的优先过程，经过优先选择的污染物称为环境优先污染物，简称为优先污染物（priority pollutants）。

在初期，人们控制污染是对一些进入环境数量大（或浓度高）、毒性强的物质如重金属等进行控制，其毒性多以急性毒性反映，且数据容易获得。而有机污染物则由于种类多、含量低、分析水平有限，故以综合指标COD、BOD、TOC等来反映。但随着生产和科学技术的发展，人们逐渐认识到一批有毒污染物（其中绝大部分是有机物）可在极低的浓度下于生物体内累积，对人体健康和环境造成严重的甚至不可逆的影响。许多微量有毒有机物对综合指标BOD、COD、TOC等贡献甚小，但对环境的危害甚大，此时，常用的综合指标已不能反映有机污染状况。这些就是需要优先控制的污染物，它们具有如下特点：难以降解，在环境中有一定残留水平，出现频率较高，具有生物积累性、三致物质、毒性较大。当今一些国家都相继提出了自己的优先污染物名单。（这里应该指出，迄今为止，尽管有毒化学物污染防治的国际活动十分频繁，但对有毒污染物控制名单在称谓上还不统一，每个国家都有各自的做法。）

美国是最早开展优先监测的国家，早在20世纪70年代中期，美国就在《清洁水法》中明确规定了129种优先污染物。它一方面要求排放优先污染物的厂家采用最佳可利用的处理技术，同时制定排放标准，控制点源污染；另一方面制定环境标准，对各水域（包括河水、湖水、地下水等）实施优先监测措施，并要求各州政府呈报优先污染物的污染现状，把它们编入环境质量报告书中。后来又相继提出了另外几个防治有毒化学物质污染的控制名单，如43种空气优先污染物名单等。值得注意的是，美国环境保护局（EPA）在1984年已把“有毒化学物污染与公众健康问题”列在美国几大环境问题之首。

日本政府是从有毒化学品来入手控制有毒化学物污染的。1974年，根据“化学品审查与制造法规”的要求，日本环境厅组织了全国规模的化学品环境安全性综合调查。1986年底，环境厅公布了1974—1985年间对600种优先有毒化学品进行环境普查的结果。其中，检出率高的有毒污染物为189种。同年，还公布了在普查基础上对55种有毒污染物所做的重点调查结果，其中，有机氯化合物占的比例最大。值得注意的是，“有毒化学品污染及其防治对策”已作为日本环境白皮书主要一章来进行编报，而且高技术领域的有毒化学品污染问题IE在受到重视。

1975年苏联卫生部公布了水体中有害物质量大允许浓度，其中无机物73种，后又补充了30种，共103种；有机物378种，后又补充了118种，共496种。实施10年后，又补充了65种有机物，合计达664种之多。在1975年公布的工作环境空气和居民区大气中有害物质最大允许浓度，其中无机物及其混合物266种，有机物856种，合计达1122种之多。

欧洲经济共同体在1975年提出的“关于水质的排放标准”的技术报告，列出了所谓的“黑名单”和“灰名单”。

“中国环境优先监测研究”已经完成，并提出了“中国环境优先污染物黑名单”，包括14种化学类别共68种有毒化学物质，其中有机物58种，占85.29%，包括10种卤代（烷、烯）烃，6种苯系物，4种氯代苯，1种多氯联苯，7种酚类，6种硝基苯，4种苯胺，7种多环芳烃，3种瓯酸酯，8种农药。

五、持久性、生物可累积有毒污染物

持久性有机污染物（protracted organic pollutant substances，POP）在环境中不易降解，其产生的环境问题主要有以下三方面。

（1）持久性有机污染物具有毒性，难以降解，可产生生物蓄积以及往往通过空气、水和迁徙物种做跨越国际边界的迁移并沉积在远离其排放地点的地区，随后在那里的陆地生态系统和水域生态系统中蓄积起来。

（2）持久性有机污染物属环境激素，威胁着人类的繁衍和生存。

（3）持久性有机污染物的生物放大作用致使北极生态系统受到严重的威胁。

2001年5月签署的《关于持久性有机污染物的斯德哥尔摩公约》标志着人类正式启动了向有机污染物宣战的进程。根据该公约，各缔约国将通过法律，禁止或限制使用12种对人体健康和自然环境特别有害的持久性有机污染物。这12种污染物是：艾氏剂、氯丹、滴滴涕（DDT）、狄氏剂、异狄氏剂、七氯、灭蚁灵、毒杀芬等8种杀虫剂，以及多氯联苯、六氯代苯、二噁英和呋喃，这些污染物能够沿食物链传播，在动物体内的脂肪聚集，它们还会引起过敏、先天缺陷、癌症，使免疫系统和生殖系统受损，这些污染物已经在土壤和水里残存了几十年，它们不仅难于进行生物降解，而且还具有很强的流动性，能够通过自然循环散布到世界各地。

在12种持久性有机污染物中，我国曾经工业化生产过DDT、毒杀酚、六氯苯、氯丹、七氯和多氯联苯。其中DDT曾经作为主导农药，累计产量最大；其次是毒杀酚，用作农药；六毓苯、依丹和七氯也曾有少量生产，分别用于生产五氯酚、五氯酚钠杀灭白蚁及地下虫害。其中DDT、氯丹和灭蚁灵三种农药目前在中国尚有少量生产和使用，DDT用作中间体生产三氯杀螨醇，氯丹用于构筑物基础防腐，灭蚁灵用于杀灭白蚁；一些含多氯联苯的电器设备还在我国使用。

第三节　环境标准简述

环境标准是指为了保护人群健康、社会物质财富和维持生态平衡，对大气、水、土壤等环境质量，对污染源、检测方法以及其他需要所制定的标准。依据环境保护法，对不同环境介质中有害成分含量、排放源污染物及其排放量制定出的一系列针对性标准构成了环境标准体系，体现出环境标准的法律性、政策性特点。环境标准不是一成不变的，它与一定时期的技术经济水平以及环境污染与破坏的状况相适应，并随着技术经济的发展、环境保护要求的提高、环境监测技术的不断进步及仪器普及程度的提高而进行及时调整或更新。

环境标准通常几年修订一次。修订时，每一标准的标准号码是不变的，变化的只是标准的年号和内容。修订后的标准代替老标准，例如，《地表水环境质量标准》（GB 3838—2002）即是《地面水环境质量标准》（GB 3838—1983）的代替版本。

一、环境标准的分类和分级

我国现行的环境标准体系是从国情出发，总结多年来环境标准工作经验并参考国际和国外的环境标准体系制定的，分为两级七个类型。其具体分为国家环境标准、地方环境标准和国家环境保护总局标准，国家环境标准包括国家环境质量标准、国家污染物排放标准、国家环境监测方法标准、国家环境标准样品标准和国家环境基础标准。地方环境标准包括地方环境质量标准和地方污染物排放标准。

（一）环境质量标准

环境质量标准是在保障人体健康、维护生态良性循环和保障社会物质财产的基础上，并考虑技术经济条件，对环境中有害物质或因素所做的限制性规定。

这类标准系指在一定的地理范围内或介质（水、大气、土壤）内等环境中规定的有害物质容许含量。它是衡量环境是否受到污染的尺度，也是有关部门进行环境管理、制定污染物排放标准的依据。环境质量标准主要包括：大气质量标准、水质质量标准、环境噪声及土壤标准、生态质量标准等。

水质质量标准按水体类型可分为:地表水水质标准、海水水质标准、地下水水质标准。按水源用途又可分为：生活饮用水水质标准、渔业用水水质标准、农业灌溉用水水质标准及工业用水水质标准等。

环境质量标准分为国家和地方标准，并有现行和超前标准。

由国家规定，按照环境要素和污染因素分成大气、水质、土壤、噪声、放射性等环境质量标准与污染因素控制标准，适用于全国范围。国家环境质量标准还包括中央各部门对一些特定地区，为特定目的、要求制定的环境质量标准。例如：《地表水环境质量标准》（《环境空气质量标准》（GB 3095-2012）以及《生活饮用水卫生标准》《工业企业设计卫生标准》、《渔业水质卫生标准》等。

（二）污染物排放标准

污染物排放标准是根据环境质量要求，结合环境特点和社会技术经济条件，对污染源排入环境的有害物质和产生的各种因素所做的控制标准。这类标准是指国家根据技术上的可行性和经济上的合理性，规定污染源排放污染物的容许浓度或数量（可分别列出现行标准和超前标准）。它可以起到直接控制污染源的作用，是实现环境质量目标的重要控制手段。

1. 国家级环境保护标准

我国环境保护标准依据其性质和功能分为六类：环境质量标准、污染物排放标准、环境基础标准、环境方法标准、环境标准样品标准和环境保护的其他标准，它由政府部门制定，属于强制性标准，具有法律效力。

国家级环境保护标准的编号一般由标准级别代号、标准序号和标准发布的年份组成。如 GB3838—2002 地表水环境质量标准：

GB——表示标准级别代号；

3838—表示标准序号；

2002—表示标准发布的年份。

常见的标准级别代号有：GB——中华人民共和国强制性国家标准；GB/T—中华人民共和国推荐性国家标准；GB/Z——中华人民共和国国家标准化指导性技术文件；HJ——环境保护行业标准；HJ/T—环境保护行业推荐标准。

2. 地方级环境保护标准

由于当地的环境条件等因素，国家级环境保护标准不适用于当地环境特点和要求时，则需要制定地方控制污染源的标准。它可以起到补充、修订、完善国家标准的作用。

地方级环境保护标准的编号一般由标准级别代号、省级行政区划代码前两位、标准序号和标准发布的年份组成。如《北京市锅炉大气污染物排放标准》的编号为DB 11/139—2007（该标准已废止，最新标准：DB11/ 139-2015《锅炉大气污染物排放标准》）：

DB——表示标准级别代号，“DB”表示强制性地方标准；

11—表示省级行政区划代码前两位，“11”指北京；

139——表示标准序号；

2007——表示标准发布的年份。

地方排放标准一般是针对重点城市、主要水系（河段）和特定地区制定的。“特定地区”是指国家规定的自然保护区、风景游览区、水源保护区、经济渔业区、环境容量小的人口稠密城市、工业城市和经济特区等。

（三）环境基础标准

这是在环境标准化工作范围内，对有指导意义的符号、代号、图式、状纲、导则等所做的统一规定，是制定其他环境标准的基础。如环境保护标准的编制、出版、印刷标准等。

（四）环境方法标准

环境方法标准是以针对环境保护对象所规定的对其进行试验、分析、统计、计算、测定等方法为对象而制定的标准。如《地表水和污水监测技术规范》（HJ/T 91—2002）；《pH 水质自动分析仪技术要求》（HJ/T 96—2003）；《环境空气二氧化氮的测定 Saltzman 法》等。

（五）环境标准物质标准

这是对环境标准物质必须达到的要求所做的规定。环境标准物质是在环境保护工作中，用来标定仪器、验证测量方法、进行量值传递或质量控制的材料或物质。

（六）环境保护其他标准

除以上标准之外，还有环保行业标准（HJ），它是对在环保工作中还需统一协调的如仪器设备、技术规范、管理办法等所做的统一规定。

二、未列入标准的物质量高允许浓度的估算

化学物质约 700 万种，并不断从实验室合成出来。从生态学和保护人类健康来看，新的物质不应任意向环境排放，但要对所有物质制定在环境中（水体和空气等）的排放

标准是不可能的。对于那些未列入标准但已证明有害，且在局部范围(例如工厂生产车间)排放浓度和量又比较大的物质，其最高允许浓度通常可由当地环保部门会同有关工矿企业按下列途径予以处理。

1. 参考国外标准

工业发达国家，由于环境污染而发生严重社会问题较早，因而研究和制订标准也早，并且一般来讲比较齐全，所以如能在已有的标准中查到，便可作为参考。

2. 以公式估算

如果在其他国家标准中查不到，则可根据该物质毒理性质数据、物理常数和分子结构特性等，用公式进行估算。这类公式和研究资料很多，应该指出，同一物质用各种公式计算的结果可能相差很大，各公式均有限制条件，而且标准的制订与科学性、现实性等诸多因素有关，所以用公式计算的结果只能作为参考。

3. 直接做毒理试验再估算

当一种物质无任何资料可借鉴，或某种生产废水的残渣成分复杂，难以查清其结构和组成，但又必须知道其毒性大小和控制排放浓度，则可直接做毒性试验，求出半致死浓度（LC50 或半致死量（LD50）等，再按有关公式进行估算。对于组成复杂而难以查明其组成的废水、废渣可选用一综合指标（如 COD）作为考核指标。

第四节　环境监测的未来发展趋势

在我国生态环境保护事业不断发展的背景下，必须对生态环境保护的工作模式进行创新和改进，而环境监测工作是生态环境保护事业中的关键环节，精准的环境监测可以发挥极大的效果，为生态环境保护工作的开展提供数据支撑，有利于生态环保事业的长久发展，也能使生态环境保护工作更加符合社会发展的需求，使其与现阶段的经济形势相符，从而进一步提高生态环境保护工作效果。在生态环境保护中，环境监测是重要基础，对促进生态环境保护高效化发展具有重要意义。本章分为环境监测的未来发展趋势和环境监测对生态环境保护的意义两部分，主要包括监测对象更加广泛、制度等理论基础不断完善、生态环境监测站点越来越多、各项基础配套设施设备不断完善等方面的内容。

一、监测对象更加广泛

国内环境监测侧重于城市环境监测，为有效改善此问题，应扩大监测对象，全方位监测城市环境、乡村环境以及山川河流、沙漠极地等更大范围的生态环境变化，有效预防自然灾害，促进社会的可持续发展。

二、制度等理论基础不断完善

统一管理是高效管理的前提，也是高效管理、提高管理质量的必要保障条件之一。对于提高生态环境监测管理质量，相关政府部门必须要高度重视对生态环境监测站点统一管理，统筹管理各个监测站点的信息数据，对其进行统一采集、统一收集、统一统计、统一分析，形成流程化、体系化的生态环境监测数据管理信息化平台。同时，还要明确相关执行制度与管理部门的职责与义务，快速推进制度与部门的融合健全，完善相关制度，推进生态环境的监测信息、技术及资源等的整合进程。

三、生态环境监测站点越来越多

为了最大限度发挥生态环境监测工作的作用与价值，在未来需建立更多的生态环境监测站点，在对更多区域进行生态环境监测的基础上分析与整合数据，形成全国统一的生态环境监测网络。同时，在发展国内生态环境监测基础上，加强与国外的交流与探讨，扩大生态环境监测的网络信息范围，提升生态环境监测工作效果。

四、各项基础配套设施设备不断完善

目前，我国加大了在生态环境监测方面的投入力度，在资金、资源条件等各方面的投入力度不断加大，健全并完善了各项生态环境监测的基础设施与设备，并在不断完善更新相关制度，打造全国范围内规范、统一的生态环境监测制度体系。除此之外，还将在全国范围内增加一些生态环境信息采集点、监测站等监测管理单位，改进并完善原有监测管理单位的基础设施与配套设备，打造标准规范的生态环境监测管理机制，逐渐形成全国范围内先进、完善的生态环境监测技术体系。

未来几年，我国将不断完善生态环境监测的方法，引进先进技术，完善并提高自身的技术水平，加大在生态环境监测方面的科研力度，实现多种监测方式的有效融合与优化应用，逐步整合生态监测的新方式，推动生态环境监测技术走向信息化、数字化、智能化、自动化和规范化。在此基础上，将会完善各种监测设备，提高设备功能，提高设备获取信息的能力，实现系统化、信息化的监测手段，实现所获生态监测信息的连贯性、真实性，以及各种监测信息、数据等的融合共享，增强信息数据的传输效率。并且，在生态环境监测的手段上，也会有所更新，高度整合新型的技术手段和传统的技术手段，充分借助数字化、信息化、智能化的现代技术优势，实现生态环境监测工作的统筹协作，实现各国之间的生态环境监测资源数据共享。

第五节 环境监测对生态环境保护的意义

一、有利于做好环境治理工作

在工业生产中会产生一些环境污染物，如噪声、尾气、废水等，一些制造业对自然环境资源过度应用，也会打破生态环境的平衡，给人们自身的健康带来威胁。因此，需要做好环境监测工作。环境监测能够在环境保护中为其提供相关的依据，任何领域开展任何工作都需要一个标准进行参考，环境保护部门的环境监测工作需要围绕具体的标准来展开，这样才能明确侧重点，对监测结果依据标准进行对照，才能了解污染程度，为后期的环保措施的制定提供准确的参考依据，让环境保护工作的开展更加科学化。在环境保护工作中通过环境监测还能够及时地监测污染动向，为环境保护工作提供参考，方便环境保护工作调整方向，帮助环境保护工作高效进行。生态环境具有一定的自我调节能力，但如果某地区污染量太大，超过生态环境的自我承受量就会导致生态环境被严重破坏，此时，环境监测技术人员可以结合区域内的环境状况，严格测定并了解具体的污染物排放量，然后对其进行准确控制，给企业发放排污许可证，帮助区域内的经济实现更好的发展，帮助环境治理工作有效完成。

二、有利于进行环境管理工作

现阶段的经济社会发展中，环境工程同步实施，各类环境保护工作的开展，对区域环境评估、保护和修复具有重要的作用，尤其是对环境监测工作而言，有效实现了环境管理的现代化。事实上，因为环境保护工程的特殊性，一切环境管理工程的实施都应该以国家有关部门的保护条例、法律规范来开展，这就使得环境监测、环境保护的实施有效促进了环境问题的解决、监督和改进，大大提升了环境保护对社会的作用。环境监测中所获得的各种环境数据非常多，这些数据在经专门整合与处理以后，可以得出关于环境问题的成因，进而从源头上采取有效的管控策略，因此，环境监测下的环境管理更具科学性。

三、有利于提升环境保护工作效率

环境保护工作中涉及多方面内容，且易受到多种因素的影响。所以环境保护工作人员在实际进行工作的过程中会遇到各种问题，如大气污染刚刚解决完，又出现了水资源污染，很多时候只能抑制表面，而不能真正解决问题，这是一项复杂性较高的工作，因此环境保护工作人员应该要制定有针对性的解决措施，减少工作的盲目性。而应用环境监测的方法恰好可以有效应对这一情况，如我国华北地区之所以频繁发生沙尘暴，不仅因为当地严重的大气污染，还因为当地对草地的过度开垦。而通过环境监测，可以制定出有效的预防措施。

四、有利于促进环境与经济协调发展

在我国经济社会长期处于粗放型的发展趋势下，各类活动开展的过程中，人们更为关注的是经济效益的实现，而忽略了环境保护工作的开展，长期践行这一发展理念，导致经济与环境的协调性不足，各种环境污染问题的出现引发了严重的后果，所产生的恶劣影响在短时间内是难以消除的。随着环境保护理念在全社会范围内的推广以及环境监测在环境保护中的应用，促进了环境与经济发展的同步性和协调性，将环境保护工作置于与经济发展同等重要的地位，在全社会范围内形成了一种新的工作机制，使得各种生产生活都得到了有效的监督，减小了环境问题出现的概率，创造了一个人与自然相对和谐的条件。

五、有利于提高生态环境监测质量管理水平

加强生态环境保护，要求我们能够对当前阶段生态环境的现状有充分的了解，使环境监测能够与实际情况更加契合，构建更加完备的国家环境质量监测体系，在条件允许的情况下，选择恰当区域设置生态环境监测中心，用于获取不同地区的环境监测数据，并对于数据信息进行汇总，充分了解不同地区的环境情况，从而指导当地政府有针对性地调整环境保护策略。无论是国家还是地方环境保护部门，都应当积极承担起作为促进环境保护工作开展主体的责任，打造国家与地方政府相结合的一体化的环境监测质量管理体系。从加强内部控制着手，不断优化质量监测技术，打造更加完备的质量管理制度，在必要时引入第三方监督主体，对于不合理、不满足规范要求的监测行为予以严厉处罚，从根本上消除徇私舞弊的现象，为环境监测工作的有序推进保驾护航。

第六节　生态环境监测的概念

生态环境监测是指以山水林田湖草生命共同体为对象，以准确、及时、全面反映生态环境状况及其变化趋势为目的而开展的监测活动，包括环境质量、污染源和生态状况监测。其中，环境质量监测以掌握环境质量状况及其变化趋势为目的，涵盖大气（含

温室气体）、地表水、地下室、海洋、土壤、辐射、噪声等全部环境要素；污染源监测以掌握污染源排放状况及其变化趋势为目的，涵盖固定源、移动源、面源等全部排放方式；生态状况监测以掌握生态系统数量、质量、结构和服务功能的时空格局及其变化趋势为目的，涵盖森林、草原、湿地、荒漠、水体、农田、城市、海洋等全部典型生态系统。环境质量监测、污染源监测和生态状况监测三者之间互相关联、互相影响、互相作用。

生态环境监测是采用生态学的各种方法和手段，从不同尺度上对各类生态系统结构和功能的时空格局的度量，主要通过监测生态系统的条件、条件变化、对环境压力的反应及其趋势而获得。生态环境监测比普通环境监测标准更加严格，具有复杂性，能够对环境质量做出科学系统的评价，并提出有针对性的科学治理方案，为生态环境规划和生态设计和科学管理决策提供良好基础依据，实现人与自然的和谐发展。总之，生态环境监测是生态环境保护的基础，是生态文明建设的重要支撑。

一、生态环境监测的内容与特点

生态环境监测的范围一般指的是大的区域和宏观的区域。每一类监测对象都具备多样性的特性，主要包括生物资源的变化、环境要素的变化以及人类活动变化三方面。生态环境监测具有四个特点：一是由于涉及监测的要素比较多，因此是一项综合性的工程，而且涉及生态、环境、化学等各个方面，所以属于交叉的研究范围；二是生态环境监测属于一个长期的工作，只有经过长期的对比、监测、取样、化验，才能得出准确的结论；三是生态环境监测具有一定的复杂性，由于自然界的生态系统包含了很多的要素，导致生态环境监测工作也较为复杂；四是生态环境监测具有分散性，生态环境监测的基础是生态环境监测站点，但是往往生态环境监测站点的设置十分分散，监测网也十分分散，故此生态环境监测时间跨度较大，较为分散。

总之，生态环境监测是一项长期性工程，涉及范围广、内容多、综合性强，表现出明显的周期性特征。生态系统的运行与发展就是整体性的循环过程，容易被外界环境干扰，影响自身平衡。例如资源的开发、污染物的干扰等，只有进行科学的、完善的、有效的周期性监测，明确生态系统发展规律，才能确保整个系统处于平衡状态，解决生态环境问题，走可持续发展道路。而且环保工作的技术要求较高，在生态环境不断恶化的过程中要利用先进技术加以处理，依托先进生态环境监测及环保技术进行监测，并处理监测结果，达到控制、优化生态环境的目的，促进环境可持续发展，奠定良好的经济社会发展基础，保护好绿水青山，造福子孙后代。

二、我国生态环境监测的发展与意义

（一）我国生态环境监测工作的发展

我国生态环境部门的生态监测开始于 1993 年，初始以水生物监测为主，2000 年联合中国科学院开展了我国第一次生态遥感调查，2005 年颁布了我国第一个生态评价标准，2015 年进行修订，即《生态环境状况评价技术规范》（HJ 192—2015），并以遥感为主，综合环境监测等多源数据，每年对我国县域、省域和流域生态状况进行评价，评价结果作为生态部分纳入《中国生态环境质量报告》和《中国生态环境状况公报》公开发布。2010 年起生态地面监测逐步得到重视，我国先后开展了森林、草原、湿地等典型生态系统的群落组成、生境、生态功能的试点监测，为全国生态地面监测提供了技术探索和储备。2011 年原环境保护部牵头制定并发布了《中国生物多样性保护战略与行动计划》（2011—2030 年）。2012 年，原环境保护部开展了生物多样性调查，在全国范围内对维管植物、哺乳动物、鸟类、爬行动物、两栖动物、鱼类等生物类群的数量和空间分布进行调查和监测，初步建成了生物多样性调查网络。2015 年，确定了《中国生物多样性保护优先区域范围》；联合国《生物多样性公约》第十五次缔约方大会（COP15）于 2021 年 10 月 11 日至 24 日在我国昆明召开。2021 年，《中国的生物多样性保护》白皮书发布。

总之，党的十八大以来，以习近平同志为核心的党中央把生态文明建设摆在全局工作的突出位置，提出一系列新理念新思想新战略，全面加强生态文明建设，推进山水林田湖草沙一体化保护修复。大力推动绿色发展，深入实施大气、水、土壤污染防治三大行动计划，率先发布《中国落实 2030 年可持续发展议程国别方案》，实施《国家应对气候变化规划（2014—2020 年）》。党的十九届六中全会指出，在生态文明建设上，党中央以前所未有的力度抓生态文明建设，全党在全国推动绿色发展的自觉性和主动性显著增强，美丽中国建设迈出重大步伐，我国生态环境保护发生历史性、转折性、全局性的变化。中国成为全球生态文明建设的重要参与者、贡献者和引领者。

（二）我国生态环境监测技术的发展阶段

马丁园把我国的生态环境监测发展分为三个阶段。

1. 人员监控阶段

人员监控工作顾名思义，就是在生态环境监测工作中，通过派遣人员的方式，使用实地走访、生物多样性调查、对于动物的标记重捕等方法，分析在当前的工作中，该地区的生态环境破坏情况。但存在三个方面不足：首先取得的调查数据具有间断性，无法取得连续性的生态环境监测数据，容易遗漏各类关键性的生态环境监测因素；其次，工作成本过高，工作人员需要完成大量的户外作业，容易出现人员伤亡事故；第三，虽然会采用大量的统计学知识得到数据，但是精准度依然会受到多种自然因素的影响。

2. 硬件监控阶段

步入21世纪以来，我国已经开始在生态环境监测工作中，探索硬件监控设备的使用方法，2009年哥本哈根气候大会后，国家也提高了对生态环境监测的重视程度，并且意识到生态环境监测作为一项系统性的工程，单纯通过人工监管难以得到高可靠性的结果，于是开始在硬件监控技术上全面发力，比如，借助卫星监控系统，分析各个地区的绿化面积、相关地区的环境遭受破坏情况等，同时也设置了大量的地面监控设备，包括大气环境监控设备、森林内环境监控摄像机等，借助这类设施实现生态环境监测。

3. 多联监控阶段

借助目前可以应用的所有新型技术和旧有技术，建立硬软件系统相结合的体系，实现生态环境监测数据的即时取得、计算、分析与反馈，实现生态环境的实时监测，并立即采取专业措施投入保护的方式。我国目前的技术优势是，5G通信技术得到了大规模商业性使用，这就意味着生态环境监测可以使用大量的硬件环境监控设备，把取得的监控信息立即上传到云计算平台，得到专项监控数据，并在找到问题后解决。

目前来看，我国生态质量监测仍存在一定问题，首先是国家生态质量监测网尚未形成，主要是因为国家生态监测技术体系尚不统一，面向国家生态监管的监测指标体系和技术体系还不健全，缺乏技术方法和质控技术体系，监测范围和要素覆盖不全面，生态环境监管能力相对薄弱。

（三）生态环境监测的意义

生态环境监测对于指导生态文明建设、改善生态环境和解决环境问题具有重要的价值和意义。具体体现在以下几个方面：一是推动利用环境技术创新，积极开发各种可以节约原材料与能源的产品和服务，提高使用原材料与能源的效率，同时还可以产品，实现再生产、再利用，减少对生态环境的污染，同时也能有效降低企业运营成本，提高经济效益；二是推动环境技术改革和产业结构调整，积极引进绿色技术，发展无污染、高科技的新兴产业，依托生态环境监测及环保技术改造能耗高、污染环境的传统产业；三是构建有机农业、生态农业等农业可持续生产模式，让农业经济和农业生态环境实现和谐、健康、稳定的发展；四是推行物质与社会的生态化生产，开发并推广无废少废工艺、清洁技术、污染预防技术等，建立健全绿色环保生产系统，使用绿色经济发展模式，让经济增长、生态建设能够相互促进，促成经济社会和生态环境之间的协调发展。

第七节　生态环境监测的技术与体系

生态环境监测技术是对现代化科学仪器设备的合理运用，对生态系统中的监测对象做出准确判断与科学分析，对收集获取的数据信息采取进一步的科学分析与系统对比，以分析结果为基础依据，制定科学可行的治理生态系统的方法措施。生态环境监测的技术和方案都要涉及几个环节，首先要提出存在的生态环境问题；其次就是对监测站点的选择，继而确定监测的方法、内容，同时要对生态环境监测的指标和要素进行确定；最后经过监测频度和场地等，对监测到的数据进行整理和分析。生态环境监测体系主要包括生态数据的获取及处理、生态因子的生成以及生态环境评价三部分。

一、生态环境监测的任务与原则

（一）生态环境监测的基本任务

生态环境监测的基本任务是对生态系统现状以及因人类活动所引起的重要生态问题进行动态监测，对破坏的生态系统在人类的治理过程中生态平衡恢复过程的监测，通过监测数据的收集、积累，研究上述各种生态问题的变化规律及发展趋势，建立数学模型，为预测、预报和影响评价打下基础。我们需要注意以下几个方面：其一，提出合理的生态问题；其二，对监测站点位置做出合理选择；其三，确定合理监测周期。监测全过程各阶段以图像和监测数据为主，对其进行系统分析与科学处理，提供科学依据，有效保护和提高生态环境质量，促进国民经济持续协调的发展。具体来说，生态环境监测的主要任务涉及以下几个方面。

（1）监测人类影响下的生态环境的组成、结构和功能现状，以及综合评估生态环境质量现状和变化，揭示生态系统退化、受损机理，同时预测变化趋势。

（2）监测自然资源开发利用活动、重要生态环境建设和生态破坏恢复工作所引起的生态系统的组成、结构和功能变化，评估生态环境受到的影响，以合理利用自然资源，保护生存性资源和生物多样性。

（3）监测人类活动所引起的重要生态问题在时间以及空间上的动态变化，如城市热岛问题、沙漠化问题、富营养化问题等，评估其影响范围和不利程度，分析问题形成的原因、机理以及变化规律和发展趋势，通过建立数学模型，研究预测预报方法，探讨生态恢复并重建途径。

（4）监测生态系统的生物要素和环境要素特征，揭示动态变化规律，评价主要生态系统类型服务功能，开展生态系统健康诊断和生态风险评估，以保护生态系统的整体性及再生能力。

（二）构建生态环境监测指标的原则

构建生态环境监测指标体系，应坚持的基本原则有以下几点。其一，代表性原则，对生态系统所具有的关键问题做出全面准确的反映；其二，敏感性原则，以生态环境内部对外部环境变化作为敏感因素，以此作为监测指标；其三，可操作性原则，以特点鲜明的生态系统指标为主，对此开展科学严格的监测。生态环境监测指标体系在设置方面，应对生态系统类型加以重点考虑，以代表性较强的基础要素为主，以此作为监测指标。一般而言，陆地生态系统以水文、植物与土壤等居多；水文生态系统以水质、微生物和水文等居多。此外，不同的生态系统应当基于具体特点确定监测目标。

二、生态环境监测技术与应用

生态环境监测会产生大量数据和信息，包含水监测、地面监测、空气监测以及地理信息等。目前大部分地区都做到了生态环境监测的全覆盖，借助地面监测技术进行生态环境在线监测，实时把握区域内生态环境的实际情况，并通过分析监测数据帮助环境保护的实施。其中的基本前提在于获取生态环境监测数据，当下在监测生态环境、保护生态环境的过程中主要使用色谱、光谱和3S技术等手段。

（一）色谱技术

色谱技术的常见方法有液相色谱分离、气相色谱分离、毛细管电泳等，例如在检测水质时使用气相色谱技术方法，分离监测水中的有机物，如PHAs（多环芳烃类）。目前我国还建立了通过高效液相色谱法测定环境空气里的醛酮类化合物的标准。

（二）光谱技术

光谱技术在检测水环境方面发挥了重要作用，主要有紫外——可见吸收谱、原子发射光谱、原子吸收光谱、荧光光谱等技术方法，通过利用各种物质的独特光谱进行物质的定性或定量测定。国家已经建立数十种利用光谱技术监测水中污染物的技术标准与规范，例如测定水中的铁离子含量时使用邻菲啰啉分光光度测定法，使用紫外分光法测定水里的硝酸盐氮，利用甲醛肟分光光度法测定水中铁等。

（三）3S技术

3S技术是遥感（RS）技术、地理信息系统（GIS）、全球定位系统（GPS）的统称，在生态环境监测及环保领域得到广泛应用。

RS技术应用于生态环境监测时主要通过卫星实时远距离监测，基于电磁波的改变判断所监测空间的生态环境形成的动态信息，借此预判区域内的生态环境发展。在监测时使用RS技术的扫描功能、拍摄功能，可以采集监测区域内的各方面的内容信息，包括植被生长情况、森林覆盖面积、生态环境污染指数以及气温闭环等。例如在对山西省森林资源展开生态环境监测作业时，通过RS技术既能实时监测山西省森林覆盖面积的增减情况，又能分析可能发生的生态环境变化，为开展环保工作提供可靠的参考。当森林中发生严重自然灾害时，利用RS技术能够在最短时间里报警，完成保护生态环境的目的，节省监测生态环境的成本。

GIS 技术应用于生态环境监测主要是为了收集、整理地理信息中形成的数据，通过计算机系统构建地理数据信息存储平台，实时监测、实时管理地理信息。在数据平台的运行中不仅可以分析地理空间的生态环境问题，处理生态环境问题信息，还能实时动态化管理空间的生态环境动态信息。所以，GIS 技术是非常重要的生态环境监测技术，监测中心要充分掌握这一技术手段，在实践应用中体现 GIS 监测地理信息的功能，确保地理信息监测满足及时性、真实性的要求。

GPS 技术应用于生态环境监测，可以凭借其技术特征与优势建立全球定位体系，实时监测生态环境，同时确保监测所得数据信息达到及时性、真实性的标准。在 GPS 技术的应用中，通过和卫星构建的全球定位系统，借助三维导航能力建立生态环境监测的全球化监控系统。GPS 技术和 RS 技术相比可以及时收集生态环境的动态信息，在监测不同区域生态环境时全方位监测、管理生态环境。

（四）信息化技术应用

在当今的网络信息时代，环保信息化建设是现阶段保护生态环境的基础性工作之一，在环境管理转型阶段应将信息化视作重要手段，基于环保系统推进信息标准化，借助信息化技术手段更好地服务生态环境的监测与保护。例如，山西省根据顶层设计、系统开发、网络建设以及数据管理的一体化原则，积极推进生态环境监测及环保平台建设，通过促进资源整合、深化技术应用提高生态环境信息利用率，构建生态环保云平台、生态环境数据库，针对监管污染源、监测生态环境质量、监控预警生态环境风险、应急处置生态环境事故等核心业务进行数据的集成、分析、挖掘，持续提升生态环境监测及环保的信息化水平。

除了常用的色谱、光谱和 3S 等技术手段外，在生态环境监测及环保工作中要注意这些技术与先进大数据技术的融合应用，促进信息共享，推动生态环保政策的实施，发挥“互联网 +”环保技术的作用。

三、生态环境监测评价应用

在生态环境保护工作中，基础的环节为环境评价。环境评价能够将目前自然生态环境现状客观反映出来，依托相应数据、指标等对环境状况进行真实展示，帮助人们对大气、水体等环境污染种类、污染严重性等充分了解。而通过环境监测工作的开展，利用相关技术与设备可准确、直接地获取需求的环境数据，从资料层面保障生态环境保护评价工作的顺利实施。

（一）明确生态环境治理目标

受思想观念等因素的影响，过去在人类活动、经济发展过程中严重污染、破坏到自然生态环境。为保障自然生态安全，需科学治理与修复遭受破坏的生态环境，促使过去所造成的污染问题得到消除。而通过环境监测工作的开展，能够对环境污染类型、污染原因、污染程度等内容充分掌握，进而采取有针对性的治理和修复方法，明确治理和修复的目标，显著提升生态环境治理成效。

（二）辅助制定法律法规

为进一步提升生态环境保护工作质量，我国正在逐步加快生态环境保护的法治化进程。在制定各项管理政策、法律法规时，需严格依据相应的量化数据来开展工作，这样能够有效克服主观因素的影响，保证法律政策的科学性与可行性。而通过环境监测的实施，能够对自然生态环境质量的现状数据进行全面性获取，相关人员深入整合、分析这些数据之后，即可将生态环境保护方面的管理制度、量刑标准等科学制定出来，进而有效指导各项工作的规范化开展。

（三）及时了解突发性污染情况

大部分生态环境污染问题皆为突发性情况，且具有较快的扩散速度，短时间内即可造成十分严重的后果。针对这种情况，工作人员需及时发现与应对突发的污染问题，对污染扩散趋势进行高效遏制，最大限度上降低污染问题所造成的危害。而在环境监测过程中，则需要运用大量的环境监测仪器设备，工作人员能够对环境质量实时情况进行动态掌握，如果部分监测指标出现异常情况，工作人员也能够及时发现，启动相应的应急预案，高效控制突发性环境污染问题。

第二章 生态环境监测现状与评价研究

第一节 生态环境评价的基本概念

一、生态环境评价的内涵

生态环境是由生物群落及小生物自然因素组成的各种生态系统所构成的整体，主要或完全由自然因素形成，并间接、潜在、长远地对人类的生存和发展产生影响。同时它又是人类赖以生存和发展的自然基础，经济和社会的发展必须以保持生态环境的稳定和平衡为前提。生态环境与社会经济的和谐发展是目前全世界面临的共同问题和挑战，而保护和改善生态环境已经成为当今世界各国和地区日益重视的重大课题。因此，对生态环境进行评价成为掌握生态环境状况及变化趋势、合理开发和利用资源、制定社会经济持续发展规划和生态环境保护对策的重要依据。

生态环境评价是应用复合生态系统的特点以及生态学、地理学、环境科学等学科的理论和技术方法，对评价对象的组成、结构、生态功能与主要生态过程、生态环境的敏感性。稳定性、系统发展演化趋势等进行综合评价分析，以认识系统发展的潜力，制约因素，评价不同的政策和措施可能产生的结果。进行生态环境评价是协调复合生态系统发展与环境保护关系的需要，也是制定生态规划、开展生态环境管理的基础。

二、生态环境监测与评价的关系

生态环境监测和生态环境评价是紧密联系的两个过程。生态环境监测是开展评价的重要基础和技术支撑，而生态环境评价又是在监测获取的数据基础上完成，同时生态环境评价对监测具有重要的指导意义，根据评价的具体目标确定要开展哪些生态环境指标的监测、获取哪些环境要素的数据、采用哪种监测手段和监测技术。生态环境评价结果的可靠性和科学性与生态环境监测密切相关，监测获得的数据的准确性对评价结果产生很大影响，因此，在生态环境监测过程中，监测行为的科学性和规范性至关重要，是保证监测数据真实客观的首要条件。科学监测要求在监测过程中，必须以科学的态度、用严密的方法、凭可靠的手段、借先进的技术、靠有效的管理，有条不紊地开展监测工作。

三、生态环境评价的分类

生态环境的层次性、复杂性和多变性决定了对其状况进行评价的难度。由于不同时期出现的生态系统问题不同，人们对生态系统的认识程度在逐渐深入，因此，反映在人们观念意识中的生态环境状况也不断变化，基于此基础之上的生态环境评价也就不同。

从生态环境评价的研究对象来看，总体上可以分成两类：一是对生态环境所处的状态，即生态环境的状况进行评价；二是对生态环境的服务功能与价值进行评价。而两者之间的界限是模糊的、相互重叠的。生态环境状况评价主要包括生态环境质量评价、生态安全评价、生态风险评价、生态稳定性评价、生态环境的脆弱性评价、生物多样性评价、工程影响评价和生态健康评价等。而生态环境的价值评价直到 1997 年由 Daily 主编的《大自然的贡献：社会依赖自然生态系统》（*Nature's Services*：*Societal Dependence on Nature Ecosystems*）一书的出版，以及同年 Constanza 等的文章《The value of the world's ecosystem services and natural capital》在 Nature 杂志上发表才真正成为当前生态学研究的热点内容。这两类评价在研究内容和方法上均存在较大的差异。现将国内外各种文献资料中的主要生态环境评价类型简述如下。

1. 生态环境质量评价

生态环境质量是指生态环境的优劣程度，它以生态学理论为基础，在特定时空范围内，从生态系统层次上反映生态环境对人类生存及社会经济持续发展的适宜程度，是根据人类的具体要求对生态环境的性质及变化状态的结果进行评定。生态环境质量评价就是根据特定的目的，选择具有代表性、可比性、可操作性的评价指标和方法，对生态环境的优劣程度及其影响作用关系进行定性或定量的分析和判断。

生态环境的层次性、复杂性和多变性特征决定了质量评价的难度，同时由于人们对生态环境的要求和关注的角度不同，对其本质属性的外部特征——生态环境状态的理解也有所不同，因此在此基础上的生态环境质量评价也就不同。有学者认为生态环境质量评价的类型主要包括：关注生态问题的生态安全和生态风险评价、关注生态系统对外界干扰的抗性的生态稳定性和脆弱性评价、关注生态系统服务功能和价值的生态系统服务评价、关注生态系统承载能力的生态环境承载力评价以及关注生态系统健康状况的生态系统健康评价等。我们认为生态环境质量评价仅为生态环境评价中生态环境状况评价类型下的一个亚类型，与生态安全评价、生态风险评价、生态系统健康评价等同属于生态环境状况评价类型。

如果生态环境质量评价依据的是生态环境现状信息，为生态环境质量现状评价；如果应用了生态环境变化的预测信息，则为生态环境质量的预断评价；如果目标是评价生态系统质量变化与工程对象的作用影响关系，可以称其为生态环境影响评价。生态环境质量评价是生态环境评价的重要组成部分，从这种意义上来讲，生态环境质量评价，就是评价生态系统结构和功能的动态变化形成的生态环境质量的优劣程度。生态环境质量评价是一项综合性系统性研究工作，涉及自然及人文等学科的许多领域，其中生态学、环境科学及资源科学的理论与方法对指导生态环境质量评价具有重要意义。

我国生态环境质量评价起初主要针对城市环境污染现状进行调查和评价，至 20 世纪 80 年代开始对工程项目进行影响评价。随后，生态环境质量评价的研究领域逐步由城市环境质量评价发展到水体、农田、旅游等诸多领域，研究内容及研究深度则由单要素评价向区域环境的综合评价过渡，由污染环境评价发展到自然和社会相结合的综合或整体环境评价，进而涉及土地可持续性利用、区域生态环境质量综合评价和环境规划等。1998 年，原国家环保总局颁布了非污染生态评价技术指导规则，为我国生态评价的开展开创了新的局面。2006 年，原国家环保总局发布了《生态环境状况评价技术规范（试行）》（HJ/T 192—2006，以下简称《规范》），并在《规范》的指导下每年都在全国范围内开展生态环境质量评价，不少学者也采用该《规范》对国内典型地区的生态环境质量进行了评价以及对策研究，同时对该《规范》提出了很多建议。“十一五”期间，我国的生态环境监测与生态环境质量评价工作已逐步发展成为一项重要的例行工作，利用遥感影像每年开展全国生态环境质量监测与评价，数据源质量和技术方法也得以不断地提高和完善；国家重点生态功能区县域生态环境质量监测与评价考核的工作机制和技术体系已基本建立，在每年开展的国家重点生态功能区财政转移支付的生态环境保护效果评估中发挥着巨大作用；生态环境地面试点监测工作自 2011 年开始启动，对全国的重要区域和典型生态系统开展地面监测，获得了关于生物要素与环境要素的大量信息，进一步掌握了典型生态系统的生态环境质量现状，为真正说清生态环境质量状况及发展趋势、完善我国生态环境监测与评价体系提供了有力支持。

2. 生态安全评价

生态安全是国家安全和社会稳定的重要组成部分，具有战略性、整体性、层次性、动态性和区域性特点，保障生态安全是任何国家或区域在发展经济、开发资源时所必须遵循的基本原则之一。生态安全分为广义生态安全和狭义生态安全。广义生态安全指人类的健康、生活、娱乐、基本权利、生活保障、必要资源、社会秩序和适应环境变化的能力等不受威胁的状态，内容主要包括自然生态安全、经济生态安全和社会生态安全。狭义生态安全指自然和半自然生态系统的安全，即保持生态系统的健康状态和完整性。

无论是广义的还是狭义的生态安全，其本质就是使经济、社会和生态三者和谐统一，促进人类社会的可持续发展。其中社会安全是生态安全的出发点，经济安全是生态安全的动力，生物安全和环境安全是生态安全的物质基础，生态系统安全是生态安全的核心。

生态安全评价是对特定时空范围内生态安全状况的定性或定量的描述，是主体对客体需要之间价值关系的反映。生态安全评价的主要内容包括评价主体、评价方案、评价指标及信息转换模式等。评价对象是在一定时空范围内的人类开发建设活动对环境、生态的影响过程与效应。生态安全的自身特点要求生态安全评价的结果必须体现出整体性、层次性和动态性。

典型案例如左伟等（2003）结合联合国经济合作开发署及联合国可持续发展委员会（UNCSD）的概念框架，研究提出了区域生态安全评价的生态环境系统服务的概念框架，扩展了原模型中压力模块的含义，指出既有来自人文社会方面的压力，也有来自自然界方面的压力，并构建了满足人类需求的生态环境状态指标、人文社会压力指标及环境污染压力指标体系，作为区域生态安全评价指标体系。刘勇等（2004）以区域土地资源可持续发展为目标，研究构建了包括土地自然生态安全、土地经济生态安全、土地社会生态安全指标体系，选取 20 多项指标因子对嘉兴市 1991 年及 1997 年的土地资源安全状况进行综合评估。

3. 生态风险评价

生态风险评价是伴随着环境管理目标和环境观念的转变而逐渐兴起并得到发展的一个新的研究领域，它区别于生态影响评价的重要特征在于其强调不确定性因素的作用。

生态风险就是生态系统及其组分所承受的风险，它指在一定区域内具有不确定性的事故或灾害对生态系统及其组分可能产生的作用，这些作用的结果可能导致生态系统结构和功能的损伤，从而危及生态系统的安全和健康。生态风险评价一般包括四个部分：危害评价（Hazard Assessment）、暴露评价（Exposure Assessment）、受体分析（Receptor Assessment）和风险表征（Risk Characterization）。

区域生态风险评价是生态风险评价的重要内容，是在特定的区域尺度上描述和评估环境污染、人为活动和自然灾害对生态系统及其组分产生不利影响的可能性及大小的过程，其目的在于为区域风险管理提供理论和技术支持。与单一地点的生态风险评价相比，区域生态风险评价所涉及的环境问题（包括自然和人为灾害）的成因以及结果具有区域性和复杂性。由于区域生态风险评价主要研究较大范围的区域生态系统所承受的风险，在评价时，我们必须考虑参与评价的风险源和其危害的结果以及评价受体的空间异质性，而这种空间异质性在非区域风险评价中是不必考虑的。

典型案例如 Zandbergen（1998）在城市流域的生态风险评价中采用了定性的标准，用无量纲表达各种评价指标的优良，以此作为风险管理者作出决策的基础依据。Crawford（2003）运用定性的风险评价方法成功地对由于贝壳养殖造成的 Tasmanian 海洋生态环境恶化进行了评价，并且指出了其他人类活动可能造成海洋生态恶化的风险级别，提出了为保护 Tasmania 海洋生态环境的海洋养殖管理计划。针对渔业造成的生态系统风险，Astles（2006）运用他们自己开发的一个定性风险矩阵对该风险进行了相应的评价，认为在数据量有限以及对于渔业知识了解不多的情况下，定性风险评价方法对于渔业管理者和科学家在制定良好的管理方法上发挥了很大作用。

4. 生态系统健康评价

生态系统健康评价是研究生态系统管理的预防性、诊断性和预兆性特征以及生态系统健康与人类健康之间关系的综合性科学。自 1980 年末提出生态系统健康概念及形成生态系统健康学以来，不同类型的生态系统健康评估、评价技术及体系成为生态系统健康和恢复生态学研究的焦点。1988 年，Schaeffer 等首次探讨了生态系统健康度问题；1999 年 8 月，“国际生态系统健康大会——生态系统健康的管理”在美国召开，将“生态系统健康评估的科学与技术”列为核心问题之一，提出“生态系统健康评价方法及指标体系”将成为 21 世纪生态系统健康研究的核心内容。作为全球陆地生态系统的重要类型和组成部分，国际上对森林生态系统的健康问题特别关注。许多学者对森林生态系统健康的定义、测度、评估和管理进行积极的探讨和实践，提出了一些理论、评价方法、评估途径，为解决陆地生态系统危机提供了新的概念和研究手段。

生态健康是指生态系统处于良好状态。处于良好健康状况下的生态系统不仅能保持化学、物理及生物完整性（指在不受人为干扰情况下，生态系统经生物进化和生物地理过程维持生物群落正常结构和功能的状态），还能维持其对人类社会提供的各种服务功能。从生态系统层次而言，一个健康的生态系统是稳定和可恢复的，即生态系统随着时间的进程有活力并且能维持其自组织性（Autonomy），在受到外界胁迫发生变化时较容易恢复。衡量生态系统健康的因子有活力、组织、恢复力、生态系统服务功能的维持、管理选择、减少外部输入、对邻近系统的影响及对人类健康影响等八个方面，它们分别属于不同的自然科学和社会科学研究范畴。衡量生态系统健康的因子中，活力、组织和恢复力最为重要，活力（Vigor）表示生态系统功能，可根据新陈代谢或初级生产力等来评价；组织（Organization）即生态系统组成及结构，可根据系统组分间相互作用的多样性及数量评价；恢复力（Resilience）也称抵抗能力，根据系统在胁迫出现时维持系统结构和功能的能力来评价。

5. 生态系统稳定性评价

生态系统稳定性是指生态系统在自然因素和人为因素共同影响下，保持自身生存与发展的能力。生态系统稳定性评价应体现生态系统的层次性特点。稳定性的外延包括局域稳定性、全局稳定性、相对稳定性和结构稳定性（黄建辉，1994）等。稳定性的一些本质特征往往出现在较低的（群落以下）生物组织层次上（Hastings，1998）。Tilman（1996）曾在生态系统、群落和种群层次上提出了各自的稳定性特征。Loreau（2000）认为，种群层次的稳定性特征可能与群落及生态系统层次的稳定性不同。事实上，扰动胁迫可能会涉及特定生态系统或群落中的各个生物组织层次，分别探讨各层次对扰动的响应机制以及层次之间的相反关系，对客观地反映生态系统稳定性本质可能更具积极意义。因此，在稳定性的外延中应反映生物组织层次的内涵，如生态系统的稳定性、群落稳定性和种群稳定性等。

6. 生态脆弱性评价

生态脆弱性评价是指对生态系统的脆弱程度做出定量或者半定量的分析、描绘和鉴定。评价是为了研究生态系统脆弱性的成因机制及其变化规律，从而提出合理的资源利用方式和生态保护与生态恢复的措施，实现资源环境与社会经济的协调发展。由于生态脆弱性问题的复杂性，在评价时须注意以下几个方面：①生态系统是一个结构功能耦合的复杂系统，应综合分析多个相联系的评价因子才能说明生态脆弱性客观状态；②要兼顾内部性和外部性指标，自然生态系统本身不存在脆弱性，其脆弱性是外界人类活动引起的，评价中应该综合考虑系统内部和外部因素；③不同尺度的生态系统有着不同的特征，评价时需要不同的指标体系和评价方法。

目前，生态脆弱性评价指标体系主要分为单一类型指标体系和综合性指标体系。单一类型指标体系是通过选取特定地理条件下的典型脆弱性因子而建立的，其结构简单、针对性强，能够准确表征区域环境脆弱的关键因子。例如，王经民和江有科（1996）提出了评价黄土高原生态环境脆弱性的数学方法，对黄土高原 105 个水土流失重点县进行了脆弱度评价。综合性指标体系选取的指标涉及的内容比较全面，能够反映生态系统脆弱性的自然状况、社会发展状况和经济发展状况等各个方面，既考虑环境系统内在功能与结构的特点又考虑生态系统与外界之间的联系。例如，Brooks 等（2005）采用 DelpHi 法，选定健康医疗、行政管理、教育状况 3 个领域中 11 项关键指标，从宏观上进行国家间生态脆弱性的量化及比较。目前，综合性指标体系主要包括以下 4 种：①成因结果表现指标体系，如赵跃龙（1999）建立了基于主要成因指标和结果表现指标的指标体系和脆弱度模型进行脆弱度的定量评价；②压力 - 状态 - 响应指标体系，如汪邦稳等（2010）利用该指标体系进行的基于水土流失的江西省生态安全评价研究；③敏感性 - 弹性 - 压力体系，如乔青等（2008）基于此指标体系对川西滇北农林牧交错带的生态脆弱性进行的研究；④多系统评价指标体系，综合水资源、土地资源、气候资源、社会经济等子系统脆弱因子建立指标体系，能够系统反映出区域生态环境的脆弱性，但由于各子系统之间的相互作用，选择的指标之间具有相关性。

7. 生态承载力评价

生态承载力评价是区域生态环境规划和实现区域生态环境协调发展的前提，目前尚处于研究探索阶段。区域生态环境承载力是指在某一时期的某种环境状态下，某区域生态环境对人类社会经济活动的支持能力，它是生态环境系统物质组成和结构的综合反映。区域生态环境系统的物质资源以及其特定的抗干扰能力与恢复能力具有一定的限度，即具有一定组成和结构的生态环境系统对社会经济发展的支持能力有一个“阈值”。这个“阈值”的大小取决于生态环境系统与社会经济系统两方面因素。不同区域、不同时期、不同社会经济和不同生态环境条件下，区域生态环境承载力的“阈值”也不同。

典型案例如岳东霞等(2009)基于生态足迹方法，利用地理信息系统的空间分析技术，从图斑、县、省三级不同空间尺度对2000年西北地区生态承载力的供给与需求进行定量计算和空间格局分析，结果表明：2000年整个西北地区生态承载力总供给小于总需求，处于生态赤字状态。赵卫等（2011）在区域生态承载力及其与资源、环境承载力相互关系的基础上，针对后发地区敏感的生态环境、强烈的发展愿景和以产业区域转移为主的后发优势战略，阐明了后发地区生态承载力的判定标准和衡量对象，构建了后发地区生态承载力概念模型，并与区域生态系统健康评价相结合，运用多目标规划，建立了后发地区生态承载力评价模型，对海峡西岸经济区生态承载力进行了综合评价。

8. 生态系统服务功能评价

生态系统不仅创造和维持了地球生命支持系统，形成了人类生存所必需的环境条件，还为人类提供了生活与生产所必需的食品、医药、木材及工农业生产的原材料。因此，良好的生态系统服务功能是健康的生态系统的重要反映，生态系统健康是保证生态系统功能正常发挥的前提，结构和功能的完整性、抵抗干扰和恢复能力、稳定性和可持续性是生态系统健康的特征。生态系统的服务功能上要包括有机质的合成。生产、生物多样性的产生与维持、调节气候、营养物质贮存与循环、植物花粉的传播与种子的扩散、有害生物的控制、减轻自然灾害等许多方面。其中最主要的生态系统功能体现在两个方面，一是生态服务功能，二是生态价值功能，这些功能是人类生存和发展的基础。总的来说，生态系统服务功能评价的方法上有两种：一是指示物种评价，二是结构功能评价。结构功能评价包括单指标评价、复合指标评价和指标体系评价。指标体系评价又包括自然指标体系评价、社会 - 经济 - 自然复合生态系统指标体系评价。

典型案例如徐俏等（2003）以广州市为例，运用环境经济学的方法对城市生态系统服务功能进行价值评估，并在GIS平台上制定出其服务功能空间分级分布图。其结果表明广州市城市生态系统服务功能总价值为202亿元。如果考虑生态系统的直接经济价值，广州市不同类型生态系统的价值排序为：湿地＞经济林＞农田＞针叶林＞草地＞针阔混交林＞灌木林、疏林＞阔叶林。如果仅考虑其生态服务功能价值（即不考虑直接物质产品价值），则排序为：湿地＞林地＞草地＞农田。段晓峰和许学工(2006)采用市场价值、替代工程等方法基于县域尺度对山东省各地区森林生态系统的生产、游憩、改善大气环境、水土保持等服务功能进行价值评估，在游憩功能评价中从以往不同的角度建立了新的价值评估指标。在森林生态系统服务功能价值计算的基础上从结构、密度、质量三个方面建立了6项评价指标，采用多边形综合指标法对山东省各地区森林生态系统服务功能进行综合评价与分级。王斌等（2010）根据森林生态系统结构与功能特征，探讨了森林资源两类调查资料与定位观测资料相结合的森林生态系统服务功能评价方法，并以秦岭火地塘林区为例，将有林地小班按优势树种划分为12个林分类型，并对各林分的供给功能、调节功能、文化功能和支持功能进行评价。

四、生态环境评价中存在的问题与未来发展趋势

生态环境评价经过几十年的发展，虽已形成了多种多样的评价方法和指标体系，但仍存在以下几个方面的问题（郭建平和李风霞，2007）。①生态环境评价指标体系仍不完善。生态环境质量评价不能离开评价的指标体系，而不同的研究者或在不同生态环境的研究中，由于研究人员对生态环境的理解或研究目的的不同，在指标系统的选择或同一指标的权重分配上存在很大的差异，从而有可能导致不同研究者对同一系统评价结果的差异，特别是不同生态环境的评价结果无法进行直接比较。②生态环境的定量评价模型仍需进一步发展。现有的生态环境评价模型都是基于静态的评价模型，侧重对生态环境的结构、功能、状态的研究，对生态过程变化的评价研究方法极少，而生态环境的管理又必然是对生态过程的调控，因此，动态的生态过程评价模型的建立是今后必须要开展的工作之一。③生态环境的评价手段仍需提高。随着生态环境评价从生态环境结构、功能、状态的评价向生态过程评价的发展，生态环境评价面对的问题趋于复杂化和综合化，并且随着研究对象的时空尺度趋于长期化和全球化，研究方法趋于定量化，研究目的转向生态环境管理，传统的统计手段无法完成这项工作，故而迫切需要一些新的技术手段来支撑生态环境评价。④生态环境评价方法仍需完善。生态环境服务功能的评估主观性还比较大，在方法的选择上通常会受到评估人的知识背景、个人喜好等方面的影响，从而导致评价结果的差异。

由于生态环境是一个自然 - 社会 - 经济的复合系统，它受到多种因素的影响，表现出复杂性和不确定性，因此，对生态环境的评价应该更加趋向于综合评价（山永中和岳天祥，2003）。通过综合评价才能正确理解不同时空尺度、不同类型的生态环境之间的相互关系，才能作出准确的评价，从而指导人类作出明智的生态决策。

第二节　国内外生态环境监测现状

从全球范围来看，生态监测作为一种系统地监测地球自然资源状况的技术方法，起始于 20 世纪 60 年代后期。经过随后 50 多年的发展，越来越多的国家、地区、国际组织开始推进生态监测工作，一些跨国、跨区域甚至全球尺度的生态监测国际合作项目陆续启动，监测技术手段也从最初的仅采用地面定期调查和监测技术，发展到结合使用航空航天遥感、地理信息系统、全球定位系统等先进技术，这些技术有力地推动了天地一体化的生态监测技术体系建设进程，同时也形成了很多大型的生态环境监测网络（系统）。

一、全球尺度的生态监测

随着监测技术手段的飞速发展，开展全球尺度的生态监测早已成为现实，对促进生态监测的发展起到了积极的推动作用。

（1）全球环境监测系统（GEMS），由国际地球系统科学联盟F1975年建立，通过监测陆地生态系统和环境污染，定期评价全球环境状况。GEMS的实施使生态监测在许多国家得到迅速发展。

（2）国际长期生态观测研究网络（ILTER），由美国国家科学基金会（NFS）于1993年支持建立，涉及16个国家，目的是加强全世界长期生态研究工作者之间的信息交流；建立全球长期生态研究站的指南，例如为野外站确定必备的装置和设备清单，明确已存在的长期生态研究站的地点，并确定未来准备建立长期生态研究站的地点等；建立长期生态研究合作项目；解决尺度转换、取样和方法标准化等问题；发展长期生态研究方面的公众教育，并以长期生态研究的成果去影响决策人。

（3）全球陆地观测系统（GTOS）、全球气候观测系统（GCOS）和全球海洋观测系统（GOOS），由萨赫勒与撒哈拉观测计划、全球变化与陆地生态系统（GCTE）核心计划和人与生物圈计划（MAB）于1996年联合建立，目的是观测、模拟和分析全球陆地生态系统以维持可持续发展。

（4）全球通量观测研究网络（FLUXNET），由美国能源部（DOE）和美国国家航空航天局（NASA）于1996年建立，用于研究全球不同经纬度和不同生态系统类型的通量特征。

（5）全球综合地球观测系统（GEOSS），由联合国（UN）、欧盟（EC）和美国环境规划署（EPA）于2003年联合建立，用于地球系统的综合、同步、连续观测。

（6）国际生物多样性观测网络（GEO·BON），由国际生物多样性研究计划（DIVERSITAS）和美国国家航空航天局（NASA）于2008年联合建立，用于搜集全球的生物多样性数据信息，评估全球生物多样性状况。

二、区域尺度的生态监测

区域尺度的生态监测，具有代表性的主要有欧盟长期生态系统研究网络（LTER-Europe）、欧洲全球变化研究网络（EN-RICH）、亚太全球变化研究网络（APN）、东亚酸沉降监测网（EANET）、热带雨林多样性监测网络（CFTS Network）等。

（I）欧盟长期生态系统研究网络（LTER-Europc），于2007年在匈牙利建立，是欧盟第六框架计划卓越网络为期5年（2004—2009年）的项目ALTER-NeT所取得的重要成果之一，该项目由17个国家24个伙伴机构参与，经费是1000万欧元，主要研究生态系统、生物多样性和社会之间的复杂关系。建立.LTER-Europc的目的促进长期生态系统研究者和研究网络在地方、区域和全球尺度的合作与协调。

（2）欧洲全球变化研究网络（EN·RICH），建立于1993年，是国际上最早建立并开始实施的政府间全球变化研究网络，它利用欧盟已有的研究机构框架，1995年初开始实施《欧洲全球变化研究网络实施计划》，目的是促进泛欧国家对国际全球变化研究计划的贡献；鼓励西欧、中东欧国家、前苏联新独立国家、非洲国家和其他发展中国家之间在全球变化研究中的合作，促进对这些国家全球变化研究工作的支持；促进通信联系网络的建设；改善科学研究团体与欧洲联盟支持全球变化研究的机制的接触。

（3）亚太全球变化研究网络（APN），是1996年成立的区域与政府间科学组织，其宗旨是促进亚太地区的全球变化科学研究，并加强科学研究、政策制定之间的联系与互动。APN前有21个成员国，我国是其中之一。该组织的经费主要来源于日本环境省、神户县和美国国家自然科学基金会，其决策机构是政府间会议（IGM），APN处设在日本神户。

（4）东亚酸沉降监测网（EANET），由日本于1993年发起并组织，是一个地区性环境合作项目。EANET目前共有中国、柬埔寨、老挝、印度尼西亚、日本、蒙古国、马来西亚、菲律宾、韩国、俄罗斯、泰国和越南等东亚地区12个国家参加，目的是通过国际的合作监测了解评估东亚地区酸沉降状况，防止跨国界酸沉降污染危害。

（5）热带雨林多样性监测网络（CTFS Network），成立于1980年，由Smithsonian热带研究所的热带雨林研究中心（CTFS）负责协调和管理。该网络目前有18个森林动态样地，遍布于从拉丁美洲到亚洲和非洲的14个国家，制定有统一的规范和方法，在每个森林动态样地，对直径大于1cm的每株乔木进行定种、编号和定位，每5年进行一次逐株观测，对直径达到1cm的新植株给予及时增补。CTFS网络的目的就是通过对热带雨林的长期联网监测，加深对热带雨林生态系统的了解，并为其科学管理及其政策制定提供科学指导。关注的问题主要包括：①热带雨林为什么具有很高的物种多样性？在人类利用过程中，如何保持原有物种多样性水平？②热带雨林在稳定气候和大气环境方面起什么作用？人类如何利用热带雨林的储碳能力？③什么是热带雨林生产力大小的决定因子？人类该如何保证热带雨林资源的可持续利用？

三、国家尺度的生态监测

国家尺度上的生态监测起始于20世纪70年代末期，苏联制定了《生态监测综合计划》，其中包括自然环境污染监测计划、生物反应监测计划、标准自然生态系统功能指标及其人为影响变化的监测计划等。从目前国际上的情况看，美国、英国、中国和日本等国的生态监测比较具有代表性。

1. 美国长期生态研究网络

美国长期生态研究网络（US-LTER）建立于1980年，是世界上建立最早的长期生态研究网络，由26个监测台站组成。US-LTER目的是为科学团体、政策制定者及社会公众提供生态系统状态、服务功能及生物多样性的保护和管理方面的知识以及预测。监测台站覆盖了森林、草原、农田、极地冻原、荒漠、城市、湖泊湿地、海岸等生态系统。监测指标体系囊括了生态系统的各要素，诸如生物种类、植被、水文、气象、土壤、降雨、地表水、人类活动、土地利用、管理政策等。主要研究内容包括：①生态系统初级生产力格局；②种群营养结构的时空分布特点；③地表及沉积物的有机物质聚集的格局与控制；④无机物及养分在土壤、地表水及地下水间的运移格局；⑤干扰的模式和频率。

从2004年起，LTER的研究方向发生了重大改变，把台站联网研究及网络层面的综合科学研究作为未来10年的优先发展方向，主要围绕4个重大科学问题开展综合研究，即：生物多样性变化、多种空间尺度的生物地球化学循环变化、生态系统对气候变化及气候波动的响应、人类-自然耦合生态系统研究。

2. 英国环境变化研究监测网络

英国环境变化研究监测网络（ECN）成立于1992年，其目标是通过监测具有重要环境意义的指标，来获得具有可比性的长期监测数据。ECN由12个陆地生态系统监测站和45个淡水生态系统监测站组成，覆盖了英国主要环境梯度和生态系统类型。ECN的突出特点是非常重视监测工作，对所有监测指标都制定了标准的ECN测定方法，同时也形成了非常严格的数据质量控制体系，包括数据格式、数据精度要求、丢失数据处理、数据可靠性检验等，所有监测数据都建立中央数据库系统进行集中管理、共享，不追求监测全部生态系统各要素指标，而是根据自然生态系统类型和特点来确定监测指标体系（如下表2-1、2-2）。

表2-1　ECN陆地生态系统监测指标体系

监测指标类型	监测项目
气象	自动气象站13项，标准气象站14项
空气	二氧化氮
降水	pH值、电导率、钠、钾、钙、镁、铁、铝、磷酸盐、氨氮、硝酸盐、氯、硫酸盐、碱度（14项）
地表水	pH值、电导率、钠、钾、钙、镁、铁、铝、磷酸盐、氨氮、硝酸盐、氯、硫酸盐、溶解有机碳、碱度（15项）
土壤	pH值、电导率、钠、钾、钙、镁、铁、铝、磷酸盐、氨氮、硝酸盐、氯、硫酸盐、有机碳、碱度（15项）
有脊椎/无脊椎动物	鸟类、蝙蝠、兔子、鹿、青蛙等
植被类型/土地利用变化	区域植被动态变化及土地利用变化，主要通过遥感手段监测

表2-2 ECN淡水生态系统监测指标体系

监测指标类型	监测项目
地表水	包括金属离了和重金属离子。pH值、悬浮物、水温、电导率、溶解氧、氨氮、总氮、亚硝酸盐、碱度、氯、总有机碳、微粒有机碳、BOD、总磷、微粒磷、磷酸盐、硅酸盐、硫酸盐、钠、钾、钙、镁、铝、锡、钵、铁、锐、银、汞、铜、锌、镉、铅、础（34项）
地表径流量	
浮游植物	种类及丰富度，只在湖泊取样，1次/2周；叶绿素a，河流!次/周、湖泊1次/2周
大型水生植物	种类及丰富度，河流1次/年，湖泊1次/2年
浮游动物	种类及丰富度，只在湖泊监测，1次/2周
大型无脊椎动物	种类及丰富度、畸形程度

随着生物多样性保护越来越受到重视，ECN 近期计划建立环境变化生物多样性监测网络，用于评价气候变化、空气污染对生物多样性的影响，同时对监测站点也进行了相应的扩增。截止到 2009 年 8 月，ECN 陆地生态系统监测站点已经增加到 33 个，还有 7 个正在筹划建立，建成之时陆地站点将会达到 40 个。

3. 日本生态系统长期研究网络

日本自2003年开始建立生态系统长期研究网络。在森林、草地、水体（包括湖泊、河口、海洋）三类生态系统建立了生态系统长期观测站，每类生态站又分为核心站（Core-site）和辅助站两种类型。目前，JaLTER 有核心站 19 个，辅助站 30 个。19 个核心站中，森林站 11 个，海洋站 5 个，湖泊站 2 个，草地站 1 个；30 个辅助站中森林站 14 个，草地站 7 个，海洋站 6 个，湖泊站 3 个。监测指标包括气象、水文、水质、物候、植被生物量及二氧化碳含量等。

4. 其他国家的生态监测网络

随着全球气候变化、生物多样性丧失等生态环境问就越来越受到关注，其他许多国家也陆续开始建设本国或本地区的野外生态长期观测研究网络。加拿大在 1994 年就开始建立加拿大生态监测与评价网络（EMAN），其目的是探测、描述和报告生态系统变化，具体目标包括受到各种压力作用下生态系统的变化情况，为污染控制和资源管理政策提供科学原理，评价并报告资源管理政策的有效性，尽早确认新的环境问题，并有一系列监测协议，如生物多样性监测协议、生态系统监测协议等。此外，澳大利亚、以色列、巴西、墨西哥、波兰、韩国等也开始建立野外生态长期观测网络。

5. 我国生态监测与研究进展

我国是世界上最早开展生态系统长期定位观测的国家之一，各个行业部门均按照对各自职责的理解建有生态监测网络，开展生态监测业务工作和科研工作。目前，我国规模较大的生态系统定位观测研究网络有中国科学院建立的中国作态系统研究网络，林业部门建立的中国森林生态系统定位研究网络和湿地生态系统研究网络（CWERN），科技部门组建的国家生态系统观测研究网络，环保部门建立的国家生态环境监测网络，农业部门建立的农业生态环境监测网络，草原生态监测网络和渔业生态环境监测网，水利部门建立的水土保持监测网络，海洋部门建立的海洋环境监测网络等。

（1）中国科学院

由中国科学院建立的中国生态系统研究网络（CERN），在我国开展生态系统长期定位研究时间最早，与美国长期生态研究网络（US-LTER）、英国环境变化研究网络（ECN）并称世界三大国家生态系统研究网络。

CERN 于 1988 年开始筹建，直至 2012 年，已有 38 个生态系统长期观测站，其中包括 15 个农田生态站、“10 个森林生态站、3 个草地生态站、3 个沙漠生态站、1 个沼泽生态站、2 个湖泊生态站、3 个海洋生态站和 1 个城市生态站，同时建立了水分、土壤、大气、生物、水域生态 5 个学科分中心和 1 个综合研究中心。（表 2-3）

CERN 的主要研究目标为：①揭示生态系统及环境要素的变化规律；②主要生态系统类型服务功能及价值评价和健康诊断；③揭示我国不同区域生态系统对全球变化的响应；④揭示生态系统退化、受损机理，探讨生态恢复重建途径。经过二十多年的发展，CERN 的各台站在监测规范化、标准化方面取得了巨大进步，已经建立了相对完整的生态系统各要素观测规范和标准，从观测场设置、样品采样、分析测试再到数据质量控制、数据集成都有相应的规范。

表2–3　中国生态系统研究网络台站类型及名称

台站类型	台站名称	台站类型	台站名称
城市生态站	北京城市生态系统研究站	海洋生态站	胶州湾海洋生态站、大亚湾海洋生态站、三亚热带海洋生物实验站
农田生态站	拉萨生态站、环江农田生态站、海伦农业生态站、沈阳生态实验站、禹城农业生态站、封丘农业生态站、栾城农业生态站、常热农业生态站、桃源农业生态站、鹰潭红壤生态站、千烟洲红壤丘陵农业生态站、阿克苏农田生态站、盐亭紫色土农业生态站、安塞水土保持综合生态站、长武黄土高原农业生态站	森林生态站	神农架森林生态站、长白山森林生态站、北京森林生态站、会同森林生态站、鼎湖山森林生态站、鹤山丘陵生态站、茂县山地生态站、贡嘎山高山森林生态站、哀牢山亚热带森林生态站、西双版纳热带雨林生态站
草地生态站	内蒙古草原生态系统生态站、海北高寒草甸生态站	湿地生态站	三江平原沼泽湿地生态站
荒漠生态站	临泽内陆河流域综合生态站、奈曼沙漠化研究站、沙坡头沙漠试验研究站、鄂尔多斯沙地草地生态站、阜康荒漠生态站、策勒沙漠研究站	湖泊生态站	东湖湖泊生态站、太湖湖泊生态站
分中心	大气分中心、水分分中心、生物分中心、土壤分中心、水域分中心		
综合中心	综合研究中心		

（2）林业部门

林业部门从20世纪50年代末开始建设中国森林生态系统定位研究网络（CFERN），2003年正式成立。到2011年10月，CFERN已发展成为横跨30个纬度，代表不同气候带的73个森林生态站组成的网络，基本覆盖了中国主要典型生态区，涵盖了中国从寒湿带到热带、湿润区到极端干旱地区的植被和土壤地理地带的系列，主要任务是开展森林生态系统的定位观测研究。（表2-4）

另外，林业部门还建立了湿地生态系统研究网络（CWERN），在全国重要湿地类型区建立定位研究站，截至2010年已经建成12个站点，计划在2020年前共建成50个湿地生态台站的监测网络。

表2-4　中国森林生态系统研究网络台站分布及名称

分布区域	台站名称
东北地区（9个）	内蒙古大兴安岭森林生态站、黑龙江嫩江森林生态站、辽宁冰砬山森林生态站、吉林松江源森林生态站、黑龙江凉山森林生态站、黑龙江漠河森林生态站、黑龙江小兴安岭森林生态站、黑龙江牡丹江森林生态站、黑龙江帽儿山森林生态站
华北地区（18个）	辽东半岛森林生态站、辽宁白石砬森林生态站、首都圈森林生态站、河北小五台山森林生态站、北京燕山森林生态站、山西太行山森林生态站、河南禹州森林生态站、山东泰山森林生态站、山东青岛森林生态站、河南黄河小浪底森林生态站、山西吉县黄土高原森林生态站、山西太岳山森林生态站、山东昆曲山森林生态站、湖南黄淮海农田防护林生态站、山东黄河三角洲森林生态站、宁夏六盘山森林生态站、甘肃兴隆山森林生态站、甘肃小陇山森林生态站
华东中南地区（23个）	陕西秦岭森林生态站、湖北秭归森林生态站、河南宝天曼森林生态站、河南鸡公山森林生态站、江苏长江三角洲森林生态站、重庆缙云山森林生态站、湖南会同森林生态站、贵州喀斯特森林生态站、江西大岗山森林生态站、福建武夷山森林生态站、广东珠三角森林生态站、广东沿海防护林森林生态站、广东南岭森林生态站、广东东江源森林生态站、湖北神农架森林生态站、浙江天目山森林生态站、安徽黄山森林生态站、安徽大别山森林生态站、重庆武陵山森林生态站、广西漓江源森林生态站、浙江凤阳山森林生态站、浙江钱塘江森林生态站、广西大瑶山森林生态站
华南热带地区（5个）	广东湛江森林生态站、海南尖峰岭森林生态站、广西友谊关森林生态站、云南普洱森林生态站、海南文昌森林生态站
西南高山地区（3个）	四川卧龙森林生态站、西藏林芝森林生态站、四川峨眉山保林生态站
内蒙古东部地区（5个）	河北塞罕坝森林生态站、内蒙古赛罕乌拉森林生态站、内蒙古大青山森林生态站、内蒙古鄂尔多斯森林生态站、宁夏贺兰山森林生态站
蒙新地区（4个）	甘肃祁连山森林生态站、新疆天山森林生态站、新疆阿尔泰山森林生态站、新疆塔里木河胡杨林森林生态站
云贵高原（3个）	云南滇中高原森林生态站、云南高黎贡山森林生态站、云南长溪森林生态站

（3）科技部门

2005年，科技部启动国家生态系统观测研究网络台站（CNERN）建设任务。作为国家科技基础条件平台建设的内容，CNERN目的是要整合现有的属于不同主管部门的野外生态监测台站，从而在国家层面上建立跨部门、跨行业、跨地域的科技基础条件平台，实现资源整合、标准化规范化监测、数据共享。通过对已有台站的评估认证，截至2011年，有53个台站被纳入国家生态系统观测研究网络（CNERN），其中包括18个国家农田生态站、17个国家森林生态站、9个国家草地与荒漠生态站、7个国家水体与湿地生态站以及国家土壤肥力网、国家种质资源和国家生态系统综合研究中心。

（4）环保部门

环保部门的国家生态环境监测网络建设开始于1993年。原国家环境保护局编写了《生态监测技术大纲》，提出了野外生态监测站的监测指标体系和监测方法，针对不同生态系统类型和水文、气象、土壤、植被、动物和微生物等生态系统要素，确定了常规监测指标和项目。1994年，原国家环境保护局提出在全国建立9个生态监测站，对各类型生态系统进行监测。在典型生态区建立的生态监测站有：内蒙古草原生态环境监测站、新疆荒漠生态环境监测站、内陆湿地生态监测站、海洋生态监测网、森林生态监测站、流域生态监测网（长江流域暨三峡生态监测网）、农、业生态监测站、自然保护区生态监测站，每个监测站又包括不同的分站和子站。同年，原国家环境保护局建立了近岸海域环境监测网，由74个监测站和301个监测点位组成，开展近岸海域海水水质、入海河流污染物、直排海污染源监测。

如今，全国众多省份已经开展生态地面监测工作，积累了宝贵的经验和数据资料。内蒙古自治区环境监测中心站从1991年起在呼伦贝尔、锡林郭勒、包头市、达茂旗开展草地生态监测，一直持续到现在，积累了20多年的数据资料，2002年增加了阿拉善荒漠生态系统监测站，2006年增加了鄂尔多斯毛乌素沙地、清水河县黄土高原、磴口县乌兰布和沙漠3个生态环境地面定位监测站，目前共有7个生态环境地面监测站点开展监测工作。新疆维吾尔自治区环境监测总站从2000年开始在塔里木河流域、伊犁、阿尔泰、哈密地区开展荒漠生态系统监测，积累了10多年的监测数据。青海省环境监测站在“十一五”期间连续5年开展了高寒草原生态系统地面监测，在青海草原区布设了200多个监测点开展高寒草原生态系统监测。湖南省洞庭湖生态环境监测站从1983年就开始了水质、底质的监测工作，从1988年又开始了浮游植物、浮游动物、底栖动物等水生生物监测工作一直持续到现在，目前在洞庭湖及长江岳阳段共布设了14个断面，累计有效监测数据达百万个，积累了系统的基础性观测资料。另外，中国环境科学研究院于2010年7月在井冈山建立了井冈山生态环境综合观测站，该站由中国环科院、江西省环科院和井冈山国家级自然保护区共同建设。2011年，中国环境监测总站选择6个省份启动生态环境地面监测试点工作，2012年试点省份增至10个，针对森林、草原、湿地和荒漠生态系统开展环境要素和生物要素监测。

（5）水利部门

水利部门建立了水土保持监测网络，对全国不同区域的水土流失及其防治效果进行动态监测和评价。该网络由四级构成，第一级为水利部水土保持监测中心，第二级为七大流域（长江、黄河、海河、淮河、珠江、松辽和太湖）水土保持监测中心站，第三级为各省、自治区、直辖市水土保持监测总站，第四级为各监测总站设立的水土保持监测分站。

（6）农业部门

农业部门的生态监测网络包括农业生态环境监测网络、草原生态监测网络和渔业生态环境监测网。农业生态环境监测网络包括农业部环境监测总站、省级农业环境管理与监测站、地县级农业环境管理与监测站三个级别，由33个省级和800多个重点地（市）、县级农业环境监测站组成监测网络。草原生态监测网络由农业部草原监理中心、22个省级草原监测站以及3400多个监测样地组成草原生态监测网络，开展草原植物长势、生产力、生态环境状况的监测评估。渔业生态环境监测网由85个渔业环境监测站组成，开展渔业生产、渔业资源保护和渔业水域生态环境监测工作。

（7）海洋部门

海洋部门建立的海洋环境监测网络，主要成员是国家海洋环境监测中心以及北海、东海和南海3个海区海洋监测中心站，其余成员为国家海洋局建设的专业海洋监测中心站、与地方共建的海洋监测站和地方海洋与渔业局的监测中心，主要开展海洋污染源监测、海洋环境质量监测等工作。

四、我国生态环境监测方法及指标体系现状

（一）生态环境监测方法现状

生态环境监测就是对生态系统中的指标进行具体测量和判断，以获得生态系统中某一指标的关键数据，通过统计数据，来反映该指标的状况及变化趋势。

这就为环境的建设提供了数据基础和帮助。如今，生态环境监测的方法主要有三种：一是地面的现场调查，这项工作需要人力、物力的配合，即要科技设备的支持，以便对环境破坏严重的地区进行考察实践；二是航空的低空照片研读，采用先进的小型侦察设备在平流层进行实况监测；三是来源于外太空的一些数据，这就需要围绕地球转动的卫星在高空进行监测，科技含量比较高。在三种方法配合下，就可以节省开支、降低成本，并且监测结果良好。同时在监测时应该考虑到，每个地方的环境各异，测量方法也应随环境的变化而变化，这就要求在监测前应进行商讨，做好评估，考虑好备案，优中选优，以防环境的突发状况。

（二）生态环境监测指标体系现状

生态环境监测的本质是环境信息的生产过程。现阶段的环境监测内容包括综合性

指标、物理学指标、化学指标、生物学指标、生态学指标、毒理学指标等，或者分为环境质量指标、自然生态指标、环境保护建设指标等。我国环境监测体系存在很多不足，比如，我国在环境污染的监测上力度较小、起步较慢，缺乏实践，而且范围较小；我国偏重生态过程的研究；我国现在的监测系统还没有具体的统一指标体系，有的现代化技术和监测技术不相适应，使得其无法应用。因此，全面建设监测指标体系将是我们的首要任务。

五、生态环境监测存在的问题

（一）生态环境监测设备落后

随着环境保护工作的逐步推进，人们越发重视绿色环保理念，但是我国在生态环境的监测工作中仍旧存在一些问题有待解决，包括资金投入不足、缺少完善的设备设施等，究其根本，都是由于生态环境监测工作没有受到足够的重视。和发达国家相比，我国的生态环境监测设备仍须改进，政府及环境部门投入生态环境监测工作中的资金有限，甚至在部分地区用于生态环境监测的设备严重缺失。在多种因素的影响下，我国生态环境监测工作难以更进一步开展起来。

（二）生态环境监测技术水平较低

目前，我国生态环境监测技术水平有待进一步提高。在不同地区经济发展水平不同的情况下，生态环境监测水平也存在较大差异。由于工业化的快速发展，工厂、企业排放的污染物种类逐渐增多，但对新环境下污染物监测方法的研究相对落后。在现有的监测方法和设备下，很多污染物的排放和监测很难达到预期标准。

（三）生态环境监测服务能力有限

生态环境监测是科学管理环境和国家环境执法监督的重要依据。目前，我国的生态环境监测服务多由政府主导，而随着工业化水平的提高，企业不断壮大且数量不断增多，仅依靠政府进行生态环境监测已经不能满足实际的需求，也不能实现对所有企业的有效监管，这就导致了政府环境监测服务的局限性。在这种趋势下，政府放开生态环境监测市场，对此，环境主管部门有必要加强管理，以杜绝有第三方检测机构为企业弄虚作假的情况发生。如何加强生态环境监测的市场准入和监管，确保生态环境监测服务的有序发展是一个重大问题。

（四）生态环境监测人才储备不足

目前，我国很多环境监测机构存在人才空缺问题，现存的工作人员通常是凭借丰富的工作经验来展开工作的，对环境监测质量管理工作的认知和理解比较片面化。之所以出现这种现象，除了专业人才需求量大于供应量，还有环境监测机构自身的因素，其未能对员工专业培训重视起来，导致员工无法及时更新自己掌握的专业知识和技能。

除此之外，在我国目前的环境监测工作中，无论是我国自行研发的环境监测技术还是国外引进的技术，在运用过程中普遍存在缺乏质量管理的现象，存在着很大的质控风险。而且，管理系统上的缺陷会影响环境监测技术的实施，从而导致环境监测质量难以得到有效提高。

（五）生态环境监测行业资金投入不足

环境监测行业作为一种新兴行业，与其他行业相比具有一定的特殊性。首先，其采用的监测设备比较先进，购置这些设备和后期维护都需要投入较大的经济成本；其次，环境监测设备在日常运行中，也会产生较大的费用；最后，监测设备与仪器的更新换代，也是一笔不菲的开支，这些开支远远超过了政府提供的资金支持，从而导致在环境监测系统正常运行中，一旦设备出现问题，无法及时有效进行维修。

除此之外，在资金投入不足的情况下，环境监测设备的性能无法得到充分保障，相应的环境监测任务也不能及时有效执行，且仪器设备如果出现问题，其监测的数据准确性也会大大降低，影响环境监测信息的分析，对后续的环境监测及质量控制产生很大的影响。

（六）生态环境监测质量管理制度不完善

目前，在生态环境监测工作中，并没有制定完善的质量管理体系，也没有制定相对应的工作措施。

一方面，缺乏完善的监督管理体系。在内部质量监督工作中，相关监管机构没有树立正确的观念，过分重视业务工作的开展，忽视质量控制工作，过分重视技术应用，忽视质量管理工作，这将大大增加内部质量监督问题发生的概率。在外部监督中，行政管理部门和市场部门负责环境质量监测。但由于专业人才严重缺乏，监测人员专业知识不足，所以就容易出现外部质量监督管理问题。此外，有关部门还没有制定完善的监管工作体系，无法真正落实和贯彻生态环境监测质量监督管理工作。

另一方面，没有制定全面的质量保证体系。近年来，在环境监测质量监督管理中，注重维护监测机构的公正性和社会诚信。监测服务市场化改革实现后，社会监测机构将对提高社会经济发展水平发挥重要作用，可以显著提高环境和社会效益。但由于环境监测市场尚不成熟、不完善，也没有形成有针对性的质量保证体系，这将会给监测工作的顺利开展带来诸多不利影响。尤其是在利润的诱惑下，很容易出现数据不可靠、不真实等问题。

六、生态环境监测发展面临的新形势

（一）法律法规对生态环境监测提出明确规定

我国资源环境领域相关法律法规对各自领域的生态环境监测都做出明确规定，生态环境监测在生态环境保护中的基础性地位显而易见。新修订的《中华人民共和国环境保护法》(2015 年 1 月 1 日施行）对各级人民政府组织开展环境质量监测、污染源监督性监测、应急监测、监测预报预警、监测信息发布等方面做出规定，强调生态环境监测要统一规划和统一发布信息。

1. 大气环境监测方面

2018 年第二次修正的《中华人民共和国大气污染防治法》规定国务院环境保护主管部门负责制定大气环境质量和大气污染源的监测和评价规范，组织建设与管理全国大气环境质量和大气污染源监测网，组织开展大气环境质量和大气污染源监测，统一发布全国大气环境质量状况信息。《中华人民共和国气象法》规定国务院气象主管机构负责组织进行气候监测、分析、评价，并对可能引起气候恶化的大气成分进行监测。

2. 水环境监测方面

《中华人民共和国水法》规定要加强水资源的动态监测和水功能区的水质状况监测。《中华人民共和国水污染防治法》规定国家建立水环境质量监测和水污染物排放监测制度，国务院环境保护主管部门负责制定水环境监测规范，统一发布国家水环境状况信息，会同国务院水行政等部门组织监测网络，统一规划国家水环境质量监测站（点）的设置。《中华人民共和国水土保持法》规定国务院水行政主管部门应当完善全国水土保持监测网络，对水土流失状况和变化趋势、水土流失危害、水土流失预防和治理等情况开展监测。《中华人民共和国海洋环境保护法》规定国家海洋行政主管部门负责海洋环境的监督管理，组织海洋环境的调查、监测、监视、评价和科学研究。

3. 土壤和土地沙化环境监测方面

《中华人民共和国农业法》提出各级人民政府应当建立农业资源监测制度，并对耕地质量进行定期监测。《中华人民共和国防沙治沙法》提出国务院林业行政主管部门组织其他有关行政主管部门对全国土地沙化情况进行监测、统计和分析，并定期公布监测结果 .《中华人民共和国土地管理法》提出国家建立土地调查制度、土地统计制度，对土地利用状况进行动态监测。

4. 草原和森林等监测方面

《中华人民共和国草原法》提出国家建立草原生产、生态监测预警系统。县级以上人民政府草原行政主管部门对草原的面积、等级、植被构成、生产能力、自然灾害、生物灾害等草原基本状况实行动态监测。《中华人民共和国森林法》提出各级林业主管部门负责组织森林资源清查，建立资源档案制度。

（二）绿色生态为生态环境监测带来重要机遇

互联网与生态文明建设的深度融合正在推进。“互联网 +”绿色生态，集中体现在构建覆盖主要生态要素的资源环境承载能力动态监测网络，实现生态环境数据互联互通和开放共享。在此形势下，要求生态环境监测网络体系，既能保证监测数据规模足够大，尽量覆盖各地区、各要素、各时段；又要保证监测数据质量足够高，具备科学性、准确性、可比性；同时，还要保证监测信息能联网、能共享、能应用。当前，运用大数据加强和改进生态环境监管已是大势，以往“用眼睛看、用鼻子闻、跟感觉走”的粗放监管模式，逐渐转型发展为监测和监管联动的精准监管模式。

此外，山水林田湖的完整性对统筹生态环境监测提出新要求。生态文明建设要树立尊重自然、顺应自然、保护自然的理念，坚持山水林田湖是一个生命共同体，而不能人为割裂自成一体的生态系统。这是我国生态文明建设的理念，也是生态环境监测体制改革需坚持的基本原则。为了统筹监测水流、大气、土壤、森林、草原、海洋等生态环境要素，需对位于上风向与下风向、上游与下游、地上与地下、陆地与海洋的各个监测网络体系，进行整体布局和统一规划。目前，一些部门和地方正在开展相关示范工作。

（三）生态文明重大制度建设要基于生态环境监测

建设生态文明，必须建立系统完整的生态文明制度体系，包括健全自然资源资产产权制度、编制自然资源资产负债表、建立生态环境损害责任终身追究制、实行资源有偿使用制度和生态补偿制度、生态文明建设目标评价考核制度等。这些重大制度的制定、执行、完善等，都有赖于健全的生态环境监测网络体系，也只有基于高质量的监测数据，才有助于构建包括源头严防、过程严管、后果严惩的约束机制，才能形成促进绿色发展、循环发展、低碳发展的激励机制。未来一段时期，我国生态环境风险呈高发频发态势，需及时开展有效的监测预警，提高环境风险防范能力，健全生态环境监测网络体系迫在眉睫。

第三节　国内外生态环境评价研究进展

一、国外研究进展

城市化随着工业革命而加快、社会生产力高速发展以及人类对自然界无休止的豪夺，带来了不同程度的环境污染和生态环境破坏，基于单项技术性治理难以有效阻止环境继续恶化，于是从20世纪40年代起一些发达国家开始环境质量和污染防治方面相关法律法规的制定，如美国的《净化空气法修正法案》《水法》《大气颗粒物新标准》，日本的《大气污染防治法》《水污染防治法》，德国的《水法》和《防止扩散法》等，通过将环境保护上升到法律高度以求环境恶化有所缓解。1969年美国率先提出，环境影响评价制度并在《国家环境政策法》中规定大型工程必须在修建前编写评价报告书。此后，加拿大、瑞典和澳大利亚等国也先后在环境保护法中确立环境评价制度，评价的范围逐渐由单因素评价向多因素评价过渡。在此期间，许多国家的学者在环境质量评价以及环境影响评价等环境科学研究领域中开展了诸多有意义的研究工作。

20世纪80年代以后，随着计算机的普及，一些先进技术尤其是遥感（RS）、全球定位系统（GPS）和地理信息系统（GIS）开始应用于环境科学领域，其中以美国环保局（EPA）20世纪90年代初提出的环境监测和评价项目（EMAP）为典型代表，该项目从区域和国家尺度评价生态资源状况并对其发展趋势进行长期预测，在该项目基础上又建立了州和小流域的环境监测与评价（R·EMAP）。这一时期生态环境研究的典型案例是20世纪90年代初美国环境保护局采用，11尺度方法对大西洋地区进行生态评价，此外也有诸多学者利用“3S”技术对河口等区域进行了相关生态评价研究。与大多数发展中国家相比，美、德等发达国家在发展经济的同时更注重整个生态系统的健康与安全，并先后开展了生态风险评价。1995年经由H.Moony、Acroppcr和徐冠华等10名学者商讨，在联合国有关机构、世界银行、全球环境基金和一些私人机构的支持下，新千年生态系统评估（Millennium Ecosystem Assessment，缩写为MA或MEA）启动，MA核心工作即对生态系统的现状进行评估，预测生态系统的未来变化及该变化对经济发展和人类健康造成的影响，为有效地管理生态系统提供各类产品和服务的功能，提出改进生态系统管理工作应采取的各种对策，在一些重要地区启动若干个区域性生态系统评估计划，为区域生态系统管理提供技术支持。

景观生态学的产生及发展使遥感和地理信息系统等空间数据采集、处理和分析技术在生态环境评价中的作用发挥到了极致。John T.lee等（1999）指出景观质量和生态价值密切相关，并利用GIS技术和土地利用数据进行区域尺度的景观评价；Wynet Smith等借助遥感、制图技术和统计分析方法对Batemi河谷土地利用进行了研究；Heana Espejel等（1999）则在利用遥感影像进行景观分类的基础上，对不同土地利用的生态可持续性进行评估；Robin S.Reid等（2000）利用航片和卫星影像在景观尺度上就土地利用/覆被变化对生态过程的影响进行评价研究；Daniel T.Hegem等（2000）对Tensax河流域进行景观生态评价；Richard G.Lathrop等（1998）应用景观生态学理论和GIS技术从生态保护、开发利用和协调发展的角度对生态敏感性进行评估等。

目前，世界各国特别是以荷兰、捷克、德国、俄罗斯为代表的欧洲国家和以美国、加拿大为代表的北美国家以及澳大利亚等都很重视对生态环境的调查、评价，并以此为依据进行景观生态的设计、规划和管理，例如捷克的景观生态规划（LANDEP）、荷兰实行的景观对策计划、德国对农村景观空间结构发展变化的研究、澳大利亚与加拿大的土地生态分类调查、美国对新泽西州海岸平原松栋林景观和对西部山地花旗松林景观的研究等。总的来讲，国外对生态环境的评价起步早，手段先进，生态环境评价定量化特征比较明显。

二、国内研究进展

国内生态环境评价研究始于20世纪60至70年代的城市环境污染现状的调查评价和工程建设项目的影响评价。此后，随着国人对生态环境日益重视和生态环境评价工作的不断深入，生态环境评价的研究领域逐步由城市环境评价发展到水体、农田、旅游等诸多领域，研究内容及研究深度则由单要素评价向区域环境的综合评价过渡，由污染环境评价发展到自然和社会相结合的综合或整体环境评价，进而涉及土地可持续性利用、区域生态环境综合评价和环境规划等。

1. 城市生态环境评价

20世纪60年代我国环境科学尚处于萌芽状态，在20世纪70年代初参加联合国教科文组织拟订的“人与生物圈计划”之后，于1978年将城市生态环境问题研究正式列入我国科技长远发展计划，此后许多学科开始从不同角度研究和评价城市生态环境。

吴峙山等（1986）在借鉴国外城市生态环境质量研究的基础上对北京等城市生态环境质量进行评价研究；郑宗清（1995）依据生态学理论采用层次分析综合评价法对广州市八个行政区城市生态环境质量进行评价，并将其结果分为四类，之后在分析各类表现特征及存在主要生态环境问题的基础上提出整治建议。范常忠和姚奕生（1995）建立了完整的城市生态环境质量评价指标体系及比较合理的权重体系和评价标准体系，还运用Fuzzy多级综合评价方法建立了城市生态环境质量评价模型。千庆兰（2002）借鉴国外环境诊断的研究方法提出“树木活力度”，即树木的枝、叶、梢、树形等各个部位的生长状况和健康程度这一新的综合生态指标对吉林市城市生态环境质量进行分区。喻良和伊武军（2002）则利用层次分析法对福州市近年来城市生态环境质量的评价结果进行分析，并对今后城市规划提出建议；杨新和延军平（2002）以位于黄土高原中部的陕甘宁老区榆林、延安两市为例，选定年降水量、年均温、蒸发量等8个指标，定量评价各市1970—2000年的脆弱度状况，结果表明榆林、延安两市生态环境整体脆弱，脆弱度存在空间差异但差异不明显，而时间段上的波动幅度不大。李月辉等（2003）使用层次分析法，利用MiCroSOftViSUalBaSiC6.0开发了城市生态环境质量评价信息系统，并运用该系统对沈阳“九五”末期城市生态环境质量进行评价，结果显示沈阳市生态环境质量属于一般。吕连宏等（2005）结合煤炭城市的具体特点，构建了一套综合的煤炭城市生态环境评价指标体系，并运用层次分析法（AHP）对各个评价因子的权重进行了判断并分类。王平等（2006）以南京市城市环境为例，采用层次分析法确定各评价指标权重，计算评价指标体系的综合评价值，根据综合评价值的大小划分城市生态环境质量的等级，评价结果与南京市生态环境的实际状况基本相符，南京市生态环境质量在总体上呈逐步改善的趋势，环境污染状况明显改善，但是自然环境在逐渐恶化，主要是由于自然灾害的影响。

栾勇等（2008）运用碳氧平衡法、生态阈值法、氧气需求法等城市生态指标的计算方法对珠海市的生态绿化现状进行分析研究，并提出珠海城市生态规划建议，以不断改善城市生态环境，提高城市生态效益。徐昕等（2008）依据原国家环保总局颁布的《生态环境状况评价技术规范（试行）》，通过解译2004年中巴卫星遥感影像，结合上海市区（县）的统计资料，进行土地利用现状分析、专项土地数据分析和城市生态环境质量评价，结果表明通过计量生物丰度、植被覆盖、水网密度、土地退化、环境质量、污染负荷多项指数，能较全面地衡量城市生态环境质量。

黄存住等（2009）以上海市闵行区为例，从社会、经济、自然等方面构建了一套城市生态环境质量的指标体系，结合反映城市生态环境质量的指标体系和权重，采用基于矢量的空间叠加方法，对表征研究区域的城市生态环境质量的单因子和多因子的空间分异规律及其成因进行了探讨。

纪芙蓉等（2011）应用“压力 - 状态 - 响应”模型，通过频度统计法、多因子比较法和专家评价法等多种方法提取城市生态环境质量评价指标，建立城市生态环境质量评价体系，并以西安市近十年来的相关数据为基础评价西安市城市生态环境质量。

2. 农业生态环境评价

阎伍玖等（1999）以县作为评价单元，从自然生态系统、社会经济系统和农田污染系统三个子系统分别选取指标，引入灰色系统理论中的关联度分析法对安徽芜湖区域农业生态环境质量进行了综合评价，研究结果表明：安徽省芜湖市区域农业生态环境已经受到了明显的污染，并且各区域污染水平有一定的差异，芜湖市区域农业生态环境质量优劣的关联次序依次为南陵县、芜湖市、繁昌区和城市郊区。王丽梅等（2004）在监测分析基础上运用多级模糊综合评判模型和改进的标准赋权与层次分析相结合的权重确定方法，对黄土高原沟壑区果农型农业生态系统的单要素环境质量（包括土壤、径流水体、农副产品、社会经济环境及生态环境）和总体环境质量进行了评价，结果表明土壤、径流水体、农副产品质量状况均为Ⅰ级，社会经济环境质量为Ⅱ级，生态环境质量为Ⅲ级，总体环境质量为Ⅰ级；单从生态效益角度来看，果农型农业生态系统并不是最佳选择，但其社会经济效益相对较好。

刘新卫（2005）构建了农业生态环境质量评价指标体系，应用基于三角白化权函数的灰色聚类评估方法，全面评价了位于长江三角洲地区的常熟市农业生态环境质量状况，结果表明，该市农业生态环境总体上处于较好状态，有利于当地农业生产的可持续发展。

王瑞玲和陈印军（2007）在深刻剖析土壤污染物来源、深入理解土壤污染复杂性的基础上，根据研究地区的特殊性（城市郊区），构建了包括评价模型、预测模型、预警模型的农田生态环境质量预警体系，通过社会环境系统对土壤污染胁迫强度的变化间接反映土壤环境质量变化趋势，并运用此预警体系对郑州市郊区农田进行了动态预警实证研究。

苏艳娜等（2007）运用可变模糊集模型对江苏省常熟市农业生态环境质量进行了评价，结果表明该模型能更客观地评价该市农业生态环境质量状况。李超等（2009）以江苏省为研究案例对江苏省六大经济区进行农业生态环境质量评价，结果表明，1996 年和 2000 年江苏省平均植被覆盖度由 54.74% 下降到 50.42%，轻度级以上的水土流失总面积比例由 8.12% 下降到 6.76%，1996—2005 年，江苏省沿江、沿海和两淮经济区农业生态环境质量发展水平高于徐连、宁镇扬和太湖经济区，大部分经济区生态环境质量等级均有提高。

陈惠等（2010）选择与福建省农业生态环境质量密切相关的 19 个因子作为候选因子，通过专家对候选因子进行排队打分筛选，得出福建省农业生态环境质量评价指标体系，采用层次分析方法确定各因子指标权重，经归一化处理，得到福建省 68 个县川一化后的因子值和农业生态环境质量总指数值的计算公式，再根据总指数值的大小，将各区、县（市）的农业生态环境质量划分为好、较好、一般、较差、差五个等级。

唐婷等（2012）运用主成分分析方法筛选农业生态环境质量的评价指标体系，建立农业生态环境质量综合评价模型，对 1995 年、2005 年、2008 年江苏省徐连、沿江、沿海、宁镇扬和太湖经济区的农业生态环境质量的时空变异进行了评价。

3. 区域生态环境评价

20 世纪 80 年代，董汉飞等对海南、珠江口等区域生态环境评价的原则、方法、指标体系进行的有益尝试是区域生态环境质量评价方面早期有影响的研究之一，选用的主要是生物量、生长量等生物学指标，关注的是生态系统最基本的组分和功能。

伴随着国土资源综合调查，省市级生态环境质量综合调研工作陆续开展，同时基于遥感、地理信息系统等空间数据信息获取、处理和分析等技术方法的进步，生态环境质量评价技术及方法已经由初期的针对生态环境状况单要素调查向多源数据支持的多环境要素综合评价过渡，评价内容由单纯的自然环境向自然环境与社会环境的综合方向发展，并逐步建立起区域性的生态环境综合评价指标体系，评价方式由定性描述转向以数值分析等方式为主的定量化分析。

近几年来，已陆续出现了对各省级区域进行的生态环境评价。2006 年原国家环保总局正式颁布《生态环境状况评价技术规范（试行）》，这是我国第一个综合性的生态环境质量评价标准，为推动生态环境评价发展奠定了扎实基础。李洪义等（2006）利用自行建立的多元线性回归方程对福建省2000年生态环境质量进行了评价，结果表明福建省生态环境质量总体较好，在空间分布上内陆山区优于沿海地区，西部和北部山区生态环境质量较好，城市、裸露山地、遭砍伐的林地及海岸带地区次之。钱贞兵等（2007）利用2000年和2004年安徽省卫星遥感图像解译数据，结合地面调查和统计资料，按照生态环境质量评价体系对安徽省17个市级行政区生态环境状况进行动态评价和比较，结果表明安徽省整体生态环境质量良好。曹爱霞等（2008）应用卫星遥感解译数据和环境统计资料计算了甘肃省14个市级行政区的生态环境质量指数，系统评价了其生态环境质量状况。曹惠明等（2012）以2005年和2009年美国陆地卫星影像为基本数据源，利用遥感与GIS技术对山东省生态环境状况进行了监测，并依据《生态环境状况评价技术规范（试行）》，对山东省生态环境质量现状及动态变化趋势进行了评价。结果表明，山东省生态环境质量总体处于一般水平，2005—2009年山东省生态环境质量状况基本稳定，局部地区有所改善。赵元杰等（2012）以河北省为例探讨了复杂生态区生态环境质量评价方法，包括生态环境要素质量评价、各生态区生态环境质量评价以及复杂生态区生态环境质量评价等三个层次，评价结果表明：2006-2008年，河北省生态环境质量指数分别为3.6926、3.6673、3.8452，生态环境质量"较差"。

有学者以流域为评价单位进行了生态环境评价。如王顺久和李跃清（2006）以巢湖流域为例对生态环境质量综合评价进行了实证分析，巢湖流域生态环境质量为3级，其中，合肥市和六安市所属区域生态环境质量为3级，巢湖市为4级。研究表明，应用投影寻踪模型进行区域生态环境质量评价人为干扰少，操作简便，便于在生产实践中应用，为区域生态环境质量评价提供了一条新途径。张春桂和李计英（2010）对福建省闽江流域、九龙江流域和晋江流域的MODIS数据、气象数据和地形数据进行处理，建立三大流域的生态环境质量监测模型，研究分析了福建三大流域生态环境质量的空间分布情况及动态变化趋势。冀晓东等（2010）基于可变模糊集理论，建立了区域生态环境综合评价模型，并运用该模型对巢湖流域的生态环境进行评价，对流域中的合肥市、巢湖市、六安市及巢湖流域的生态环境评价结果进行了排序。

姚尧等（2012）以全国土地利用遥感监测数据及MODIS的NDVI数据为基础，根据原国家环保总局颁布的《生态环境状况评价技术规范（试行）》，通过GIS空间分析功能提取生物丰度指数、植被覆盖指数、水网密度指数、上地退化指数和环境质量指数5个指标，利用综合指数法计算全国范围的生态环境质量指数，对2005年全国范围生态环境进行评价，结果表明，2005年全国生态状况整体一般，西部较差，东部较好，有呈阶梯分布的特征。

4. 生态脆弱区生态环境评价

针对山区、荒漠、草原、湿地等生态脆弱区的环境评价已有大量研究。如李晓秀（1997）将评价指标体系划分为自然环境总体质量指标和生态环境质量指标。赵跃龙（1998）将生态环境质量评价指标体系分为主要成因指标和结果表现指标。孙玉军等（1999）通过样方调查对五指山自然保护区的土壤、植被、生态系统、物种多样性等重要生态环境因子进行了分析评价，指出该区属于生态环境脆弱带。马义姐和苏志珠（2002）依据野外调查和积累的资料对晋西北地区的环境特征与土地荒漠化类型做了初步研究。马治华等（2007）在全面调查内蒙古荒漠草原植被与环境因子的基础上，以植被、土壤、气象、人畜为评价因子，运用数学方法并结合遥感技术，对2003-2005年内蒙古荒漠草原的生态环境质量进行了定量评价，并提出荒漠草原生态环境评价指标体系。

戴新等（2007）运用AHP层次分析法，依据黄河三角洲湿地的生态环境结构、特征、社会发展现状和规划，筛选出形成和影响生态环境质量的三类14个主要特征因子作为评价指标进行等级化处理并确定其权重。

哈力木拉提等（2009）利用LandSat-5TM遥感影像解译的土地利用数据分析了新疆伊犁地区2000—2005年的土地利用变化，同时根据《生态环境状况评价技术规范（试行）》，对该区域生态环境质量状况进行综合评价，对生态环境指标变化情况进行对比分析。

张建龙和吕新（2009）采用综合指数评价方法建立绿洲生态环境质量评价指标体系，通过遥感数据提取环境因子，运用GIS得出评价单元的生态环境质量综合指数，并以此为依据对石河子垦区绿洲生态环境质量进行了评价。

王晓峰等（2010）提取了研究区影响环境质量的6个因子图层数据，叠加形成一个综合环境指数图层数据，并将其划分为4个环境分区，对南水北调中线陕西水源区生态环境质量进行了客观评价。

王立辉等（2011）以遥感影像为主要数据源，选取水热条件、地形地貌、土地利用和土壤侵蚀等环境评价因子，建立生态环境质量综合评价模型，对丹江口库区的生态环境现状进行定量评价，结果表明：库区的自然生态环境现状整体一般偏好，达到良好标准的占43.24%，较差及以下的占10.06%。较好地段主要集中于河谷平坝，500~1000m的中海拔地区生态环境质量差异较大，生态脆弱度高，库区中东部地区相对较好，北部和西部相对较差。

郭朝霞和刘孟利（2012）采用长时间多源遥感数据对塔里木河重要生态功能区土地利用变化和植被指数进行分析，同时结合多年地面调查监测数据，系统分析了区域生态环境变化情况，并评价了近五年区域生态环境质量，结果表明，该区域生态环境质量略有下降，其中环境状况指标和植被覆盖率指数起主导作用。

5. 县域生态环境评价

近年来，许多学者在县域尺度上进行了生态环境质量的评价。有些直接采用《生态环境状况评价技术规范（试行）》规定的生态环境状况评价指标体系和计算方法，如陈丽华等（2006）以生物指数、植被覆盖指数、水网密度指数、土地退化指数和污染负荷指数五个评价指标作为生态环境质量的分指数，采用综合指数法对该区域内各县区近年来的生态环境质量进行了综合评价；李莉和张华（2010）采用该方法，对奈曼旗2000年、2005年实施退耕还林还草工程初期及5年后的生态环境质量进行定量分析和评价，结果表明，奈曼旗2000年、2005年生态环境质量指数分别为33.94和36.93，分别属于“较差”和“一般”，生态环境质量指数的变化幅度为8.8%，实施退耕还林还草工程5年后，生态环境质量明显提高。

还有些学者根据当地情况研究建立指标体系并进行了评价，如周铁军等（2006）以宁夏回族自治区盐池县为例，建立了毛乌素沙地县域尺度上的生态环境质量综合评价指标体系，应用层次分析法，对各指标进行了量化处理，全面评价了盐池县1991—2000年间的生态环境质量动态变化状况，并且对盐池县生态环境质量状况发展趋势进行了预测；背长军和黄云（2007）以四川井研县为例，结合正在进行的乐山市.新一轮土地利用规划修编的部分基础资料，阐述了层次分析法（AHP）在县域生态环境质量评价中的应用，结果表明，AHP法可大大提高全值定量的理性成分，得到更加符合实际的成果；张杰等（2012）在建立四川省生态质量评价指标体系的基础上，将径向基函数（RBF）神经网络模型用于四川省18个地级市生态质量评价和区划，实现了评价结果的可视化、直观化；秦伟等（2007）根据陕西省吴起县自然、社会和经济等方面的特点，通过比较指标的使用频度、征询专家意见，建立了吴起县生态环境质量评价指标体系，应用层次分析法确定了指标的权重，在消除指标量纲的基础上，计算了吴起县1995—2004年的生态环境质量指数，从自然环境、社会环境、经济环境三方面对该县生态环境质量10年间的变化进行了定量评价与定性分析。

李丽和张海涛（2008）以生态环境质量指标体系作为神经网络的输入，以生态环境等级评分作为输出，基于BP人工神经网络，建立了具有20个隐含层节点、3层网络的小城镇生态环境质量评价模型；以生态环境指标的各级评价标准作为模型的训练样本，以训练样本数量的10%以及各指标各等级的临界值、中间值作为检验样本，以研究区生态环境质量的实际监测值作为预测样本，利用MATLAB软件对BP人工神经网络进行训练，并对鄂州市杜山镇生态环境质量等级进行了模式识别。结果表明：利用BP人工神经网络方法对小城镇生态环境质量进行预测是可行、可靠的，它不仅能很好地评价区域生态环境质量，而且能够与区域生态环境的实际特征相结合。

刘海江等（2010）利用31个省（自治区、直辖市）2008年的县域数据，按照《生态环境状况评价技术规范（试行）》的方法和指标，评价了全国县域尺度的生态环境质量状况，分析县域生态环境质量的空间分布格局。结果表明，我国县域生态环境质量以“良”和“一般”为主，占国土面积的72%；东部地区县域生态环境质量要好于中西部地区，中部地区县域生态环境质量以“良”为主，西部地区则以“一般”为主；在空间分布格局上，各生态环境质量类型受气候、大的地形地貌影响明显，与重要的气候分界线、山脉分布具有很好的相关性。

刘瑞等（2012）建立了一种完全基于遥感数据的县级区域生态环境状况评价模型，由生物丰度指数、植被覆盖度指数、水资源密度指数、土壤侵蚀指数和人类活动指数 5 种评价指标组成，加权求和得到区域生态环境状况指数，定量化评价了研究区域的生态环境质量。

第三章 生态环境监测技术概述

第一节 环境监测技术的发展

一、常规性监测技术

常规性监测技术又称例行监测或监视性监测，是对指定的项目进行长期、连续的监测，以确定环境质量和污染源状况，评价环境标准的实施情况和环境保护工作的进展等，是环境监测部门的日常工作。

（一）环境监测的工作内容

监测全过程主要包括布点及其优化、采样（或现场测试）及样品的运输和保管、实验室分析、数据处理、综合分析评价等环节，这也就是测取、解释和运用数据的过程。要保证监测质量，就要搞好这五个环节的质量控制，同时还要搞好各个环节质量管理，形成一个综合性的环境监测的工作体系。

各级监测站的质量管理部门可以分为站领导（含总工程师）、室主任（含主任工程师）和从事具体业务人员的管理。其中每一级都有各自的质量管理内容，站领导应根据上级的要求侧重于质量决策，制定质量目标、质量计划与方案，并统一组织，协调安排工作，保证实现总目标；室主任则要实施站里的质量决策，进行质量方针展开，目标分解和质量计划、方案的执行，按照各自的职能进行具体的业务技术管理；基层人员则根据自己的具体任务要求实干，严格按照技术规范、质量保证、标准或统一分析方法、量值传递等规定，依照各环节质控要求和措施在各自的岗位上进行具体工作，完成各项任务。这也就是说，监测站要按质按量完成环境监测任务，其工作职能是分散在各部门之中，要保证监测质量，就必须将分散在各部门的质量职能充分发挥出来，要求各部门都参加。因此，环境监测是全站的管理。

环境监测的所管的范围是监测全过程，要求的是全站的管理，当然要求全体职工参加。只有通过各级领导、管理干部、工程技术人员、技术工人、后勤人员和其他各方面人员的共同努力才能实现，才能真正把监测质量搞好。只有做好本职工作，不断提高技术素质、管理素质和政治素质，树立质量第一的思想，有强烈的质量意识和事业心，才能保证环境监测质量。

（二）环境监测工作的质量要求

环境监测数据的质量则是通过测取、解释和运用数据能比较真实客观地反映当地环境质量信息，及时、准确、科学、有针对性地为环境监督服务，从而达到改善和提高环境质量水平。数据质量是环境监测的灵魂。

1. 数据质量

数据质量的指标是用数据的基本特性来表示的，而工作质量的指标，则是以质控数据的合格率，仪器设备的利用率、完好率等表示的，若数据的合格率不断提高，仪器设备的利用率、完好率均较高，站内各项规章制度不但比较健全，且能严格执行并在实践中不断修改完善，职工的向心力、凝聚力都很强，这也就意味着工作质量的提高。

2. 工作质量

工作质量是指与监测数据质量有关的各项工作对于数据质量的保证程度。它涉及监测站的所有部门和人员，即监测站内的各级领导、各业务职能科室和每个职工的工作质量都直接或间接地影响着监测结果的质量。工作质量体现在监测全过程各个环节的质量控制和质量管理的活动之中。

工作质量是数据质量的保证，而数据质量是工作质量的结果。环境监测的质量管理，不仅是抓数据的质量，更要抓工作质量，提高科学管理的水平，才能保证和提高监测数据的质量。

（三）影响环境监测质量的因素

1. 分析方法的影响

环境监测方法是需要与时俱进，不断在实践中进行完善的，并非一成不变。同时，不同的环境污染物浓度，在分析时采用的方法也随之不同。因此，在操作过程中，由于采取了不完善的方法或者搭配不当，就会直接影响监测数据的准确性。

2. 仪器设备样品

在分析过程中，会受到仪器设备的影响而直接使分析结果带有误差。这是因为仪器设备往往自身会有一定的精确度和灵敏度误差。

3. 现场样品的采集

监测布点监测工作的第一步，也是非常重要的一步就是监测布点。但是，实际在操作过程中，其往往会受到地理位置、天气状况以及周边环境等影响，难以实现理论上的监测布点，而只能选取其他可代替的点位来因地制宜地进行监测。一旦监测布点与要求中的相差较远，或随意不按规范布设点位，就会使采集的样品和监测数据出现错误，从而无法反映真实情况。

样品的采集在日常的环境监测工作中，采样往往被认为工作简单而被忽视，其实恰恰相反，在环境监测中，如果采样方法不正确或不规范，即使操作者再细心、实验室分析再精确、实验室的质量保证和质量控制再严格，也不会得出准确的测定结果。

4. 人员素质的影响

在环境监测过程中，会涉及很多采样、监测以及分析等人员，这些人员操作技能的高低、工作态度的好坏和责任心的强弱都将会直接影响到监测结果的准确性。

（四）环境监测的基础工作

1. 建立健全各项规章制度

制度包括岗位责任制与管理制度，建立健全各级各类人员岗位责任制与各项管理制度并认真执行，使监测全过程都处于受控状态。

2. 质量信息工作

质量信息是质量管理的耳目。一般有来自监测站外部的，也有来自监测内部的，它是质量管理不可缺少的重要依据，也是改进和提高工作质量、监测质量的依据。

3. 标准化工作

标准是以特定的程序和形式颁发的统一规定，技术标准是对技术活动中需要统一制定的技术准则的法规；管理标准是为合理地组织力量，正确指导行政、经济管理机构行使其计划、监督、指挥、组织、控制等管理职能而制定的准则，是组织和管理工作的依据和手段。标准是质量管理的基础，质量管理是执行标准的保证。

4. 技术教育与人员培训

环境监测各项管理制度的制订和贯彻执行都需要人为来进行。因此，各级环保部门应分门别类组织各种类型与不同层次的技术业务培训班，不断提高质量管理、操作技术、统计分析等业务技术水平，保证监测质量。

5. 计量工作

环境监测向社会提供监测数据，有许多采样、测试等分析仪器是属于国家强制检定的计量器具，为此，环境监测必须按计量法要求进行计量认证和对标准与工作计量器具进行定期检定或校验，同时应使用法定计量单位，以保证量值的统一和准确可靠，使数据具有公正性。

（五）事后控制

事后控制是质控过程的重点，把好最后这一关，可以及时地发现和修正错误，提高质量保证体系。实验室的事后控制主要是通过数据与记录的控制、内审、管理评审来实现的。

数据与记录的控制数据要真实、完整、准确、可靠，在技术上要经得起推敲。记录指的是实验室操作的成文依据和测量过程所有成文记录，包括：计划、方法、校准、样品、环境、仪器和数据处理等。这些应准确地做好成文记录和数据报告。记录的真实性和完整性是对实验室诚实的考验。对测量负有责任的人都应在记录和报告上签字，以表明技术内容的准确性。

内审是对质量管理体系进行自我检查、自我评价、自我完善的管理手段，通过定期开展内部审核，纠正和预防不合格工作，确保质量体系能够持续有效地运行，并为质量体系的改进提供依据。

管理评审是指为了确保质量体系的适宜性、充分性、有效性，由最高管理层就质量方针和质量目标，对质量体系的现状和适应性进行正式的评价。通过管理评审对质量体系进行全面的、系统的检查和评价，确定体系改进内容，推动质量体系持续改进和向更高层次发展。管理评审由机构负责人实施，每年至少评审一次，确保质量管理体系的适宜性、充分性、有效性和效率，以达到规定的质量目标。

二、应急性监测技术

随着社会的不断进步，经济的不断发展，我国的各种生产活动也日益增加，同时也出现了不少的环境污染事故。这些环境污染事故不仅发生得比较突然，而且发生的形式也是多种多样的，处理起来也比较困难。不恰当的处理不仅会破坏和污染环境，而且会影响人类的正常生活和生产，所以做好环境应急监测工作是十分重要的。应急监测包括污染事故应急监测、纠纷仲裁监测等。

（一）污染事故监测

污染源监测是一种环境监测内容，主要用环境监测手段确定污染物的排放来源、排放浓度、污染物种类等，为控制污染源排放和环境影响评价提供依据，同时也是解决污染纠纷的主要依据。

1. 执行原则

污染源监测是指对污染物排放出口的排污监测，固体废物的产生、贮存、处置、利用排放点监测，防治污染设施运行效果监测，“三同时”项目竣工验收监测，现有污染源治理项目（含限期治理项目）竣工验收监测，排污许可证执行情况监测，污染事故应急监测等。 凡从事污染源监测的单位，必须通过国家环境保护总局或省级环境保护局组织的资质认证，认证合格后方可开展污染源监测工作，资质认证办法再另行制订。污染源监测必须统一执行国家环境保护总局颁布的《污染源监测技术规范》。

2. 任务分工

第一条 省级以下各级环境保护局负责组织对污染源排污状况进行监督性监测，其主要职责是。

（1）组织编制污染源年度监测计划，并监督实施。

（2）组织开展排污单位的排污申报登记，组织对污染源进行不定期监督和监测。

（3）组织编制本辖区污染源排污状况报告并发布。

（4）组织对本地区污染源监测机构的日常质量保证考核和管理。

第二条 各级环境保护局所属环境监测站具体负责对污染源排污状况进行监督性监测，其主要职责是。

（1）具体实施对本地区污染源排污状况的监督性监测，建立污染源排污监测档案。

（2）组建污染源监测网络，承担污染源监测网的技术中心、数据中心和网络中心，并负责对监测网的日常管理和技术交流。

（3）对排污单位的申报监测结果进行审核，对有异议的数据进行抽测，对排污单位安装的连续自动监测仪器进行质量控制。

（4）开展污染事故应急监测与污染纠纷仲裁监测，参加本地区重大污染事故调查工作。

（5）向主管环境保护局报告污染源监督监测结果，提交排污单位经审核合格后的监测数据，供环境保护局作为执法管理的依据。

（6）承担主管环境保护局和上级环境保护局下达的污染源监督监测任务，为环境管理提供技术支持。

第三条 行业主管部门设置的污染源监测机构负责对本部门所属污染源实施监测，行使本部门所赋予的监督权力。其主要职责是。

（1）对本部门所辖排污单位排放污染物状况和防治污染设施运行情况进行监测，建立污染源档案。

（2）参加本部门重大污染事故调查。

（3）对本部门所属企业单位的监测站（化验室）进行技术指导、专业培训和业务考核。

第四条 排污单位的环境监测机构负责对本单位排放污染物状况和防治污染设施运行情况进行定期监测，建立污染源档案，对污染源监测结果负责，并按规定向当地环境保护局报告排污情况。

（二）仲裁监测

技术仲裁环境监测的实质是一个取证的过程，是环境监测为环境管理服务的重要体现。适用于污染纠纷双方无法协商解决，而通过双方认可的第三方进行仲裁情况下的监测取证。在实际工作中，由环境监测部门的职责所决定，在处理仲裁纠纷过程中受雇于仲裁者（即服务于仲裁者）进行污染现场的调查与取证监测工作，为仲裁者在裁决时提供充足的具有代表性、准确性经得起科学检验的证据，以做出正确的裁决。

1. 技术仲裁环境监测的种类

技术仲裁环境监测按照污染损害的相关因子可分为四类：噪声技术仲裁监测、有害气体技术仲裁监测、废水技术仲裁监测、复合型技术仲裁监测（指废气、废水中多种污染物造成的污染纠纷案件）和其他污染因子造成引起的污染技术仲裁监测。

（1）噪声技术仲裁监测

这一类纠纷案件多发于城市居民区，由于第三产业和服务业发展迅速，例如饭店、练歌房、铝合金加工点等多数建在居民区附近或居民楼的底层，造成噪声污染，影响居民正常生活。居民环境意识增强，信访纠纷案件逐渐增多，需要监测数据作为裁决依据。

（2）有害气体污染纠纷技术

仲裁监测有害气体造成的污染纠纷案件，主要有一次性急性污染损害纠纷和长时间慢性污染损害。一次性急性污染案件：由于这类污染事故出现较为急促，瞬间浓度较大，造成的污染损害症状较明显，所以大多数案件都在污染事故的处理过程一次结案。长时间慢性污染案件的技术仲裁较为复杂，而且这一类纠纷案件较多，大多数发生在农村。由于受害体长时间处于低浓度、低强度污染物的侵害，其损害症状要在一定时间以后才能出现。所以这一类污染纠纷的取证工作难度较大，调查与监测分析工作比较复杂，还需要严谨科学地调查取证。

（3）废水污染纠纷技术仲裁监测

这一类纠纷案件多发于养殖业（主要是水产养殖业）、种植业及农村的地表水和地下水污染。这类污染纠纷案件往往涉及赔偿数额较大污染损害成因复杂，检验中牵涉相关学科较多，尤其是有关动植物和人体污染病理学等专门知识不是环境监测部门所长，所以在制订这一类污染纠纷技术仲裁监测方案时，首先要考虑本监测部门的业务承担能力，对承担检验分析有困难的专门项目，可在仲裁者同意的情况下委托给有资质的专业单位进行检验。

（4）复合型污染纠纷技术仲裁监测

这一类污染纠纷案件的污染损害成因更加复杂，有的是废水中的两种以上污染物造成的，有的是废气中多种污染物造成的，还有废水、废气两方面污染造成的污染损害。在制订这一类污染纠纷技术仲裁监测方案时必须以排查主要污染物和次要污染物为重点，只有抓住了主要矛盾，才能更好地服务于污染纠纷仲裁工作。

（5）其他类型污染纠纷技术仲裁监测

其他类型污染纠纷技术仲裁监测主要指振动、电磁波、放射性等污染纠纷案件，这一类污染纠纷案件也呈上升趋势。

2. 技术仲裁环境监测过程中应注意的问题

技术仲裁环境监测不同于监视性监测和研究性监测，它除了必须执行环境监测技术规范的污染源监测技术规范外，还必须严格地遵守适合司法裁决过程的严谨程序。没有一套严谨的技术仲裁环境监测程序，就无法适应目前日益增多的环境污染纠纷仲裁工作的需要。在具体的技术仲裁环境监测工作需要注意的主要有以下几个方面。

（1）科学地制定监测方案

在接受监测的委托后，必须对纠纷案件的现场进行详细周密的调查。主要调查的内容有：造成污染纠纷的污染物类型；污染物排放的工艺过程；污染物损害争议的焦点；现场的自然环境条件等。在现场调查研究的基础上，确立可疑污染物及污染损害可疑过程，并针对这些可疑问题制订出科学合理的监测方案。监测方案实施前应经过仲裁者、原告方、被告方的同意后，方可进行实施。

（2）确保样品的代表性

在监测采样过程中，要严格执行采集样品的技术规定，同时采样时有仲裁者（或委托的公证人）、原告方、被告方在现场进行监督，采样点位应按监测方案执行。如果临时需要变更监测点位或增减监测点位，必须得到上述三方的认证，并在监测点位示意图上签字存证。

（3）加强质量控制措施

要采取一切预防措施，保证从样品采集到测定过程中，样品待测组分不产生任何变异或者使发生的变化控制在最低程度。加强仪器设备的检定和使用前的校准工作，确保监测数据的准确。加强样品分析过程质量控制，以达到数据准确可靠的目的。采集平行样用于监测分析的样品，必须采集双份。一份用于分析监测，另一份封存备查。采样原始记录应由双方签字。

（4）分析方法标准化

在分析检验过程中，优先使用国家、行业、国际、区域标准发布的方法和其他被证明为可靠的分析方法。在实际工作中要排除干扰，不受任何的行政、商务、和其他的影响，保持判断的独立性和诚实性。近年来，各类环境污染纠纷案件逐渐增多，但由于没有统一的技术仲裁监测规范，已经影响了各类环境监测部门技术仲裁监测工作的顺利开展。面对逐渐增多的环境污染纠纷案件，面对如此复杂的技术仲裁监测，没有统一的技术规范的指导是很难完成这项重要的监测工作。故而必须尽快地建立健全技术仲裁监测规范，促进技术仲裁监测工作的健康发展。

三、气象监测技术

受极端气象因素影响，使农作物产量减少。在地域性与季风性气候的影响下，气象灾害频发，同时，灾害具备广泛性与持续性特点，常常会带来一定经济损失和人员伤亡。国内农业基础设施与群众防范性较差，因此，难以在源头上应对气象灾害。

（一）农业主要气象灾害

农业气象灾害主要包括干旱、沙尘暴、冰雹、干热风、暴雨和低温冻害等灾害。在一定程度上给国家经济的发展带来损失。

农业气象灾害为原生自然灾害中的一种，具有种类多、涉猎范围广、频率发生较高、群发性特点较为明显、持续时间相对较长及灾情较为严重等特点。农业气象灾害在一定程度上和国家的气候特点密切相关。受地形、纬度、海陆等位置方面影响，国内气候具有多样化等特点。我国灾害性天气时常发生，农业作为国民经济产业中的主要产业，经常受到洪水、台风、寒潮等方面气象灾害影响。寒潮问题多发生在冬季、秋末等时期，且会对农业活动带来较大危害；台风多发生在国内东南沿海区域，破坏力较强，且多伴随暴雨与大风天气；洪水为国内危害较大的一种自然灾害，其出现会导致森林破坏、无序发展、侵占河道等问题产生，严重的还会导致农作物淹没，最终制约农业全面健康发展。

（二）农业气象灾害指标

1. 干旱指标

干旱指标可以有效说明土壤干旱程度，即用数值的方法展现旱情，在分析旱情期间，能充分发挥综合对比作用，同时，还能为干旱监测提供充分保障。干旱灾害体系较为复杂，受到下垫面、地理位置等方面因素的影响，干旱指标获得也十分困难，现阶段很难研制出应用性较强的指标。现阶段，干旱指标体系种类较多，常见的干旱指标包含指数、降水距平百分比、降水指数等。

2. 低温冷害指标

低温冷害即农作物生产期间，因自身产热较低难以维持作物生长发育的灾害。一般情况下，借助温度距平及积温距平代表低温冷害指标。国内南北区域跨越较大，不同区域低温冷害判定指标存在明显差异，比如，东北区域常选择 6—10 月温度为指标，华北地区选用 5—9 月当作获取指标。生产季积温距平指标方面，研究人员应结合不同区域与时间段的气候情况，实施相应的监测低温冷害技术。

3. 寒害指标

冬季经常会遇到比平均气温低的情况，这一温度经常会引起农作物出现寒害情况。一般寒害多发生在东北及华北地区，但随着近几年国内南方区域寒害问题出现，使得很多亚热带果蔬作物受害。判定寒害指标方法很多，这里常用的判断因素主要为温湿度，通常情况下，若温度比正常温度小 10℃，容易产生寒害。同时，低温环境下，空气湿度相对较大，水分常常凝结成霜，最终导致农作物茎叶冻伤。

4. 洪涝指标

洪涝问题多出现在降雪量与降雨量较多区域，热带气旋、风暴潮等区域情况尤为明显，因而导致次生灾害频繁发生。洪涝灾情监测指标包含扩展指标与基本指标。其中，扩展指标作为评估年度风险与发生次数的主要依据，基本指标则用来评估对象选定指标。

（三）农业气象灾害监测技术

1. 农业气象灾害地面监测

农业气象灾害监测法和地面监测一样，因地面监测具有一定时效性与准确性，可以为其他技术发展提供充分保障，但地面监测点相对较为零散，消耗时间较多。农业气象灾害监测多需要结合地面土壤温湿度等情况，然后与灾害指标体系联合开展监测。监测干旱情况期间，工作人员以农田蒸散量为依据，对干旱情况进行合理监测，目前，该项技术在国内广受关注；在地理信息系统技术与模型快速发展期间，农业气象灾害监测越来越具体，以信息资源整合为基础，地理位置信息分辨越来越准确。此外，农业气象灾害地面监测多依靠农作物模拟与物联网技术，在监测技术的支持下，其气象灾害监测逐渐朝着多样化方向发展。近年来，不断发展的物联网技术，可以促进农业气象灾害监测工作开展。比如，研究人员将物联网技术当作主要基础，努力研发了多种学科知识技术体系，有助于提升农业气象服务整体水平。

2. 农业气象灾害遥感监测

农业气象灾害监测工具以卫星遥感技术为主。现阶段，遥感监测技术多应用在洪灾、干旱等气象灾害当中。一般情况下，卫星遥感监测多应用在干旱监测中。在国内，遥感技术监测干旱多以热惯量法与作物缺水指数法为主，利用雷达对土壤水分进行合理监测，在发射与接收雷达信息期间，对信息进行全面整合，如此即可得到作物形状和土壤所需水分，以便于对干旱发生时间进行合理预测。评估全国干旱问题时，多评价温度植被干旱指数、热惯量植被干旱指数等数据，然后借助监测土壤湿度对上述数据进行检查。此外，很多专家借助可见光、微波遥感技术等也可监测农业干旱情况。近几年，研究人员以农业气象灾害立体监测为主，借助气象监测、遥感监测等数据，发展全方位、覆盖面较大、作物所需水分、降水量、土壤温湿度等方面监测技术。

4. 农业气象灾害预测技术

地理信息系统（Geographic Information Systems，GIS）预测技术，只能制作某一时间内与区域内的最低温度预报。其原理为应用地理信息技术与某些指标，借助地理信息技术对预报值进行修正，例如经纬度、海拔等，便于绘制温度预报值。GIS 预测技术结果十分客观，且能对农业气象灾害预测进行合理指导。有关部门在获得预测结果后可借助网络发布，便于让人们做好防护工作，从而有效减少实际经济损失。发布形式是借助综合性质农业气象灾害预测发布系统，使用户在短期内能够获得相应信息，同时和地理情况相结合，有效采取防控措施，便于减少实际经济损失。所以，有关部门在进行气象灾害预测期间，需要建立综合服务系统。具体而言，应结合不同预测情况，创建不同种类预测模型，便于在判定农业气象灾害期间，积极预测农业气象灾害，帮助用户抵消农业气象灾害风险，从而全面减少实际经济损失。

当前，数理统计预报应用范围较广，主要将灾害指标当作主要凭据，借助时间序列与多元回归等方法，合理预测气象灾害情况。时间序列分析法多借助气象灾害发生周期与规律为基础，合理预测气象灾害发生情况。具体操作期间，应结合气象灾害均生函数创建周期自变量预测模型。比如，一些研究将气象灾害面积当作样本，创建模型群，便于合理预测灾害形式。多元回归分析可以分析和灾害发生密切相关的要素，然后将各项要素当作主要依据，便于对灾害情况进行合理预测。多元回归分析常用要素包含大气环流特征量与气象要素，借助判别与相关法律应用，可以有效创建预测模型。农业气象灾害动态监测作为近年来国内外学者研究的主要内容，可以有效提升监测准确性。

以农田水分平衡方程为基础，通过分析每日气象要素情况，就能及时预测到土壤当中水分含量，便于为干旱预报提供足够数据，从而制订合理灌溉计划。因不同作物健康生长期间，对水分的要求不同，所以可以将土壤中的水分含量当作主要依据，联系作物生长发育情况，创建干旱识别与预测模型。比如，借助作物生产模型，合理应用气象要素与历史均气候数据，来预测棉花冷害情况发生。

四、生态环境遥感监测技术

随着遥感技术从可见光向全谱段、从被动向主被动协同、从低分辨率向高精度的快速发展，在生态环境领域的应用越来越广泛，显著提升了生态环境监测能力。在美欧发达国家，大气环境方面实现了云、水汽、气溶胶、二氧化硫、二氧化氮、臭氧、二氧化碳、甲烷等的动态遥感监测，水环境方面实现了叶绿素、悬浮物、透明度、可溶性有机物、海表温度、海冰等的动态遥感监测，陆地生态方面实现了植被指数、叶面积指数、植被覆盖度、光合有效辐射、土壤水分、林火、冰川等的动态遥感监测。由此可以看出，生态环境遥感主要就是利用遥感技术定量获取大气环境、水环境、土壤环境和生态状况等专题信息，对生态环境现状及其变化特征进行分析判断，有效支撑生态环境管理和科学决策的一门交叉学科。近 40 年来，中国生态环境遥感技术发展迅速。本文通过树立典型应用案例，回顾了中国生态环境遥感监测能力、对地观测能力、支撑生态文明建设等方面的发展历程，讨论了未来发展所面临的关键科学问题。

（一）生态环境遥感监测能力

中国生态环境遥感监测能力显著提升，应用领域逐步扩大，空间分辨率和定量反演精度明显提高，获取数据的时效性大幅增强。

1. 监测领域逐步扩大

20 世纪 80 年代，历时 4 年的天津—渤海湾地区环境遥感试验对城市环境状况和污染源进行了监测，开启了生态环境遥感监测应用的序幕。1983—1985 年，城乡建设环境保护部等部门联合开展北京航空遥感综合调查，获取了烟囱高度及分布、废弃物分布等重要的生态环境信息。“七五”期间，我国开展了“三北”防护林遥感综合调查，采用遥感和地面调查相结合的方式查清了黄土高原水土流失原因和农林牧资源现状等。1986—1990 年中国科学院遥感应用研究所依托唐山遥感试验场开展唐山环境区划及工业布局适宜度、生活居住适宜度的评价研究。20 世纪 90 年代，生态环境遥感应用集中在水土流失、土地退化等生态问题调查以及环境综合评价等方面。1992—1995 年，中国科学院和农业部完成国家资源环境的组合分类调查和典型地区的资源环境动态研究，分析了中国基本资源环境的现状。

进入 21 世纪以来，快速发展的卫星遥感技术在生态领域得到了迅速应用。2000—2002 年，国家环境保护总局先后组织开展中国西部和中东部地区生态环境现状遥感调查。朱会义等利用 1985 年和 1995 年共 2 期 TM 影像分析了环渤海地区的土地利用情况。刘军会和高吉喜利用遥感、GIS 技术和景观生态学方法界定了北方农牧交错带及界线变迁区的地理位置，分析了 1986—2000 年界线变迁区的土地利用和景观格局时空变化特征。刘军会等基于 MODIS 遥感数据和 GIS 技术建立敏感性评价指标体系及评价模型，开展生态环境敏感性综合评价。侯鹏等利用遥感技术开展了重点生态功能区、生态保护红线等区域监测评估，分析了自然保护地及其生态安全格局关系。目前，生态环境部卫星环境应用中心利用遥感技术对自然保护区、生物多样性保护优先区域、重点生态功能区、国家公园、生态保护红线等监管。

在大气环境监测方面，郑新江等利用 FY-1C 气象卫星监测塔里木盆地及北京沙尘暴过程。何立明等基于 MODIS 数据开展秸秆焚烧监测。高一博等基于 OMI 数据研究中国 2005—2012 年 SO_2 时空变化特征。周春艳等利用 OMI 数据分析了中国几个省市区域 2005—2015 年的 NO_2 时空变化及影响因素。孟倩文和尹球利用 AIRS 数据分析中国 CO_2 在 2003—2012 年的时空变化。张兴赢等利用美国 Aqua-AIRS 遥感资料分析中国地区 2003—2008 年对流层中高层大气 CH_4 的时空分布特征，发现受近地层自然排放与人为活动影响，CH4 在垂直分布上随高度的增加而下降的典型变化趋势。

在水环境监测方面，我国许多学者利用 MO-DIS、CHRIS、HJ-1 卫星等数据对太湖、巢湖、滇池等内陆湖泊开展了水华、水质、富营养化等遥感应用。吴传庆开展了太湖富营养化高光谱遥感监测机理研究和试验应用，马荣华等从卫星传感器、大气校正、光学特性测量、生物光学模型及水体辐射传输、水质参数反演方法等方面总结了湖泊水色遥感研究进展。郭宇龙等、杜成功等同时利用 GOCI 卫星数据开展了太湖叶绿素、总磷浓度反演研究。在城镇黑臭水体、饮用水源地水质及环境风险遥感方面也开展了大量应用研究。Pan 等采用基于 STARFM 的时空融合方法，利用 Land-sat-8/OLI 和 GOCI 数据，研究了长江口高分辨率悬浮颗粒物的逐时变化情况。

在土壤环境监测方面，一些学者从元素类型、监测对象、污染场地等方面，开展了多光谱及高光谱遥感的土壤污染监测研究。熊文成等综述了土壤污染遥感监测进展，并针对土壤污染管理需求，提出了土壤污染源遥感监管、遥感技术服务风险、遥感技术服务土壤调查布点优化、开展土壤污染遥感反演与试点研究等发展方向。蔡东全等利用 HJ-1A 高光谱遥感数据研究发现铜、锰、镍、铅、砷在 480~950nm 波段内具有较好的遥感建模和反演效果。土壤光谱表现出来的重金属光谱特性非常微弱，植被受污染胁迫表现出的光谱变化特征比土壤更为敏感，受重金属污染后的土壤上生长的植被的光谱特征将发生改变。宋婷婷等基于 ASTER 遥感影像研究土壤锌污染发现在 481、1000、1220nm 处是锌的敏感波段，相关性最好的波段是在 515nm 处。

从应用领域上看，不再局限于城市环境遥感，还从土地利用、覆盖变化和大气、水、土壤污染定性的环境监测，逐步扩展到大气、水、土壤、生态参数的定量化监测，广泛应用于区域生态监测评估、环境影响评价、核安全和环境应急等领域。遥感技术也从以航空遥感为主转变为卫星遥感为主。

2. 监测精度明显提升

中国生态环境遥感早期的应用主要以定性为主。随着卫星遥感技术的发展，卫星的数量和载荷的空间分辨率、光谱分辨率等均大幅提高，对地物细节的分辨能力、生态环境要素及其变化的监测精度也大大增强，生态环境定量化遥感监测水平明显提高。张冲冲等利用环境卫星 CCD 数据采用非监督分类方法提取长白山地区植被覆盖信息，总体精度为 84.67%。张方利等利用 QuickBird 高分影像建立一种融合多分辨率对象的城市固废提取方法，对露天城市固废堆的识别精度达到了 75%。郭舟等利用 QuickBird 影像采用面向对象分析手段，城市建设区识别率为 89.7%。张洁等基于高分一号卫星影像，采用面向对象结合分形网络演化多尺度分割方法，对青海省天峻县江仓第五露天矿区进行信息提取和分类，有效减少混合像元干扰，总分类精度为 88.45%。杨俊芳等基于国产高分一号和二号卫星数据发展了一种结合空间位置与决策树分类的互花米草信息提取方法，对互花米草信息的分类识别精度为 97.05%。

伴随着卫星对地观测数据空间分辨率的提升，从 1972 年开始的 78m，到 1982 年开始的 30m，到 1986 年开始的 10m，到 1999 年开始的亚米级高分辨率数据，陆表信息识别和分类监测精度得到显著提升。

王中挺等利用 HJ-1 卫星多光谱数据反演了 2009 年北京地区的霾，卫星监测的结果与地面观测具有较好的相关性。陈辉等基于 MODIS 数据开展了京津冀及周边地区 PM2.5 时空变化特征遥感监测分析。马鹏飞等基于 MODIS、OMI 等卫星遥感数据，利用灰霾像元识别及统计、光谱差分吸收等方法，进行灰霾面积、PM2.5、NO_2 和 SO_2 等大气污染物浓度反演，结合高分影像划定污染企业疑似聚集区，有效提高环境执法的精准性和执法效率。生态环境部卫星环境应用中心利用多源卫星遥感手段，监测发现我国 PM2.5、NO_2、SO_2 等污染物的排放在逐年降低，表明《大气污染防治行动计划》的实施明显一定程度上提高了大气环境质量。伴随着卫星对地观测数据光谱分辨率提升和大气成分卫星载荷增多，特别是 1999 年 MODIS 和 2004 年 OMI 卫星载荷的投入运行，使得遥感技术可以实现对大气颗粒物、氮氧化物、二氧化硫、臭氧等大气污染成分和痕量气体的监测，显著提升了大气环境遥感监测精度。

朱利等基于 2009 年 6 月 HJ-1 卫星多光谱数据在巢湖开展遥感监测，并同步现场试验表明叶绿素 a 浓度和悬浮物浓度的反演精度符合水环境监测业务需求。阎福礼等利用 Hyperion 高光谱载荷与同步采样的 25 个水面数据，通过建立叶绿素和悬浮物的经验模型反演其浓度，发现悬浮物浓度最大误差为 23.1mg/L，叶绿素 a 浓度最大误差为 21.4mg/m³。赵少华等采用 ERS2-SAR 影像和支持向量机的方法提取 2010 年 8 月 13 日的太湖水华，通过同期的光学影像比对发现，其对溢油、水华的提取精度优于 90%。卫星数据光谱波段的增加，显著改善地表水环境的遥感监测精度。特别是 2000 年 Hyperion 卫星载荷可以获得 400~2500nm 范围内的 242 个波段、光谱分辨率为 10nm 的高光谱分辨率卫星数据。

土壤污染遥感监测大多局限于实验室分析、地面和机载航空遥感的应用，星载高光谱技术监测土壤污染的研究还较少。目前在生态环境管理应用方面，主要是识别疑似污染场地。黄长平等分析了南京城郊土壤重金属铜遥感反演的 10 个敏感波段。张雅琼等基于 GF-1 卫星影像快速提取了深圳市部九窝余泥渣土场的信息，验证表明归一化绿红差异指数提取精度在 97.5% 以上。

3. 监测时效大幅增强

卫星遥感对陆表生态环境的监测时效性取决于卫星遥感数据源的时间分辨率，也就是卫星的重访周期。重访周期越短、时间分辨率越高、监测时效性就越强。根据现有的主要卫星遥感数据源可以分为三种：小时级的时间分辨率卫星数据；日 / 周级的时间分辨率卫星数据；旬 / 月级的时间分辨率卫星数据。

（1）小时级的时间分辨率

卫星数据时间分辨率以几小时左右为主，以极轨类和静止类的气象观测卫星为代表，主要是低空间分辨率的卫星遥感数据，除气象观测之外还可以用于监测大气环境和全球、区域、国家尺度的宏观生态。代表性的卫星遥感数据源有美国的 AVHRR 系列、MODIS 系列，以及中国的 FY 系列等，通过两颗星上下午组网可以实现一天 2 次的全球覆盖，除气象观测之外还可将其用于植被覆盖、生物量、热岛效应、水体分布等进行监测。尽管 AVHRR 系列卫星的时间分辨率相同，但是自 20 世纪 80 年代以来，其观测性能得到明显提升，由实验星成为业务星、8km 分辨率提升为 1km 分辨率、4 个光谱波增加为 5 个光谱波段。1999 年 MODIS 卫星的投入使用，更是将光谱波段增加至 36 个。美国的 AURA-OMI 等，可用于大气污染气体、温室气体、气溶胶等进行监测。对于高轨道地球静止卫星，时间分辨率更高，可以达到分钟级和秒级，如日本的 Himawari、韩国的 COMS、中国的 GF-4 号卫星和 FY-4A 等。

（2）日 / 周级的时间分辨率

卫星数据时间分辨率以几天或者一周左右为主，以陆地观测类小卫星星座和海洋类观测卫星为代表，主要是高空间分辨率的卫星遥感数据，可以用于生态、水、大气环境的精细化监测。这类卫星多数采用组网运行的方式，时间分辨率和空间分辨率同时得到显著提升。代表性的卫星遥感数据源有美国的 IKONOS、QuickBird 和 WorldView 系列及中国 GF 系列、ZY 系列和 HJ 系列卫星等，卫星的重访周期都是几天，可对小区域的植被覆盖、土地利用、生态系统分类、人类活动、城市固废、水质、水污染、风险源、地表 / 水表温度、热异常等进行监测。1999 年美国 IKONOS 卫星发射和运行，开启了亚米级高时间分辨率、高空间分辨率对地观测的序幕，将对地观测重访周期提升至 1~3d。在我国，2013 年发射的高分 1 号卫星空间分辨率达到 2m，2014 年发射的高分 2 号卫星空间分辨率达到 0.8m，重访周期约为 4d，显著提升了中国生态环境的精细化监测能力。

（3）旬 / 月级的时间分辨率

卫星数据时间分辨率以半个月或 1 个月为主，以极轨类的陆地资源卫星为代表，主要是中分辨率的卫星遥感数据，可用于生态、水、大气环境的精细化监测。代表性的卫星遥感数据源有美国的 Landsat 系列和法国的 SPOT 系列，可用于监测城市或省域尺度的植被覆盖、生态系统分类、地表 / 水表温度、热异常、水质、气溶胶等。自 1972 年发射首颗 Landsat 卫星以来，其系列卫星的对地观测性能不断得到提升和改进，最初是 78m 分辨率、4 个光谱波段、18d 的重访周期，2013 年发射的 Landsat-8 卫星空间分辨率提升至 15m、光谱波段增加至 11 个、重访周期提升至 16d。SPOT 系列卫星的时间分辨率为 26d。自 1986 年发射首颗卫星以来，SPOT 系列卫星的空间分辨率由 10m 提升至 1.5m，2014 年发射的 SPOT-7 卫星与 SPOT-6、Pleiades1A/B 组成四星星座，具备每日两次的重访能力。

（二）生态环境遥感对地观测能力

随着中国科学技术综合实力的日益增强，生态环境遥感对地观测能力发生了显著变化。生态环境遥感监测，发展到了现在以国内卫星遥感数据为主的快速发展阶段。同时，我国自主的生态环境遥感对地观测能力在时空分辨率方面也得到了显著增强。

1. 环境卫星发展期（2008—2013 年）

2008 年 9 月发射的 HJ-1A/B 卫星使我国环境遥感监测迈入新纪元，拉开了国产自主环境卫星生态环境遥感应用的序幕，其多光谱相机空间分辨率为 30m，幅宽达 720km，是国际上类似分辨率载荷地面幅宽最宽的卫星，大幅提升了对全国甚至全球的数据获取能力。环境保护部联合中国科学院组织于 2011 年启动了全国生态环境十年变化（2000—2010 年）调查与评估专项工作，综合利用 20355 景国产环境卫星和国外卫星遥感数据，从国家、典型区域和省域三个空间尺度，对全国生态环境开展调查评估。

生态环境遥感研究应用方面，万华伟等利用 HJ-1 卫星高光谱数据对江苏宜兴的入侵物种——加拿大一枝黄花的空间分布进行监测，结果显示利用高光谱数据可实现物种定位。刘晓曼等设计了一套基于 HJ-1 卫星 CCD 数据的自然保护区生态系统健康评价方法、指标体系和技术流程，并选择向海湿地自然保护区作为应用示范评价其生态系统健康现状。张冲冲等以长白山为例，开展基于多时相 HJ-1 卫星 CCD 数据的植被覆盖信息快速提取的研究。高明亮等利用环境卫星数据开展黄河湿地植被生物量反演研究。

赵少华等采用单通道算法把 HJ-1B-IRS 卫星数据应用于宁夏地区地表温度反演。上述应用都能取得较好效果。

大气环境遥感应用方面，王桥和郑丙辉基于 HJ-1B-IRS 遥感数据，通过比较其第 3 波段中红外通道和第 4 波段热红外通道在同一像元亮度温度的差异，提取潜在热异常点，并根据背景环境温度及土地分类信息，识别耕地范围内秸秆焚烧点。贺宝华等提出基于观测几何的环境卫星红外相机遥感火点监测算法，并用高分辨率卫星影像和 MO-DIS 火点产品对环境卫星数据进行验证和比对，结果表明其在火点定位以及小面积火点识别方面具有优势。王中挺等利用 HJ-1 卫星 CCD 数据开展了 PM10 和霾的遥感监测，结果表明卫星的时空分辨率满足 PM10 周监测需要，但其辐射分辨率尚不能完全满足霾监测需求。方莉等利用 HJ-1 卫星在北京地区进行气溶胶反演研究，监测效果较好。

水环境遥感应用方面，王彦飞等从信噪比和数据真实性、倾斜条纹去除方法、大气校正方法等方面评价了 HJ-1 卫星高光谱数据对巢湖水质监测的适应性，发现其 530~900nm 的数据质量较好。杨煜等利用 HJ-1 卫星高光谱数据，通过建立三波段模型开展巢湖叶绿素浓度的反演。朱利等利用 HJ-1 卫星多光谱数据，针对我国内陆水体提出叶绿素、悬浮物、透明度和富营养化的遥感监测模型，并在巢湖地区开展试验验证。潘邦龙等基于 HJ-1 卫星超光谱数据，采用多元回归克里格模型反演湖泊总氮、总磷浓度。余晓磊和巫兆聪利用 HJ-1 热红外影像反演了渤海海表温度，发现与美国的 MODIS 海表温度产品相关性较好。孙俊等利用太湖流域 2010 年 3 月的 HJ-1 卫星热红外数据，采用多种算法反演太湖流域地表温度，并与同期的 MOD11 温度产品比对，探寻适合于环境卫星热红外通道反演地表温度的方法。

中国生态环境遥感监测起步较晚但发展迅速，自环境一号卫星发射以来，卫星环境遥感技术得到了长足发展，出现一批以环境一号卫星生态环境遥感应用为目标的各种新技术、模型方法，呈现出环境一号卫星和国外卫星应用并举、国产卫星应用比例逐步加大的新局面，并基本建立了环境遥感技术体系等。我国环保部门利用卫星、航空等遥感数据，全面开展了环境污染、生态系统、核安全监管等方面的遥感监测业务，同时在环境应急监测方面取得突出成就，如大连溢油、松花江化学污染、舟曲泥石流、玉树地震、北方沙尘暴、官厅水库水色异常等环境事故应急监测和评估。为环境应急管理提供了高效的技术和信息支撑，环境遥感监测已成为常态化业务工作。

2. 高分卫星应用期（2013—2020 年）

李德仁等在 2012 年指出航空航天遥感正向高空间分辨率、高光谱分辨率、高时间分辨率、多极化、多角度的方向迅猛发展。2013 年 4 月，高分一号卫星的成功发射拉开了国产高分卫星应用的序幕，该星搭载 2m 全色 /8m 多光谱相机（幅宽 60km）和大幅宽（800km）16m 多光谱相机。截至 2019 年 11 月，高分二号卫星到高分七号卫星也已全部顺利发射成功。生态环境部等国内许多单位利用高分系列卫星开展了大量生态环境遥感监测、应用和研究工作，为我国环境管理、研究等提供了强力支撑。

高磊和卢刚利用 GF-1 卫星数据估算了南京江北新区植被覆盖度，快速有效地反映出地表植被的空间分布状况。张洁等基于面向对象分类法和 GF-1 卫星影像，开展青海省天峻县江仓第五露天矿区分类技术研究，实现高海拔脆弱生态环境下露天矿区的地物信息提取。由佳等以 GF-4 卫星数据为数据源开展了东洞庭湖湿地植被类型监测，发现 GF-4 影像可识别主要湿地植被类型。杨俊芳等基于 GF-1 和 GF-2 卫星数据监测了黄河三角洲入侵植物互花米草。雷志斌等基于 GF-3 雷达卫星和 Landsat8 遥感数据，发展一种主动微波和光学数据协同反演浓密植被覆盖地表土壤水分模型，在山东省禹城实现了较好应用。

赵少华等介绍了 GF-1 卫星在气溶胶光学厚度、水华、水质、自然保护区人类活动等生态环境遥感监测和评价中的应用示范情况。侯爱华等利用 2015 年 6—9 月 GF-1 卫星数据反演的 PM2.5 浓度，发现与地面监测结果较为接近、相关性较高，加入地理加权回归能明显提高模型精度，较好地反映 PM2.5 的空间分布，但在 PM2.5 浓度较高时模型会出现低估现象。薛兴盛等利用 GF-1 卫星反演徐州市气溶胶光学厚度并分析其空间特征。王中挺等、王艳莉等基于 GF-4 卫星数据开展了气溶胶反演，利用地面观测结果验证发现二者之间具有较高的相关性，表明该方法能较好地反映气溶胶的空间分布。屈冉等利用 GF-1 卫星在山东寿光开展农膜遥感信息提取技术研究，结果表明其可较好提取农膜信息。张雅琼等利用 GF-1 卫星影像研究提出了生态空间周边淤泥渣土场快速提取方法。

彭保发等基于 GF-1 卫星影像对 2014—2016 年洞庭湖水体的叶绿素 a 浓度、悬浮物浓度和透明度开展遥感监测，结果表明 GF-1 号卫星可精确反映水质的空间变化规律。

温爽等以南京市为例开展基于 GF-2 卫星影像的城市黑臭水体遥感识别，发现黑臭河段分布具有范围广且不连续的特征。龚文峰等基于 GF-2 卫星遥感影像开展了界河水体信息提取，发现支持向量机法和改进阴影水体指数法可应用于 GF-2 地表水体提取。范剑超等利用 GF-3 号雷达卫星，以大连金州湾为例研究围填海监测方法，调查验证表明其可以有效获取围填海信息。杨超宇等利用 GF-4 卫星数据监测了广西临近海域赤潮、叶绿素浓度等。

这个时期生态环境遥感技术发展再次发生飞跃，中国发射国产高分系列卫星和相关环境应用卫星，形成以国产高分卫星为主的生态环境遥感应用良好局面，未来中国还将发射并立项一批环境后续卫星，国产卫星对国外卫星数据的替代率将进一步提高，生态环境部机构组建完成并开始发挥更强有力的作用，国家组织完成全国生态系统状况十年变化调查评估、全国生态系统状况五年变化调查评估，生态环境遥感应用进入发展的黄金时期。

（三）生态环境遥感支撑生态文明建设

生态环境遥感监测已经成为生态环境监测不可或缺的重要组成部分，在全国生态状况调查评估、污染防治攻坚战、应急与监督执法等方面发挥着重要作用，有力支撑着我国生态文明建设。

1. 全国生态状况定期调查评估

2000 年以来，生态环境部（原环境保护部、国家环境保护总局）联合相关部门已经完成了三次调查评估，对生态状况总体变化做出一定的判断。2000 年以来，中国的生态状况总体在好转，特别是“党的十八大”以来，党中央国务院高度重视生态环境保护，采取了一系列措施，取得了积极成效，改善趋势更加明显。其中，第一次是与国家测绘局合作，分别于 2000 年和 2002 年开展的中西部、东部生态环境现状遥感调查。第二次和第三次是与中国科学院合作，分别完成了 2000—2010 年全国生态变化调查评估、2010—2015 年全国状况变化调查评估，构建形成了“天地一体化”生态状况调查技术体系，建立形成“格局—质量—功能—问题—胁迫”的国家生态评估框架，成果在长江经济带和京津冀等区域生态环境规划、全国生态环境保护规划、全国生态功能区划及修编、生态保护红线划定等多项重要工作中发挥了基础性支撑作用，尤其是在推动形成和落实主体功能区战略方面发挥了重要作用。近期，生态环境部和中国科学院启动了 2015—2020 年全国生态状况变化调查评估工作。

随着生态文明理念的提出，国家多个部门也陆续利用多源遥感技术开展了多个方面的生态监测评估。2013 年水利部门完成的水土保持情况普查，首次利用了地面调查与遥感技术相结合的方法，查清了西北黄土高原区和东北黑土区的侵蚀沟道的数量、分布与占地面积。2017 年农业部门启动的全国第二次草地资源清查工作，要求将已有数据资料和中高分辨率卫星遥感数据相结合，形成 1 ： 5 万比例尺的预判地图。2017 年开始，气象部门以遥感监测的植被净初级生产力和覆盖度为主开展植被生态监测，每年发布《全国生态气象公报》。2014 年开始，科技部组织有关科研单位每年选择一些专题开展全球生态环境遥感监测，2019 年选择了全球森林覆盖状况及变化、全球土地退化态势、全球重大自然灾害及影响、全球大宗粮油作物生产与粮食安全形势五个专题。

2. 污染防治攻坚战的遥感支撑

为了切实提高环境质量，要坚决打好污染防治攻坚战，而生态环境部是牵头负责部门。围绕着国家重大需求，生态环境部卫星环境应用中心在生态、大气、水和土壤方面开展了一系列生态环境遥感监测的业务化应用。主要有以下几点。

（1）在自然生态方面

2012 年开始的国家重点生态功能区县域考核监测，累计对 60 多个考核县域进行无人机飞行抽查，在其中发现大量生态破坏情况，有力支持县域生态环境质量考核及转移支付资金分配状况调查。2016 年开始，每年 2 次对国家级自然保护区、每年 1 次对省级自然保护区人类活动变化开展遥感动态监测，以及对生物多样性保护优先区域开展定期遥感监测。2017 年前后，对秦岭北麓生态破坏、祁连山生态破坏、腾格里沙漠工业排污、四川省凉山彝族自治州木里县；四川省凉山彝族自治州木里藏族自治县矿区资源开发生态影响等重大事件的遥感监测，有力支撑了国家生态保护管理工作。2018 年全面启动了国家生态保护红线监管平台项目建设。

（2）在蓝天保卫战方面

2012 年细颗粒物 PM2.5 纳入空气质量监测范围和 2013 年国务院印发《大气污染防治行动计划》之后，开展全国重点区域秸秆焚烧遥感监测、灰霾和 PM2.5 遥感监测。2017 年提出污染防治攻坚战之后，开展蓝天保卫战重点区域的“散乱污”企业监管，同时对全国、京津冀及周边主要城市、长江三角洲地区、汾渭平原等区域的大气细颗粒物浓度、灰霾天数、污染气体浓度开展遥感监测。

（3）在碧水保卫战方面

实现了每周对太湖、巢湖、滇池蓝藻水华和富营养化的遥感动态监测，开展了全国 300 多个饮用水源地、80 多个良好湖库、36 个重点城市黑臭水体、近岸海域赤潮和溢油等遥感监测。2015 年国务院印发《水污染防治行动计划》之后，饮用水源地监管、黑臭水体监测和面源污染监测业务得到快速发展，先后完成 2017 年和 2018 年全国 1km 网格农业和城镇面源污染遥感监测与评估，2019 年开展了渤海、长江入海（河）排污口无人机排查。

（4）在净土保卫战方面

在 2016 年国务院印发《土壤污染防治行动计划》之后，土壤遥感监测业务得到快速发展。根据土壤污染详查工作需要开展了土壤污染重点行业企业筛选、重点行业企业空间位置遥感核实等工作，研发了土壤重点污染源遥感核查平台，制定土壤重点污染源清单及空间位置确定技术规定，开展全国重点行业企业土壤污染风险遥感评价等。由于蓝天保卫战是污染防治攻坚战中的重中之重，除了生态环境部门之外，气象部门围绕着大气成分也开展了大量的遥感监测研究，张艳等监测了大气臭氧总量分布及其变化，张晔萍等监测全球和中国区域大气 CO 变化，李晓静等监测了全球大气气溶胶光学厚度变化。京津冀地区作为重点关注区域，李令军等基于卫星遥感与地面监测分析了北京大气 NO_2 污染特征分析。作为科学研究，孙冉开展了中国中东部大气颗粒物光学特性卫星和地面遥感的联合监测，胡蝶开展了中国地区大气气溶胶光学厚度的卫星遥感监测分析。

3. 应急与监督执法等遥感技术支持

针对生态环境应急事件和监督执法，生态环境部卫星环境应用中心利用卫星和无人机等遥感手段，开展了大量业务化应用。在中央生态环境保护督察和监督执法方面，2017 年开始针对自然保护区有关问题和督察发现的有关问题整改情况开展了“回头看”遥感监测，2014—2015 年对河北、河南、山东、山西等地工业集聚区大气污染源进行 60 多个架次无人机核查。在环境影响评价方面，2017—2019 年开展长江经济带沿江区域工业聚集区土地利用变化分析及重点问题区域识别，2017—2018 年完成兰渝铁路、京新高速乌海西段建设项目施工期地表扰动遥感监测，2016 年开展了京津冀地区规划环评遥感分析，2014—2019 年开展成兰铁路建设施工期环境监理遥感监测。

国土资源部门自 2010 年起，就已经开始利用遥感技术开展监管执法，重点对土地利用是否合法合规、矿产资源开采是否合法合规等进行监测监管，服务于监督执法，初步形成了“天上看、地上查、网上核”的立体监管体系。水利部门在 2012 年编制发布了《水土保持遥感监测技术规范》，利用遥感技术开展生态建设项目水土保持遥感监管，及时发现破坏水土保持功能的违法违规行为。

第二节　环境监测对污染源的控制

一、水质污染监测及控制

水质监测是监视和测定水体中污染物的种类、各类污染物的浓度及变化趋势，评价水质状况的过程。按一定技术要求定期或连续测定和分析水体的水质。根据地球化学、水污染源的地理和区域差异，在一定范围内设置水质监测站，形成监测网络，长期进行监测，累积资料，为水质管理、水质评价和水质规划等提供科学依据。因此，水质监测是合理开发利用、管理和保护水资源的一项重要基础工作，是实施水资源统一管理、依法行政的必要条件。

（一）水质监测主要技术

1. 水质监测项目及技术概述

水质监测的范围十分广泛，其中包括未被污染和已受污染的天然水（江、河、湖、海和地下水）及各种各样的工业排水等。它主要监测项目可分为两大类：一类是反映水质状况的综合指标，如温度、色度、浊度、pH 值、电导率、悬浮物、溶解氧、化学需氧量和生物需氧量等；另一类是一些有毒物质，如酚、氰、砷、铅、铬、镉、汞和有机农药等。有时，为了更客观地评价江河和海洋水质的状况，除上述监测项目外，还需要进行流速和流量的测定。

水质分析的主要手段有化学方法、物理学方法和生物学方法三种。化学方法有化学分析方法和仪器分析法两种，前者以物质的化学特性为基础，适用于常量分析，设备简单，准确度高，但操作比较费时；后者以物质的物理或物理化学特性为基础，使用特定仪器进行分析，适用于快速分析和微量分析，但设备较复杂。

物理学方法（如遥感技术）一般只能做定性描述，所以必须与化学方法相配合，方能揭示水体污染的性质。生物学方法是根据生物与环境相适应的原理，通过测定水生生物和有机污染物的变化，来间接判断水质。以下按照无机污染物的检测技术分别简单介绍各种水质监测技术。

2. 无机污染物监测技术

（1）原子吸收和原子荧光法

火焰原子吸收和氢化物发生原子吸收、石墨炉原子吸收相继发展，可用来测定水中多数痕量、超痕量金属元素。我国开发的原子荧光仪器可同时测定水中砷（As）、硒（Se）、锑（Sb）、铋（Bi）、铅（Pb）、锡（Sn）、碲（Te）、锗（Ge）八种元素的化合物。对易生成氢化物元素的分析工作而言具有较高的灵敏度和准确度，且基体干扰较少。

（2）等离子体发射光谱法（ICP-AES）

等离子体发射光谱法近年发展很快，已用于清洁水基体成分、废水重金属及底质、生物样品中多元素的同时测定。其灵敏度、准确度与火焰原子吸收法大体相当而且效率高，一次进样，可同时测定 10~30 个元素。

（3）等离子发射光谱 - 质谱法（ICP-MS）

ICP-MS 法是以 ICP（电感耦合等离子体）为离子化源的质谱分析方法，其灵敏度比等离子体发射光谱法高 2~3 个数量级，特别是当测定质量数在 100 以上的元素时，其灵敏度更高，检出限更低。

3. 有机污染物的监测技术

（1）耗氧有机物的监测

反映水体受到耗氧有机物污染的综合指标很多，如高锰酸盐指数、CODCr、BOD5、总有机碳（TOC），总耗氧量（TOD）等。对于废水处理效果的控制及对地表水水质的评价多用这些指标。这些指标的监测技术——例如重铬酸钾法测 COD、五天培养法测 BOD 等——已经成熟，但人们还在探讨能够更快速，更简便的分析技术。例如快速 COD 测定仪，微生物传感器快速 BOD 测定仪已在应用。

（2）有机污染物类别监测技术

有机污染物监测多是从有机污染源类别监测开始的。因为设备简单，一般实验室容易做到，另一方面，如果类别监测发现有大的问题，可进一步做某类有机物的鉴别分析。有机污染类别监测项目有：挥发性酚，硝基苯类，苯胺类，矿物油类，可吸附卤代烃等。这些项目均有标准分析方法可用。

（二）水质监测技术的自动化

由于水质信息具有时效性强的特点，特别是水质预警预报要求快速，准确，实时地采集和传递监测信息。常规的水质监测手段不能满足水资源保护的多方位，高水平管理的要求，不能满足快速，准确和实时预报水质的需要。因此，水质监测的自动化发展势在必行。

水质污染自动监测系统（WPMS）即是在此前提下应运而生的一种在线水质自动检测体系。它是一套以在线自动分析仪器为核心，运用现代传感器技术，自动测量技术，自动控制技术，计算机应用技术以及相关的专用分析软件和通信网络所组成的一个综合性的在线自动监测体系。

目前，环境水质自动监测系统多是监测水常规项目，例如水温、色度、浊度、溶解氧、pH 值、电导率、高锰酸盐指数、总磷、总氮等。我国正在一些重要的国家控制水质断面建立水质自动化监测系统，这对于推动我国的水质保护工作有着十分重要的意义。

现有水质污染自动监测系统中，水质污染监测项目尚有限，尤其是单项污染物浓度监测项目还是比较少，例如对重金属，有毒有机物项目的自动监测仪器较缺乏。

（三）环境监测中水质监测的质量控制和保证

1. 加强水样采集和保存的质量控制

提升水样采集和保存的质量是保证水质监测工作正常开展的首要环节。所以水质监测部门应强化水样采集和保存的质量管理，提升水样采集和保存的质量，为水质监测工作打下良好的基础。

首先，水质监测人员深入监测区域的现场，通过实际勘察和相关的计算机数据分析选择合适的水样采集区，以此来选择具有代表性的水样，体现出监测地区典型的水质整体情况。

其次，设置恰当的水样采集点，结合该地区的水域的情况和相关的信息数据，根据水源区距离的远近和抽样选择的原则，科学合理地布置水样选取点。

最后，水样采集人员要严格地按照水样采集的规定，规范地利用水样采集容器和样品瓶，并使用合理的采集方法，将水样采集成功。另外，水样采集人员还应该详细地记录水样采集区域内的气象数据，为后续水质监测、开展水质的综合评估提供有价值的数据。针对水样的保存，工作人员可以从两个方面入手：水样的保存环境和水样的运输。在水样环境的控制中，工作人员应该严格地控制水样保存的温湿度以及周围细菌滋生的影响，要将水样及时地保存并送往质检，控制水样保存环境的酸碱程度，保证水样不受环境的侵扰。在运输水样的过程中，工作人员要恰当地选择运输的保存方法，譬如冷冻、避光、冷藏、利用化学试剂来固定水样样品，可以有效地保证水样到实验室分析的过程中不变质，阻止水样出现挥发、水解或者氧化还原反应。将水样送至实验室后，工作人员需要完成水样的登记信息。

2. 强化水质监测的实验质量控制

在水质监测的实验环节，水质监测单位应该从加强对仪器设备的管理和控制实验室环境两个方面入手，将实验环节的质量严格地控制到位，提高水质监测实验的科学性和准确性。监测仪器设备，水质检测部门要恰当地使用内部的资金，购置精密度较高的仪器设备，来为实验环节水质监测工作的开展打下基础。同时，水质监测单位要加强对实验人员的管理，严格地要求实验人员将水质监测实验仪器的使用步骤执行到位，全面地规范仪器设备的操作。此外，水质监测单位应该成立专门的仪器设备维护小组，进行仪器设备的日常维护和信息记录工作，可以大大提升仪器设备的精准度，降低实验中由于仪器设备而出现的实验误差。针对实验环境的控制，实验人员要充分利用实验室内的专业仪器设备，严格地按照实验所需的环境要求，调整实验室内的温度和湿度，控制实验过程中各种试剂的使用量和水样的容量，保证实验环境处于在一个恰当、合理的状态。另外，实验人员在实验过程中要充分考虑到整体的水质实验，科学合理地使用试剂来进行实验，保障实验的科学合理性。

3. 提高水质监测人员的素质能力

监测人员在环境水质监测工作中至关重要，他们拥有的专业技能和素质高低直接影响着整体水质监测工作。为此，水质监测部门要加大资金的投入力度，专门组织水质监测人员进行专业化和系统性的培训，使他们能够熟练掌握水质监测技术和使用相关监测仪器，让水质监测人员自身的专业技能得到有效提升。同时，加强对水质监测人员的技能考核，严格按照规定，非持证上岗的监测人员不得进入监测部门工作；定期对监测人员的水质监测专业知识和操作技能进行检验和考核，制定严格的奖惩制度，不仅可以保证监测人员基本的专业技能可以全部掌握通透，而且还可以激发监测人员的工作积极性，提高监测工作的严谨度。另外，水质监测是一个操作性较强的工作。水质监测部门可以定期地组织专门的监测操作交流会，开展内部小组的经验交流活动，监测经验丰富的人员可以给新成员分享经验和专业知识，互相学习，带动整体水质监测单位素质水平的提升。

除此之外，现在是信息化、数据化的时代，水质监测工作中数据的分析处理能力是监测人员需要提高的重要部分。水质监测单位应该强化水质数据分析和处理人员的能力，培养计算机软件的操作技术和数据分析的能力，提升对实验数据的敏感程度。如此一来，可以大大地提升监测水质结果的精确度和科学性。

二、大气污染监测及控制

大气污染危害极大，会影响人们的正常生产和生活。如何加强大气污染监测和防治力度，减少空气污染，提高空气质量，实现人与自然的协调发展，便成为当前社会发展需要解决的重要课题。大气污染监测在环境治理过程中发挥着不可替代的作用，是开展大气环境污染防治的重要基础。因此，要进一步强化对大气污染监测方法的研究，结合实际情况，采取合理的监测方法，提升监测数据的准确性和大气污染防治效率。

（一）监测方法

1. 物理监测

物理监测主要利用仪器对大气污染物进行分析。这种监测方式较为灵敏，操作方便，而且能够很快得到监测结果。这是当前应用最为广泛的监测方式之一。

2. 化学监测

化学监测主要利用化学试验的方式，结合化学试验结果，对大气中的污染物质、污染程度等进行科学分析。这种方式操作较为简单，具有较高的准确度。

3. 固体颗粒物监测

一般情况下，大气固体颗粒物监测和分析主要采用激光散射法、激光透射法、电荷法以及 β 射线法等。固体颗粒物对光源具有散射作用，因此激光散射法具有较高的准确性。但是，在具体应用中，仪器设备要求较高，成本消耗大，其适用范围较小。激光透射法以朗伯—比尔定律为基础，具有良好的适用性，但是在具体应用中，其设备安装复杂，人工消耗多，成本消耗大；电荷法主要利用固体颗粒物和监测探头的摩擦生电现象实施监测，缺点是适用范围较小；β 射线法主要利用滤纸对样本空气进行过滤，然后对其物体浓度进行监测和分析，其缺点是采样点较为单一，监测结果缺乏一定的代表性。

4. 生物监测

生物监测主要通过分析生物在大气环境中的分布、生产发育情况和生理生化指标以及生态系统变化情况等，判断大气污染状况。一般利用对环境较为敏感的植物（如地衣、苔藓等）的生长状态变化，如叶片的受害症状、强度、颜色变化等，对空气污染程度与污染物种类进行分析和判断。

5. 气态污染物监测

（1）稀释采样法

这种方式把干燥的空气稀释，使其成为干烟气，方便进行直接测量。人们可以利用化学法直接测量大气中的氮氧化物，利用紫外荧光法对二氧化硫等气体直接测量。稀释采样法可以避免水分干扰，提升测量精准度，具有较高的实用性。然而，测定过程对测量仪器质量和数量的要求较高，成本也较高。

（2）直接测量法

直接测量法把监测元件直接放在监测现场，整体监测过程操作简便，但是需要把仪器设备放到监测现场，因此会受到环境因素的影响，导致监测结果不准确。

（3）完全抽取法

首先利用气体连续监测模式，对样本气体进行抽取、预热，之后利用分析测试仪实施监测。一般需要利用紫外线、红外线、热导法等对大气中的二氧化硫、氮氧化物等实施监测。这种方式操作复杂，成本高，适用性小。

（二）监测内容

1. 氮氧化物

大气中的氮氧化物主要来源于汽车尾气和工业废气。如果大气中的氮氧化物和别的物质产生反应，那么非常容易对人体机能造成危害。因此，要强化对大气中氮氧化物的科学监测。一般情况下，氮氧化物监测主要利用仪器法和化学法。仪器法主要包括光化法和库伦电池法。化学法主要是高锰酸钾氧化法和 Saltzman 法，前者主要用于监测大气中的氮氧化物总量，后者用于监测二氧化氮的含量。

2. 固体颗粒物

大气中的固体颗粒物性质较为复杂，存在极大的危害性。固体颗粒物附着大量的有害物质，一旦吸入体内，就会对人体机能造成不可估量的危害。此外，如果固体颗粒物和其他有害物质发生化学反应，生成其他有害物质，也会威胁人体健康。因此，要强化对空气中固体颗粒物的监测和分析，从而制定有效的防治措施。一般情况下，固体颗粒物的监测内容有颗粒组成、降尘量、可吸收颗粒浓度和细颗粒物浓度等。其常用的监测方式是重量法：把样本空气放入切割器内，对那些大于参考直径的颗粒进行分离，然后把小于参考直径的颗粒再吸附到恒重滤膜上，然后对其浓度和质量进行测定。

3. 二氧化硫

二氧化硫危害极大，不仅影响人体健康，还会对农业生产带来极大的消极影响。因此，强化对大气中二氧化硫的监测非常重要。通常，二氧化硫的监测方式包括电导法、火焰光度法和紫外荧光法等，其中应用最为广泛的是甲醛缓冲溶液吸收—盐酸恩波副品红分光光度法。其具体的应用方法是：大气中的二氧化硫物质被甲醛缓冲溶液全面吸收，充分发生化学反应后，生成羟甲基磺酸加成化合物，再加入一定浓度的氢氧化钠，来实现加成化合物的分解，最终形成紫红色化合物。这时可以利用分光光度计在 578nm 处测定。

（三）具体的监测步骤

1. 明确监测时间段

不同时间段，大气污染物的浓度和种类有所不同。此外，污染源的排放位置、地形条件等都会对其浓度产生一定的影响。因此，在具体监测过程中，要对时空的影响因素进行全面分析。一般情况下，每天的早晨和傍晚一次污染物的浓度较高，而中午最低。二次污染物的浓度正好相反，其中午的浓度最高。因此，为了确保大气污染监测结果的准确性，要对污染物在不同时段的浓度和平均值进行全面监测。

主要大气污染物监测方法

监测方法	原理或特点	应用范围或者优势
物理监测	利用仪器检测分析	操作简单、精确性高，应用广泛
化学监测	利用化学试验方式	操作简单、精确性高
固体颗粒物监测	激光散射法、激光透射法、电荷法以及β射线法等	针对固体颗粒物进行监测
生物监测	通过生物生长状态变化进行分析	应用范围广
气态污染物监测	稀释采样法、直接测量法、完全抽取法	针对气态污染物进行监测

2. 明确监测标准

为了合理分析监测结果，人们需要明确国家规定的空气质量标准数据。例如，NO_2 的二级标准年平均浓度限值为 0.08mg/m³，其日平均浓度限值为 0.12mg/m³，小时平均浓度限值为 0.24mg/m³。此外，要明确空气污染物二氧化硫、臭氧、PM2.5 等的监测标准。

3. 合理布设监测点

在具体的采样过程中，人们需要结合不同区域污染物的浓度（高、中、低），合理设置监测点。一般情况下，下风向设置的监测点比较多，上风向只需要设置少量的监测点。人口比较密集的区域可以设置较多的监测点。监测点的周边环境需要保持开阔，不能被高大的树木或者建筑物遮挡，以免影响监测结果。放置在不同区域的监测设备要设置相同参数，以便提升监测结果的参考价值。针对监测区域大气污染物的性质，人们要明确监测站点的具体高度。

4. 科学采样

科学采样是提升大气污染监测效果的重要保障。一般情况下，主要采用直接采样、富集浓缩采样、气态与蒸汽态采样等方式。

（1）直接采样法

如果采样区域受污染程度比较深，就适合应用直接采样法进行采样。需要注意的是，采样时，人们需要使用精准的分析方法，以便获得准确的分析结果。采样过程主要用到注射器、塑料袋、采气管和真空瓶等工具。

（2）富集浓缩采样法

富集浓缩采样法适用范围比较广泛，多数的空气采样项目都可以应用它。其具体方式包括溶液吸收、静电沉降、自然聚集、低温冷凝和综合采样等方式。

（3）气态与蒸汽态采样

气态与蒸汽态采样主要用于 SO_2、NO_2 等的检测和分析。

5. 测定方法

在大气污染监测中，不同污染物需要采用不同的分析方法进行测定。其中，SO_2 测定需要采用甲醛吸收—恩波副品红分光光度法，NO_2 测定需要采用盐酸萘乙二胺分光光度法，CO 测定一般采用非分散红外法，O_3 一般采用靛蓝二磺酸钠分光光度法。大气中的 PM2.5 等颗粒物一般使用重量法进行分析。

（四）环境污染源废气监测及其控制

1. 做好相关监测准备工作

环境污染源废气监测过程中，为确保监测数据的真实有效性，需要做好监测前准备工作。监测人员要做好现场勘查工作，了解现场具体情况，明确污染源特性。为确保监测的安全性，监测人员要明确污染源排放位置与排放口，做好分析工作。同时需要做好技术准备，调试与校准废气监测仪器设备，保证设备处于正常状态。除此之外，还要制订完善的监测方案，布置监测工作平台，做好安全防护。

2. 保障监测仪器正常使用

监测仪器使用时，需要检查仪器的连接状态、显示器以及采样泵是否正常。在对仪器进行操作时要注意以下几点：第一，加强对日期、时间和气压等重要参数的设置；第二，在设置采样点时，应注意标圆形烟道的分环数、直径以及测孔和烟道内壁的距离；第三，对工况进行测量，实现自动调零，在这个过程中，皮托管接嘴处于悬空状态，这样数值便会稳定地处于归零状态。

3. 合理设置采样点

采样点的科学设置直接影响着监测结果的真实有效性。基于此，在监测污染源中的废气时，要做好采样点的设置。在设置采样点时，要按照相关技术规范，利用技术指标，测算排放点，同时需要结合监测需求，科学设置采样位置。除此之外，要结合监测的实际情况，合理调整采样点，以确保废气监测点的有效性。需要注意的是，在进行颗粒物与烟尘采样时，多采取多点等速采样法。若为圆形烟道，可采用等面积圆环多点等速采样法。若为矩形管道，则采用等面积小块的中心点。若为不规则管道，则可以按照实际形状，分段设置采样点。对于直径＜ 0.3m、流速分布较为均匀的小烟道，可以选择烟道中心作为监测点。

4. 严格样品采集控制

环境污染源废气监测的样品采集是其重要环节，为确保监测数据的真实有效性，要严格地管控样品采集。当布置完采样点后，开始样品采集。在进行样品采集时，要控制抽取的截面，确保监测流量的代表性与可靠性。目前，较为常用的采样方法包括连续采样法、间隔采样法。若污染源一次性排放时间＞ 1h，可采用间隔采样法。若排放时间＜ 1h，则可采用连续采样法。在进行颗粒物与烟尘采样时，采样嘴要正对着气流方向，将偏角控制在＞ 5° 以下，采样时的跟踪率要控制在 1.0 ± 0.1 范围内。需要注意的是，在采样前与结束时，要确保采样嘴背对气流，避免正吹或者倒抽，这些都会造成采集数据不真实。

5. 科学处理监测数据

监测数据处理要按照国家相关规范，遵循技术标准，进行取值计算。为确保监测数据处理的有效性，要做好单独计算排放浓度。在计算固体污染源废气监测数据时，为减少设备运行工况与人为因素等的影响，要合理折算废气浓度，以真实有效地反映废气排放情况，为环境污染治理工作，提供准确的参考数据和依据。

6. 完善在线监测系统

在线监测系统的完善不仅是企业自身发展的需要，也是时代发展所提出的要求，因此需要提高对环境污染源的废气在线监测的重视度。在具体工作中，一方面，可以利用在线监测系统 24h 全天候监测，另一方面，提高监测数据的准确度。为了更好地发挥信息技术的作用，在开展在线监测工作的过程中可以积极引入国际先进观念，譬如充分利用地理信息系统 GIS 建立一套集数据监测、数据查询、数据分析于一体的在线监测体系，以提高固定源废气监测的效率。

7. 合理配备个人防护用品以及加强安全教育

污染源废气监测需要根据污染物的种类、性质和现场情况等选择、配备必要的个人防护用品，如安全带、安全帽、工作服、手套、防声棉、防尘口罩、防护眼镜、烫伤药、创可贴等等，高处作业时尽量要衣着灵活轻便，穿软底防滑鞋。此外，污染源废气监测，还需要对监测人员进行安全教育，在安排工作时尽量避免安排一个人单独到现场监测，以确保大家能够互相照应，减少危险发生；使监测人员在工作中牢固树立安全第一的思想，同事之间做到相互提醒、相互保护和相互照应，尽最大可能去避免危险事故的发生。首先要求被监测单位为废气监测提供一个安全的用电条件，或者是安排电工安装监测用电。在测试过程中，监测人员必须选择安全的绝缘工具；冬季的监测现场可能是室外，伴随着雨雪、冰雹以及大风等天气，因此必须要注意防风和防滑；夏季时节要注意高温、高湿状态下做好防暑，工作人员要及时补充水分，凉白开水或者是淡盐开水最为适宜。

8. 不断加大对环境污染源的废气监管力度

监管部门需要加大对企业生产工况的监管力度，保证企业的生产工况达到相应的标准，从而保证环境污染源的废气监测可靠性。在设备正常运行的情况下，才能够在监测的时候获得准确的采样。对工况进行监管的时候监管人员需要根据设备运行参数情况来计算设备所承的负荷。另外，对于参数较少的设备，监测人员可以根据设备运行原理评估废气的排放浓度。监管人员在实践操作的时候还需要生产工艺，保证生产工况符合相关标准。

三、固体废弃物监测及控制

固体废物的处理难度较高，且处理成本也难以控制，因此对于大部分地区来讲，基本上都不具备大型固体废物的处理能力。同时，随着生产与技术的不断优化，固体废物的范围也在不断扩大，这也进一步加大了固体废物的处理难度。另一方面，在国际环境压力的影响下，我国也不得不将固体废物的处理纳入今后的工作生产中，这也就使我国的生产压力不断增加。而针对这种情况，就需要新的环境监测技术来对固体废物进行处理，从而实现绿色生产的终极目标。

（一）固体废弃物的监测难点

1. 固体废物覆盖范围较广

固体废物的监测本身需要一定的设备作为支持，而在当代社会中，固体废弃物产出范围已经远远超过监测设备的覆盖范围。所以，相关部门并不能够利用现有的资源来对固体废物进行完全检测。同时，已有的固体废物也会对监测系统造成相关影响，并降低监测系统的数据精度。同时，部分监测设备属于一次性消耗品，所以在固体废物整体较多的背景下，进行全方位的监测成本基本上很难控制。

2. 固体废物的种类较多

在固体废物监测中，监测人员需要根据固体废物的种类进行监测行为调整，以方便对数据进行收集。比如在冶金固体废物的处理中，就需要监测人员对污染物爆发点进行寻找，从而保证监测数据的准确。而在其他领域的固体废物监测中，就需要更换全新的监测模式来适应该领域固体废物的产生特点。

3. 自然环境对相关数据的影响极大

一般情况下，空气暴露范围较大的固体废物监测系统会受自然环境的影响。这里依旧以冶金为例，普通状态下的固体废物监测系统与降雨状态下的固体废物监测系统数据相差有 8~9 倍，这将大大影响检测人员对固体废物的浓度判断。同时，天气因素还会增加固体废弃物的扩散范围，这也会增加检测人员的分析难度。

4. 相关的技术支持明显不足

首先，固体废弃物的体积大小相差极大，所以在小型固体废物的监测上，就需要较高精度的仪器支持。同时，小体积的固体废弃物的扩散性较大，所以还需要对范围内的物体浓度进行计算，这就需要相关检测仪器有对应的功能支持。同时，部分固体废弃物的分析时间较长，所以短时间内也就很难实现相关数据的分析处理。如果固体废弃物本身就有较强的扩散性，还需要动态的监测设备进行物质追踪。不过对于现代科学技术来讲，基本上很少国家能够实现上述目标。

（二）环境固体废物监测技术

1. 卫星位置定位

在这几年，我国卫星定位精度不断增加，也开始逐渐应用至固体废物的检测当中。比如在 2019 年的环境保护行动中，环境检测人员通过利用无人机、卫星等设备实现了固体废弃物的动态检测。而在此次行动中，监测人员也充分利用了卫星定位的精准、高频、高覆盖面积的特点，从而实现了固体废物的精确打击。

除了单一的卫星定位以外，卫星辅助监测模式，也可以帮助监测人员构建全方位的立体监测系统。比如能够及时发现固体废物的非法处理行为，从而为及时阻止做好技术支持。比如在秸秆焚烧中，人工看管需要耗费大量的成本，而卫星就可以对焚烧位置进行精确定位，并最大限度地降低人力资源的消耗。同时，卫星定位还可以实现自动化的定位、导航、拍照、传输功能，从而实现 360 度的无死角监测。不过，卫星定位的精度相对较差，只能满足于大型固体废物的动态检测，而对于小型的固体废物，则只能起到辅助设备的引导、数据收集以及定位功能。而智能化以及全自动的建设行为也必须依靠已有的数据库进行支持，所以要尽可能地提升数据库的信息容量。当然，卫星本身并不具备数据监测功能，所以其基础功能实现还需要使用传感器。

因此，对卫星技术来讲，还是需要有更多的技术支持，以便于使其能够应用至更多的检测行为中。

2. 遥感技术

遥感技术主要是通过远距离非接触的方式，利用目标物质的具体性质来对物体的本质检测。在分类上，现在遥感技术又分为红外遥感技术以及反射红外遥感技术。我们可以预见的是，在未来的固体废弃物检测中，这将成为检测的主要方式。实际上在现阶段的环境检测中，遥感技术就发挥出了巨大作用。比如在大气污染中，遥感技术就能够利用其大范围的监测面积来对扩散性较强的固体废弃物进行集中检测。在检测中，遥感技术还能够利用其自身性质来对固体废弃物的扩散范围、扩散条件以及扩散后状态进行数据分析，从而为后期的固体废弃物处理做好准备。而在土壤固体废弃物的处理中，遥感数据可以对土壤类型以及固定时间内的地质变化情况进行分析，从而推算出该范围内的土壤变化情况。而在土壤中的固体垃圾，也能够通过此项技术来进行分析。

而另一方面，遥感技术还可以直接与GPS定位系统进行联合工作，从而实现自动定向式的区域分析。不过该项技术的稳定性还相对较差，所以还需要一定的研发时间对其进行技术优化。

3. 便携式气质联用仪

在21世纪初，便携式气质联用仪主要应用于急性的环境污染事件中，其主要功能是对挥发性有机物进行收集。因为部分固体废弃物本身就具有强烈的挥发性，所以也会用到便携式气质联用仪进行数据检测。与传统检测模式相比，便携式气质联用仪能够直接用于现场，其精度处理也能够达到相关要求。另外，便携式气质联用仪的使用场景非常广泛，其灵活的探头以及空气净化系统能够满足大部分区域的固体废弃物的影响分析。而其本身所携带的Survey模式也能够快速进行质谱扫描，从而迅速确定固体废弃物的挥发程度以及危害风险。最重要的是，便携式气质联用仪的便携性相对较强，能够进行快速的位置切换。而在2020年初，部分发达国家对便携式气质联用仪的体积进行了相关优化，这使得其探头部分能够直接而用于重型无人机中，从而实现与GPS卫星定位系统的联合作业。

当然，便携式气质联用仪的成本相对较低，也能够应用于大部分的工业生产场所，从而对其污染区域进行数据检测。

4. 数据分析技术

从主观意向上来看，大部分的固体污染物监测都会运用数据分析技术。但实际上，上述的数据分析主要是对固体污染物的数据进行分析处理，从而得到相关的结果数据。而数据分析技术则是以数据分析为主体，通过分析能力来实现污染物的定点监控。在该技术的应用中，GPS技术的定位精度也能够得到大大提升，而遥感技术本身的数据优势也能够应用于其他的检测技术中，从而发挥出更大作用。

可以说，数据分析技术是固体废物检测技术的大脑，并能够控制其他子项技术来辅助进行工作。

5. 地理信息系统

地理信息系统主要针对的是该区域的土壤、地面以及地面上空固定范围内的信息收集，在该系统的应用下，监测人员能够快速对固体污染物的扩散范围、扩散距离进行估计，从而实现一定范围内的定向追踪。在与数据分析系统结合后，能够分析该区域的环境异常部分，并实现定点的固体污染物追踪。同时，地面信息系统也可以利用其自身优势实现固体污染物的提前干预。比如利用地面信息系统可以提前计算出固体污染物的传播途径以及在环境脆弱区域的聚集情况。

另外，地理信息系统也可以与 GPS 系统、数据分析系统、遥感技术形成立体的监测圈，从而进一步扩大圈内各系统的监测效果。

（三）固体废物环境监测的控制

1. 加大对采样技术的研究力度

监测工程中要加大对采样技术的研究力度，根据每次不同的现场采样情况，研究采样方式，积累采样经验，运用有效的措施应对每一次的应急采样，准确辨别与分析样品属性，避免样品出现交叉感染，代表性不强等问题，监测部门不断建立与更新采样技术规范，促使监测人员掌握先进的采样技术。

2. 增强监督力度

固体废物鉴别是危险废物鉴别的方法之一，通过加强对固体废物监测的监督工作力度，提高固体废物监测的能力，为危险废物鉴别提供依据。环保监督部门在已有监管制度的基础上，补充和完善环境监测监管制度，对相关企业单位实施全方位监督，大力排查各工业企业，有计划地开展固体废物污染环境监测，尤其是小微企业，落实污染者依法负责的原则，以防偷排、偷倒危险废物，努力做到早发现、早预防、早治理；加强环境监测站和第三方检测机构的能力验证工作，定期开展相应的能力验证，使具有固体废物检验检测能力的机构持有高效的检验检测水平；对其能力进行考核、监督和确认，有效地提高检验检测机构出具数据的准确性和可靠性。

3. 加大对突发应急事故的监测和治理

在现代化建设进程中，环境监测技术有着必不可少的作用，在环境保护过程中要加大对突发应急事故的监测和治理，做好应急准备工作，有效处理应急事故，因此，在应急过程中，监测工作要从实际出发，使用先进的监测技术有效处理污染物，确保事故现场的环境质量。另外，针对环境问题监测部门应该强化应急手段，根据每次不同的应急状态，分析事故原因并总结经验，制订规范有效的环境突发事故的后续处置方案，从根本上遏制突发事故的发生。

4. 实现环境监测技术配套硬件设备的更新换代

配套的硬件措施在环境监测技术应用中至关重要，尤其是在我国检测设备较为落后的、先进设备较少的状况下，要不断地在监测过程当中实现设备的更新换代，要坚定不移地跟随时代的发展需求，选择最合适、最先进的监测设备，以此来确保监测技术的有效利用，比如：原子荧光，电感耦合等离子体质谱仪、气相色谱质谱仪、液相色谱仪、红外测定仪、离子色谱仪、自动滴定仪等大型检测设备。同时，要加强管理，定期对设备进行维护和管理，确保设备的合理配置，避免出现多而不精的现象。必须注意，对采购的仪器设备等，必须要做到精挑细选，多方位研究，包括维护的成本、实际的操作性和性价比，最大化提升环境监测设备的使用效率，从而提升监测的质量。

第三节　环境监测对环境问题的改善

一、环境监测在追查环境案件的作用

当公安机关和司法部门在严厉打击重要环境违法犯罪行为时，监测机构就有必要在这时为他们提供数据证据，从而保证案件顺利完结。国家近年来重新修订了“两高”司法解释，在一定程度上完善了有关环境犯罪的惩罚法律依据，反过来也对环境监测提出了更加严格的要求。从一定程度上来说，监测机构出具的所有数据说明是法院判刑的主要依据，所以基于此，所有的环境监测部门都必须严格按照相关规定，同时配合有关部门做出最准确、最客观的数据资料。

（一）环境监测数据与环境执法

环境监测数据是通过使用物理方法、化学方法、生物方法检测一定范围内环境中的各种物质的含量所得出来的数据。使用物理方法对光、声音、温度等进行检测；使用化学方法检测空气、水域中的有害物质；使用生物方法检测周围生物群落的变化、病原体的种类和数量等。利用这些方法得到的环境监测数据十分科学，并为我国环境执法机构提供了有力的依据。

随着我国科技的进步，我国环境监测的方法也越来越智能化，环境监测体系也逐渐完善。环境监测的数据是由自然因素、人为因素、污染成分三方面构成的。环境监测数据能够为环境管理、污染源控制、环境规划提供科学的依据。环境研究者可以根据环境监测数据得出污染源的分布情况，考察研究产生污染的原因并制订减少污染的可行方案。以改善人们的生存环境保证人们的健康为目标，提高我国的环境质量。环境监测数据具有瞬时性、科学性、综合性、连续性、追踪性等特点，为人类与自然和谐相处、保护环境方面作出了巨大的贡献。

环境执法又称为“环境行政执法”，环境执法是指我国有关环境保护部门依据环境保护法监督我国公民或企业的环境行政行为。环境执法为我国环境的保护作出了相应的贡献，很大程度上避免了污染环境的行为的发生。人们的生活环境直接关系着人们的身体健康，我国的工业发展迅速，环境问题却不太乐观。随着环境污染越来越严重，我国的环境保护法也逐渐完善。近几年，我国发出“绿水青山就是金山银山”的口号，加强了对企业和个人的监督，对违法的企业或个体将追究法律责任，严肃处理。

目前我国环境有了较大的改善，但是在环境执法方面依然存在着以下问题。

存在着地区执法力度不均匀的现象。我国城市之间发展不平衡，有些城市（北京、上海等）经济发达，环境执法效果好，很多一线城市实行环境保护措施后污染物减少，空气质量、水质量有了很大的提高。而一些不发达的小城市和乡村地区却仍然存在着污染环境的现象，乡村地区的人民普遍缺少环境保护的意识，对环境保护法不够了解。

很多企业过分追求利益，生产过程中所用的设备、原材料不符合国家标准，并且没有及时处理生产过程中产生的有害物质，而是直接把有害物质排放到空气或水域中，对附近环境造成巨大污染。我国执法部门没有做到全方位的检查，我国国土面积大，存在许多没有监督到的地区，不法企业在这些地区违法生产。即使我国对不法企业进行惩罚，其对环境造成的污染也需要投入大量人力物力去治理。

公民自身对环保的意识不够高，没有规范自身行为。在我国，乱扔垃圾、燃放烟花爆竹、开排放量较大的私家车的公民数量依然很多，公民如果在公共场所做出破坏环境的行为，事后相关部门也很难找出具体的人，违规的个人往往因此而逃避法律责任。针对上述在环境执法中产生的问题，可以采取以下措施。

1. 扩大监督范围，加大惩罚力度

我国应将环境监督的范围由一线城市扩展到二线城市，再由二线城市扩展到三线城市，由三线城市再扩展到乡镇农村，争取不错过任何一个角落，每隔一定的距离安装环境检测装置，定期将环境监测数据反馈给相关部门。将监督的任务下发到各个部门，对违法破坏环境的行为要依法处理。我国有关环境保护的法律法规要具体到细节上，避免出现不法分子钻法律空子的情况，做到有法可依。对不法分子严肃惩治处理后，可以通过网络新闻、电视报道等方式宣传给公民，让公民充分了解到破坏环境要付出的代价。

2. 提高公民环保意识，形成良好的社会氛围

目前我国许多乡镇居民的环保意识有所欠缺，针对这种情况，我国应该加大绿色环保的宣传力度，定期在乡镇地区开设环境保护大讲堂，开展环境保护有奖问答的活动，在电视、手机短视频软件播放平台上定期播出环境保护和相关法律宣传视频，营造一个提倡绿色低碳的社会氛围。只要公民的环保意识提高了，我国在环境保护方面就会越做越好，成为一个环境友好型的大国。

3. 赋予环境保护部门强制执法的权力

赋予环境保护部门强制执法的权力有利于对企业进行监督和管理，可以避免环境保护部门管理违法企业时浪费不必要的时间。如果在环境保护部门的管理范围内存在危害

环境的企业，环境保护部门可依法强制该企业停工、并对该企业实行相应处罚，如扣押、没收、罚款等。

（二）环境监测数据在环境执法中的应用方法

1. 环境监测数据为环境执法提供了科学依据

环境监测数据是依靠各种先进的检测设备在一个时间段内多次检测出来的环境信息，因此在排除检测设备故障的情况下，环境监测数据是十分科学可靠的。相关部门在监测环境的情况时，环境监测下得到的数据是最可靠的依据。使用各种手段和检测设备监测环境数据时，要保证监测不违背法律法规。环境监测设备每次监测后都要将数据发送给数据收集人员。在进行土壤或水域检测时，可以采取抽样检测的方法，检测人员抽取部分的土壤或水质，在每份样本上都标记有地点、时间等信息，保证样本数据的真实性。环境监测具有时间性和规律性，每隔一段时间就要对周围环境进行监测，不断更新监测数据，保证数据的时效性，避免因为环境监测数据过于久远而影响环境执法。环境监测数据包括多方面的信息，例如土壤质量、空气中有害物、水的质量，等等，一个地区的环境监测数据不是单方面的，要综合各种环境因素。将各种环境监测数据分别记录在表格中，环境执法也要多方面进行考虑，依据环境监测数据找到污染源，解决污染环境的源头问题。

2. 环境监测数据是环境执法的证据

环境监测是环境的监督和测量的简称。环境监测的第一步是制订相应的计划，然后在一定的区域范围内进行现场调查和收集资料，对要监测的地区进行少量多次的样本采集，保证样品能够代表该地区的环境，采集样本后使用化学仪器分析样本中各种成分的含量，最终得出来的数据就是环境监测数据。环境监测数据的检测过程中使用到了许多代表着现代科技的智能化检测仪器，这些检测仪器具有高效性、准确性的特点。环境监测数据代表着一定范围内的环境情况，能够为环境执法提供有力的证据。如果该区域内存在污染环境的违法企业，环境执法部门依据这些环境监测数据追究违法企业的法律责任，依法对违法企业进行处理。环境监测数据提高了环境执法的效率，方便了环境执法人员的工作。

二、电磁辐射污染的环境监测

辐射管理也是我国环境问题中一个比较重要的事情，若是想对其进行安全高效的管理，最为重要的一个环节就是实时监测。其实实际上我国在一些地区早就已经建立了相关的监测机构，以保证核电地区的核安全。

（一）电磁辐射概述

1. 电磁辐射背景及研究现状

自电磁感应现象被发现以来，电磁技术已广泛应用于节能、通信、制造、医药、科研、农业、军事等多个领域，而且应用范围还在不断扩大。作为一种新技术、新资源，电磁技术极大地推动了人类社会诸多领域的革新与发展。但随之而来的问题是电磁辐射污染，其影响和危害日渐受到人们的关注和重视。

2. 电磁辐射污染的主要危害

随着电磁技术的广泛应用，环境中的电磁辐射越来越强，高强度的电磁辐射已经达到直接威胁健康的程度，由此引发的矛盾和纠纷也时有发生。电磁辐射污染产生的危害主要表现在三个方面：一是人体健康。电磁辐射可对神经系统、内分泌系统、免疫系统、造血系统产生影响；二是电磁干扰。电磁辐射会对电子设备、仪器仪表产生干扰，导致设备性能降低，严重时还会引发事故；三是燃爆隐患。电磁辐射能造成易燃易爆物品的燃烧、爆炸。

3. 电磁辐射环境状况

目前人们所处的电磁环境状况主要表现在四个方面：一是通信基站所使用的大功率电磁波发射系统对周围电磁环境的影响；二是广播电视发射系统对周围区域的电磁环境影响；三是高压电力系统的布设造成的电磁污染；四是日常电子设备的接触、利用带来的电磁环境污染。

（二）一般电磁辐射环境的监测

一般电磁辐射环境是指在较大范围内由各种电磁辐射源，通过各种传播途径造成的电磁辐射背景值。一般电磁辐射环境的监测可以参照《辐射环境保护管理导则电磁辐射监测仪器与方法》（HJ/T 10.2-1996），将某一区域按一定的标准划分为网格，监测点取网格的中心位置，然后再考虑建筑物、树木等屏蔽影响，对部分网格监测点做适当调整。具体的监测工作按照《辐射环境保护管理导则电磁辐射监测仪器与方法》（HJ/T 10.2-1996）进行。由于环境中辐射体频率主要在超短波频段，采用电场强度为评价指标，依据《电磁辐射防护规定》，选取评价标准。一般环境的电磁辐射污染状况反映了一个区域在某个时间段电磁辐射环境的背景水平，可以从电磁辐射环境质量、电磁辐射分布规律、污染区域电磁辐射环境特点三个方面着手进行分析并研究，以此评价一个区域一般电磁辐射环境状况。

（三）特定电磁辐射环境的监测

特定电磁辐射环境是指在特定范围内由相对固定的电磁辐射源造成的电磁辐射背景值。电磁辐射源是引起电磁辐射污染的源头，分析、研究特定电磁辐射环境，对电磁辐射源进行调查统计是环境监测工作的前提。采取污染源普查的方式，对国家规定的规模以上的电磁辐射源进行基础性的全面调查，初步掌握电磁辐射源的种类、数量、规模等基本信息，为环境监测工作提供有效依据。

1. 移动通信基站电磁辐射环境监测

（1）移动通信基站工作原理

移动通信是利用射频发射设备和控制器通过收发台与网内移动用户进行无线通信的。无线通信是由基站接收及发射一定频率范围内的电磁波实现的。基站主要通过发射天线改变周围电磁辐射环境。

（2）移动通信基站电磁辐射环境的监测

移动通信基站电磁辐射监测工作主要包括监测仪器、监测点位、监测时间、监测技术要点等内容，按照《辐射环境保护管理导则电磁辐射监测仪器与方法》（HJ/T 10.2-1996），以《辐射环境保护管理导则电磁辐射环境影响评价方法和标准》（HJ/T 10.3-1996）的规范要求为质量标准。主要对基站机房、地面塔、楼上塔、增高架等处进行监测，依据国家《电磁辐射防护规定》的标准，所监测的电磁强度值应满足＜ 5.4V/m 的要求。

2. 广播电视系统电磁辐射环境监测

（1）广播电视系统工作原理

广播电视发送设备主要组成部分是发射机和发射天线，基本原理是用传送的信号经调制器再去控制由高频振荡器产生的高频电流，然后将已调制的高频电流放大到一定电频并送到天线上，最后以电磁波的形式辐射出去。

（2）广播电视系统电磁辐射环境监测

广播电视发射设备的电磁辐射监测条件及监测方法参照《辐射环境保护管理导则电磁辐射环境影响评价方法和标准》（HJ/T 10.3-1996）和《辐射环境保护管理导则电磁辐射监测仪器与方法》（HJ/T 10.2-1996），对周围地面点、塔上工作环境、周围敏感点三个方面布点进行电磁辐射环境监测。依据国家标准《电磁辐射防护规定》，所监测的电磁强度值应满足＜ 5.4V/m 的要求。

3. 高压电力系统电磁环境监测

（1）高压电力系统工作原理

高压电力系统主要通过高压输变电工程影响环境，主要包括高压架空送电线路和高压变电站，具有电场、磁场和电晕三种电磁场特性。高压电力系统的电磁污染主要表现在由电晕放电和绝缘子放电引起的无线电干扰和热效应、非热效应两种生物学效应。

（2）高压电力系统电磁环境监测

高压电力系统的电磁辐射监测工作参照《辐射环境保护管理导则电磁辐射监测仪器

与方法》（HJ/T 10.2-1996）。同时，根据不同的电压等级，选取不同的送变电工程电磁辐射环境影响评价技术规范为标准。高压电力系统电磁环境监测指标分别为综合工频电场强度和磁场强度，所监测的值应满足相应的技术规范的要求。

三、环境监测中挥发性有机物监测方法的运用

环境监测也对有效治挥发性质有机物方面有着重要的作用。这类有机物可以说是构成 PM2.5 的重要成分，根据之前环保部门颁发的有关规定，各地都在加大对此类情况的打击力度，以此来促使相关企业可以减少使用量等。

（一）挥发性有机物的定义

挥发性有机化合物（Volatile Organic Compounds，以下简称 VOCs）的在全球范围内都没有一致的定义，目前，在各个种类的检测方式中人们对于目标化合物的检测也越来越重视。接下来将对目前全球范围内针对挥发性有机物的定义方式进行分析。

例如，首先在世界卫生组织（WHO）的定义中认为，当某类有机物化合物大于标准大气压的时候，并且在室温以下以气态的状态保留于空气中，并且其沸点的范围 50 摄氏度到 260 摄氏度之间的化合物的总称视为挥发性有机物。其次是美国联邦环保署（EPA）、美国 ASTMD3960 — 98 标准等将挥发性有机物的定义是某种有机化合物能与大气光化合产生作用的称为挥发性有机物。最后，现在我们国家对于挥发性有机物的定义是没有具体的准则，在我国环保部门公布的《“十三五”挥发性有机物污染防治工作方案》里对于挥发性有机物的定义沿用了美国 EPA 的具体定义，挥发性有机物是根据能否与大气光化学产生反应的有机化合物，其中主要是成分中含有硫的有机化合物，例如烷烃、烯烃、炔烃、芳香烃等、含氧有机物、挥发性卤代烃、甲硫醇、甲硫醚等，这些化合物都是形成臭氧（O_3）和细颗粒物（PM2.5）污染的重要前体物。

（二）挥发性有机物的来源及危害

目前，我国经济持续稳定且健康地发展着，城市化的进程也随之不断发展深化，我国的工业发展在国家发展的进程中也在积极发展着，随之而来的就是在我国各方面发展的同时，给环境也带来了不同程度的影响与破坏，尤其是在环境空气中的挥发性有机物的污染情况也在持续深化，越来越得到社会各界的重视。挥发性有机物（VOCs）的主要来源是工业领域和生活来源，挥发性有机物（VOCs 的）成分比较多，其中有非甲烷烃类的成分，比如（烷烃、烯烃、炔烃、芳香烃等），还有含氧有机物的成分，比如（醛、酮、醇、醚等）以及含氯、含氮、含硫有机物等。

在《挥发性有机物（VOCs）污染防治技术政策》（公告 2013 年第 31 号）中有关于挥发性有机物的定义，在工业领域的来源主要是石油化工生产行业，比如在石油炼制与石油化工、煤炭加工与转化等等的还有非甲烷总烃这种原料的污染，再就是油类（燃油、

溶剂等）的储藏与运输及销售的过程，还有涂料、油墨、胶黏剂、农药等等，以非甲烷总烃作为生产原料的行业，涂装、印刷、黏合、工业清洗等含有非甲烷总烃产品的使用过程；生活来源主要是在建筑行业发展过程中，建筑内部有的装饰与装修，餐饮行业的污染以及在服装干洗行业的污染。

挥发性有机物（VOCs）是存在危害的，主要从以下三个方面分析。

在挥发性有机物中，由于一些成分是有毒且有害的，当周围环境中的挥发性有机物的浓度超过一定数值时，在短期时间里人们可能会出现头疼、恶心、呕吐、乏力等身体不适的状况，严重的时候可能还会造成抽搐、昏迷，对人体的肝肾和大脑功能，以及大脑神经系统造成影响，同时也有可能会造成记忆力有所降低的严重后果。

在挥发性有机物中某些物种拥有特别强的光化学反应活性，这些物种是造成臭氧的重要前体物。

挥发性有机物也是参与光化学反应的产物，在细颗粒物中属于其重要成分之一，是出现灰霾天气的重要前提物。

（三）环境工程中的 VOCs 监测方法分析

1. 传统监测

气相色谱法（GC）、液相色谱分析法、反射干涉光谱法、离线超临界流体萃取（GC-MS）法和脉冲放电检测器法等是关于挥发性有机物的监测中传统的监测方法。在目前 VOCs 监测工作中最常用到的方法就是气相色谱法（GC）和离线超临界流体萃取（GC-MS）法。其中，气相色谱法优点在于其有非常高的选择性以及灵敏性，并且其分析的速度比较快，在实际的监测中应用的范围相对来说比较广。而离线超临界流体萃取（GC-MS）法在有着相较强的分离作用之外，既可以进行有指向性的鉴定，还能针对未分离的色谱峰进行检测，在监测后的分析工作中，无论是监测的灵敏性，还是关于监测结果的数据分析能力，都有着较高的准确性。基于此，在目前的环境工程中关于挥发性有机物的监测方式主要为离线超临界流体萃取（GCMS）法。

2. 在线监测

虽然目前在环境工程中挥发性有机物的监测方法大多采用气相色谱法或离线超临界流体萃取法，并且取得良好的石油效果，但是并不能忽视这两种方法的限制性。当今人们不仅对于环境工程很重视，而且也越来越注重并且着力于环境中挥发性有机物的在线监测方法的分析与钻研，比如膜萃取气相色谱技术与激光光谱技术的应用。但目前在新检测的监测一期还是存在缺点，比如价格昂贵、一期的体积相对庞大等，这些缺点在一定程度上限制了其应用的范围。目前，可调谐激光技术的发展也越来越顺利，这种技术的监测手段也越来越完整，相信在以后的挥发性有机物在线监测工程中可协调激光吸收光谱技术能发挥出更大的作用。

3. 高效液相色谱法

在自动化技术大力发展的背景下，高效液相色谱法应运而生。这种方式的优势也较为明显，其同样也有着高效的监测能力，高效液相色谱法是根据液相色谱和质谱的相互接连，从而有效提升分析监测数据的能力，并且在监测中能够有效地鉴定出相对复杂的监测样本中的微量化合物。并且还能保证在监测后不破坏检测后的样本的自体结构，而且，高效液相色谱法的灵敏性也比较高，对于样本成分的分析能力也很突出，在样本监测中可以达到液到液、液到固、离子交换、离子对的分离，并且能更有效保证定量分析。

并且，紫外检验、荧光检验等一些方法是高效液相色谱法大多采用的方法，能够有效扩大需要监测的范围，进而提升监测数据的准确性，大力推动了关于改进方案的落实。

4. 吸附管采样—热脱附

在环境工程挥发性有机物的监测中，一部分特殊的化合物能够根据吸附管取样和热脱附的方式来进行监测。例如，TO-17 在空气中采集样品时，使用了吸附管取样热脱附监测技术，收集了 30 多种挥发性有机化合物，如氯苯、苯系物和卤代烃，在气相色谱分离过程中，经热脱附后，通过质谱仪进行鉴定。这个技术操作容易，选择性高，经济投入也低。它可以在没有液氮的情况下实现冷却，并可用于收集和处理大体积样品。吸附管取样不可以应用在性质差别太大的组分，特别是低碳等挥发性组分。吸附能力弱的低碳组分在 C3 以下。

C2 化合物如乙炔、乙烯、乙烷等占挥发性有机物总量的 30% 以上。乙炔和乙烯的臭氧生成系数给为臭氧的生成带来了很强的驱动力，基于此，吸附管采样热解吸并不适用于环境空气中的挥发性有机化合物的监测。高浓度样品出现穿透情况的概率高，采样时要应用串联方式，但吸附柱发生中毒的概率也会比较大。针对极性较高的酮和醛，由于这两个方式的灵敏度很低，所以，应用吸附管采样或罐采样的过程就比较烦琐。将样品管填充起来并涂上硝基苯肼，所得到衍生物，稳定性极高，可以储存一个月。乙腈溶解后，应用液相色谱法进行取样分析。该方法简便、灵敏、成本低，适用于醛、酮的测定。由于应用范围小，该方法仅限于醛和酮的检测。

5. 其他的监测方法

在环境工程挥发性有机物的监测中，除去上文中描述的监测方式，另外还有一些监测方法，比如通过 HJ1011 — 2018 傅里叶变换红外气体分析仪器进行检测，在监测空气中的乙烷、乙烯、丙烯、乙炔、苯、甲苯、乙苯和苯乙烯等挥发性有机物时有很大的优势，由于这种仪器的优点在于比较方便携带，对于监测的实际环境要求也不高，但是这种仪器监测也存在一定局限性，因为在实际监测工作中这类仪器的监测种类并不多，并且检出限（检出限一般有仪器检出限，仪器检出限是指分析仪器能检出与噪声相区别的小信号的能力）较高，所以在监测工作中主要适用于应急定性和半定量的监测任务。其他监测标准方法：无法进行多组分监测任务，对于单一或几种污染物的监测工作会多一些，HJ583 — 2010，HJ584 — 2010，这两点仪器就只能监测几种常见的苯系物。

（四）适合我国的环境空气 VOCs 监测方法

随着我国经济的发展，对于环境工程的也越来越重视，对于环境工程中挥发性有机物的监测也逐渐严格，目前对于挥发性检测物的监测方法和仪器选择很多，但是根据我们国家的实际情况，气相色谱法（GC）和离线超临界流体萃取（GC-MS）法是目前在我们国家进行监测工作中使用最多的方法，这两种方法也是可以监测数量比较多的挥发性有机物的仪器。而且在现在实验室方法监测环境空气中挥发性有机物的方法有两种较为普遍，并且这两种方法的可操作性较高，第一种是固体吸附 / 热脱附 /GC 或 GC-MS 方法，第二种是罐采样 / 冷冻预浓缩 /GC 或 GC-MS 方法。

在运用这两种方法的监测中，两种方法全是根据富集（从大量母体物质中搜集欲测定的微量元素至一较小体积，从而提高其含量至测定下限以上的这一操作步骤。）空气中的低浓度挥发性有机物，通过聚集的挥发性有机物的最低含量能通过 GC 或者 GC-MS 进行采样并对目标忽而何物进行详细地分析，从而能够得到准确性较高的测定数据。从目前的监测效果来看，更有优势的方式是罐采样 / 冷冻浓缩方法。

第四章　生态环境质量监测技术实践研究

第一节　大气环境质量监测

一、大气环境监测的对象与意义

大气环境监测指的是对大气环境中污染物的浓度进行观察、分析和对环境影响测定的过程。大气污染监测主要针对大气污染物的种类和浓度变化，找出其时空规律、变化规律，是测量、观察以及研究污染浓度对大气影响的一个流程。监测的对象主要包括硫氧化物、氮氧化物、一氧化碳、臭氧、卤代烃、碳氢化合物等；颗粒污染物主要包括降尘、总悬浮颗粒物、可吸入颗粒物和酸沉降等。

伴随我国城市化的发展，大气污染状况已变得十分严重，因此在城市的可持续发展中，大气环境监测已成为重点之一。从当前的大气环境监测实际应用来看，主要集中于三个方面。一是借助定期、连续的大气环境监测，对主要污染物进行动态监测，从而评估是否达到国家的大气质量标准。二是结合大气环境监测数据，研究大气环境变化规律及发展趋势，从而为预测大气环境提供有力参考。三是通过了解大气环境的变化，相关的环境治理部门就能制定具有针对性的措施，对地方企业进行有效约束，从而实现对生态环境的保护。大气环境在城市发展与人们的生活有着十分紧密的联系。因此，根据大气环境监测得到的数据，并利用数据进行分析预判，可以有效避免大气污染造成的影响和危害，从而进一步有效保障人民群众的健康和安全。

二、大气环境监测的主要方法

（一）数字化自动监测技术

由于我国大气环境监测工作的起步较晚，大气环境监测的手段和设备存在滞后性。常见的大气环境监测方法有化学计量法、光学分析法和电学测量法等，在研究大气环境污染问题方面取得一定成效。但随着大气环境日趋复杂，污染物质较多、成分复杂、处理困难等，传统的大气环境监测手段已无法应对大气环境监测出现的新状况，传统仪器开始转向计算机化，大气环境监测的数字化测量应运而生。近几年来，国家下大力度推动环境空气自动监测网的构建，大气环境监测能力和技术水平大大提高，大气环境对各种污染物进行了有效的实时监测并实时发布。数字化监测方法更为准确也更为高效，能够全面地反映大气环境的质量和变化趋势，提高监测质量和效率。目前我国已建成覆盖全国 34 个省、自治区、直辖市的有效环境空气自动监测网络。

（二）人工采样方法

采用大气自动监测的同时，手工监测的比对复核也是验证自动监测数据真实有效的重点任务。人工监测包括监测点设置——采样收集——分析的三个步骤。当空气中的被测组分浓度较高，或者监测方法灵敏度高时，直接采集少量气样即可满足监测分析要求。例如：用非色散红外吸收法测定空气中的一氧化碳；用紫外荧光光谱法测定空气中的二氧化硫等都用直接采样法。这种方法测得的结果是对于瞬时浓度或短时间内的平均浓度，能较快地测出结果。常用的采样仪器有注射器、塑料袋、采气管、真空瓶（管）等。

三、大气环境监测布点的原则和方法

（一）布点原则

对大气环境监测的布点要遵循以下几点原则：第一，布点范围涵盖监测的全部区域，并结合实际污染情况科学划分区域；第二，将布点位置选择在污染集中的区域，风向明确时将污染源下风口作为布点位置；第三，确保布点位置的空旷，并且针对人口密集、工业区域进行布点；第四，选择具备环境代表性的位置进行布点；第五，布点位置浓度和周围浓度一致，为后续的污染物浓度分析奠定基础；第六，在进行大气环境监测布点前，要详细了解该地方的污染物浓度、种类等，确保布点方式契合实际情况。

（二）布点方法

1. 网格布点法

网格布点法是将大气环境的监测区域划分为多个网格，依据监测布点原则和要求，确保网格划分得合理与均匀。在进行网格采样点选择的时候，应该将网格中心点作为采样位置，如果因条件限制不能选择网格的中心位置，也应尽可能地选择网格的直线角位置，从而确保采样点具有代表性。为了切实有效地保障大气环境监测的时效性，在确定网格大小时，应考虑多方面因素，其中包括人口密度、污染程度、资金等方面，通过对大气环境的综合分析，确定最终采样点。网格布点法较为适用于大气环境污染严重的区域或是地区污染情况分布均匀的区域，才能够确保网格布点法效果得到发挥，符合周围浓度与布点位置浓度一致的原则，最大限度地提高监测的精准性。

2. 扇形布点法

扇形布点法和同心圆布点法的原理类似，在监测的区域范围内的顺风风向上，划分出扇形的区域，角度依据实际情况进行设定，可以分为 45°、60° 等，尽可能控制在 90° 以内，以确保监测效果。区域绘制完成后，采样点设置于扇形弧上，数量控制为 3 个或 4 个，采样点的选择应确保采样点间角度处在 10° ~20°。这一布点方法适用于风向明确、区域特殊的大气环境监测，是较为独特的监测布点方式，其受到诸多条件的限制，实际应用的局限性较强，所以具体应用起来也要结合实际情况，确定是否能够和需要应用扇形布点法。

3. 功能区布点法

功能区布点法是依据不同功能区进行布点，结合区域功能的不同进行划分，主要结合的是居民区、工业区等区域。受到多方面因素的影响，功能区划分存在一定的局限性，想要做到完全精准是不现实的。因此，为了解决这一现状，在实际的监测过程中，应充分了解到区域人口及污染情况，从而有针对性地调整大气环境监测工作。

4. 同心圆布点法

同心圆布点法在实际应用时，首要条件是明确监测区域的污染中心点，以中心点为依据绘制出不同半径的同心圆，并由圆心发射不同的放射线，采样点的位量不稳定、分布不均匀的现象，所以具体应用时也应将其布置为下风向，从而避免客观因素的影响。

5. 大气环境监测布点

注意：精确设置采样点高度、最大限度地远离障碍物和确保采样点远离污染源。

四、提高大气环境监测质量的有效途径

（一）完善大气环境监测网络建设

创立完善的大气环境监测网络，是形成多方面、全方位、地空一体大气环境监测的重要环节。目前，物联网技术日趋完善，建立数据共享平台，并且加强相关数据的开发，将这些数据用于更多广泛地用于科研、创新、研发等各个领域。发挥 5G 互联网优势，构建与大气环境染物监测网络和相关管理部门的协同管理机制，可以在污染发生前精准实现预判、发生时有效控制、发生后快速分析。

（二）严格控制大气环境采样质量

在进行大气环境监测的抽样采样过程中，指定专业的抽样技术人员对抽样点进行现场调查，验证抽样点的标准性、合理性和科学性，确认各种有害物质的信息，最终保证样本的质量，样本的信息和数据必须是真实有效的数据。另外，技术人员应该充分地结合采样现场的环境和采样物质，科学合理地选择设备和采样试剂等，根据国家相关标准

规定保管方法和要求，避免使样品在采样过程中发生损坏。

（三）加强监测实验室质量控制

大气监测手工采样数据质量如何，实验室分析成功与否的重要一环。实验室所用的各种实验检测仪器是否准确，是否进行期间核查和定期维护，化学检测试剂的纯度和有效期等均可能会直接影响所用到最后的实验结果。因此，必须高度重视对化学实验室仪器设备和化学试剂使用与监督管理。

五、区域环境空气质量监测

区域空气质量监测体系及评价方法的制定要重点考虑如下几个方面。

（一）区域性污染物及其重要前体物的监测

已有的科学研究表明，高浓度的细粒子是导致区域霾天气的重要原因，不仅如此细粒子作为空气中的固相载体，能够吸附空气中的多种有毒有害物，因而会对人体产生巨大的危害。近地面臭氧是挥发性有机物和氮氧化物发生光化学反应的产物，其较强的氧化能力对人体和植被都会造成伤害。由于臭氧反应前体物来源广泛，往往输送到下风向生成臭氧，因而臭氧也是一种重要的区域性污染物。

区域环境空气质量监测的基本指标应至少包括二氧化硫、二氧化氮、可吸入颗粒物、一氧化碳、细粒子和臭氧六项污染物的基本指标，在有条件地区增加挥发性有机物和能见度的监测。

（二）拓展监测范围，扩大监测网络覆盖面

区域联防联控的目标是提高区域整体的空气质量，达到区域内各地区空气质量共同提高的目的，因此，区域空气质量监测网络不仅要涵盖城市建成区，而且要涵盖城市近郊和农村地区，从而达到明确区域整体空气质量的目的。

按此原则，区域监测网络构架应充分利用区域内已有的城市监测点位，同时在近郊和农村地区增设区域监控点位。其中，已有的城市监测点位将直接纳入区域监测网络，并根据《环境空气质量监测规范》做适当调整，用于各城市的空气质量评价。同时，在近郊和农村地区的区域输送通道上设立区域监控点，用于监控区域内污染物输送情况及区域整体空气质量评价。

（三）拓宽监测手段，实现立体化监测

区域监测应能够捕捉到区域污染的特点。区域污染不同于局地污染，臭氧、细粒子等区域性污染物往往源自区域尺度上的二次污染，其直接排放源或光化学反应的前体物不仅包括局地污染源，也包括来自区域内外其他地区的输送。

污染物输送情况可通过立体断面通量监测等移动式监测设备来开展监测，将移动式

柱浓度监测设备与区域监控点的点式设备结合，定期考察区域内典型输送断面上的污染物分布情况。另外，在区域内需要建立空气质量超级监测站，超级监测站监测项目齐全，监测手段和监测能力强大，能够监测和反映复杂空气污染的全过程和变化规律。超级监测站点位需布设在重点区域内部复合污染特征明显的地区，与区域监控点位遥相呼应。通过配备激光雷达、风廓线雷达、在线离子色谱、挥发性有机物监测仪、颗粒物粒径谱仪等一系列先进的设备，使超级监测站具备强大的二次污染解析能力，特别适用于严重污染天气的源解析分析，为科学研究和污染防治决策提供依据。超级监测站的作用已经在上海世界博览会空气质量联动监测中得到印证。

同时，在点式监测设备、柱浓度监测设备的基础上，应充分利用先进的卫星遥感监测技术手段，提升区域空气质量监测能力。将点、线、面结合起来，建立多手段、多方位的立体监测体系，构建天地一体化的区域空气质量监测系统。

（四）创新区域空气质量评价与表征方法

空气质量评价涉及评价范围、评价时段和评价指标。区域空气质量评价按评价范围分为三个层次：区域内城市地区空气质量评价、城市外地区空气质量评价和区域整体空气质量评价。即将整个区域划分成若干个城市区和城市外分区。评价因子包括二氧化硫、二氧化氮、可吸入颗粒物、一氧化碳、细粒子和臭氧六项污染物。

区域内各城市的空气质量评价由该城市内所有建成区内点位进行评价，按评价时段可分为日评价和年评价。城市日评价指标包括二氧化硫、二氧化氮、可吸入颗粒物、一氧化碳、细粒子的日均值和臭氧最大 8 小时滑动平均值。进行城市多点位评价时，考虑到与历史数据的衔接，二氧化硫、二氧化氮和可吸入颗粒物在今后一段时期内取多点位的平均值，以后逐步过渡到取最大值，一氧化碳、细粒子和臭氧的评价可以直接使用多点位的最大值。日评价表征可继续采用指数法，根据目前国外发展趋势，建议使用 AQI 指数方法（多指标评价采用最大污染因子法）。城市年评价指标包括二氧化硫、二氧化氮、可吸入颗粒物和细粒子的年均值及日均值达标率，一氧化碳的日均值达标率，臭氧最大 8 小时滑动平均值超标天数。

城市外地区空气质量评价由所有的区域监控点进行评价。日评价和年评价计算方法与城市空气质量评价方法相同。区域整体空气质量评价通过综合各个分区的空气质量评价结果给出，以评价污染结果最严重的分区质量代表区域整体空气质量。

（五）突破地域限制构建区域预警预报机制

空气质量预警预报与空气质量监测密切相关，是监测工作的重要价值体现之一。随着监测工作的不断开展，准确实时的空气质量预警预报已成为越来越多的城市和地区的迫切需求，特别是在区域性污染高发的地区。目前，不同城市间由于地域限制往往缺乏统一的合作框架，这也成为制约地区空气质量预警预报的因素之一。区域空气质量预警预报系统需要依托于区域空气质量监测网络，并搭建区域监测信息实时共享和发布平台使区域内各个城市及时共享监测信息，进一步结合区域空气质量预警模型开展预警预报，同时还需要在区域内建立空气质量预警会商及应急联动机制。

第二节　水环境监测

水环境包括地表水和地下水。地表水还可以分为淡水和海水或者河流、湖泊和海洋。本节中阐述的水环境监测主要为地表水淡水环境监测。水环境的生态监测是一项重要工作，其常用的监测技术有物理技术、化学技术、生化技术、水文技术以及生态技术等。做好水环境监测，是实现水环境生态文明的重要保障。

一、水生态监测的内容与意义

水生态监测是进行水生态系统规划与保护的基础关键环节，是监测体系的重要组成部分。与传统的水环境监测相比，水生态监测从生态系统完整性的角度出发，通过各种物理、化学、生化、水文、生态学等各种技术手段，对生态环境中的各要素、生物与环境之间的相互关系、生态系统结构和功能进行监控和测试，为评价水生态环境质量、保护与修复生态环境、合理利用自然资源提供依据。水生态监测包括水环境监测和水生生物监测。

水环境监测，一般根据需要采取常规监测和水质自动监测有机结合的方式。常规监测项目包括必测指标、选测指标和特定指标，如高钵酸盐指数、电导率、生化需氧量等，监测工作执行《地表水环境质量标准》（GB 3838—2002）中规定的标准方法。自动监测项目包括 7 个必测指标和 14 个选测指标，如 pH 值、水温、总磷、总氮等，监测方法采用国家环境保护部、美国环保署（EPA）以及欧盟（EU）认可的仪器分析方法，并按照国家环境保护部批准的水质自动监测技术规范进行。对于大面积水域（如湖泊、水库）的水质监测，还需要遥测手段来进行辅助。新兴的卫星遥感技术结合传统原位测量是进行水生态系统空间监测分析的有效方法。水体及其污染物质的光谱特性是利用遥感信息进行水质监测与评价的依据，这一技术也对监测工作人员提出了更高的要求。

近年来，我国水生态监测也在不断发展成熟，监测指标也在由单一的理化指标向生物指标转变，监测方式也在向自动化方向进展，采用现代化、信息化的技术手段和工作方法以及管理模式，使水生态监测质量不断提高。

二、水环境理化监测

（一）监测项目

目前，我国的地表水质的监测继续依靠国家水环境监测网络开展水质月监测工作。监测项目为《地表水环境质量标准》（GB3838-2002）中的所有基本项目，即水温、pH值、电导率、溶解氧、高钵酸盐指数、化学需氧量、五日生化需氧量、氨氮、总磷、铜、锌、氟化物、硒、碑、汞、镉、铬（六价）、铅、量化物、挥发酚、石油类、阴离子表面活性剂、硫化物、粪大肠菌群和流量（水位）。对于湖库，除以上项目外，还增加了评价富营养化所需要的透明度、叶绿素和总氮。对河流、湖库的水质评价执行《地表水环境质量标准》（GB 3838—2002），按六个类别分别进行评价。湖库富营养化的评价执行中国环境监测总站生字〔2001〕090号文，按贫营养至重度富营养六个级别进行评价。

饮用水水源地每月监测1次。地表水监测项目为《地表水环境质量标准》（GB 3838—2002）中前35项；地下水监测项目为pH值、总硬度、硫酸盐、氯化物、铁、锦、铜、锌、挥发酚、阴离子表面活性剂、高锰酸盐指数、硝酸盐氮、亚硝酸盐氮、氨氮、氟化物、氟化物、铅、镉、铬（六价）、汞、砷、硒和总大肠菌群，共23项。

（二）监测布点与设置

河流上的监测位置通常称为监测断面。监测断面是指为反映水系或所在区域的水环境质量状况而设置的监测点。湖泊、水库通常设置监测点位或垂线，如有特殊情况可参照河流的有关规定设置监测断面。监测断面要尽可能以最少的设置获取足够的有代表性的环境信息，其具体位置要能反映所在区域环境的污染特征，同时还要考虑实际采样时的可行性和方便性。

一般来说，流经省、自治区和直辖市的主要河流干流以及一、二级支流的交界断面是环境保护管理的重点断面。水系的较大支流汇入前的河口处，以及湖泊、水库、主要河流的出入口应设置监测断面，对流程较长的重要河流，为了解水质、水量变化情况，经适当距离后应设置监测断面：湖（库）区的不同水域，如进水区、出水区、深水区、浅水区、湖心区、岸边区，按水体类别设置监测点位/垂线。

湖（库）区若无明显功能区别，可用网格法均匀设置监测垂线。监测垂线上采样点的布设一般与河流的规定相同，但当有可能出现温度分层现象时，应做水温、溶解氧的探索性试验后再进行确定。

监测断面的设置位置应避开死水区、回水区、排污口处，尽量选择河段顺直、河床稳定、水流平稳、水面宽阔、无急流、无浅滩处。监测断面力求与水文测流断面一致，以便利用其水文参数，实现水质监测与水量监测的结合。

（三）水样采集

1. 采样频次与基本要求

依据不同的水体功能、水文要素和监测目的、监测对象等实际情况，力求以最低的采样频次，取得最有时间代表性的样品，既要满足能反映水质状况的要求，又要切实可行。一般按照《地表水和污水监测技术规范》（HJ/T 91—2002）中的规定进行。

在对开阔河流的采样时，应包括下列几个基本点：①用水地点的采样；②污水流入河流后，对充分混合的地点及流入前的地点采样；③支流合流后，对充分混合的地点及混合前的主流与支流地点的采样；④根据其他需要设定的采样地点。采样时间一般选择在采样前至少连续两天晴天、水质较稳定的时间（特殊需要除外）。

水库和湖泊的采样，由于采样地点和温度的分层现象可引起水质很大的差异。在调查水质状况时，应考虑到成层期与循环期的水质明显不同。了解循环期水质，可布设和采集表层水样；了解成层期水质，应按深度布设及分层采样。在调查水域污染状况时，需要进行综合分析判断，获取有代表性的水样。如在废水流入前、流入后充分混合的地点、用水地点、流出地点等。

2. 采样器材及方法

采样器材：主要有采样器和水样容器。采样器包括有聚乙烯塑料桶、单层采水瓶、直立式采水器、自动采样器。水样容器包括聚乙烯瓶（桶）、硬质玻璃瓶和聚四氟乙烯瓶。聚乙烯瓶一般用于采集大多数无机物的样品，硬质玻璃瓶用于采集有机物和生物样品，玻璃或聚四氟乙烯瓶用于采集微量有机污染物（挥发性有机物）样品。

采样量：采样量参照规范要求，即考虑重复测定和质量控制所需要的量，并留有余地。

采样方法：在可以直接汲水的场合，可用适当的容器采样，如在桥上等地方用系着绳子的水桶投入到水中汲水，要注意不能混入漂浮于水面上的物质，而是要采集一定深度的水。

三、水环境生物监测

（一）水环境生物监测的概念与内容

水环境生物监测是以生物为对象或手段进行的环境监测。水环境生物监测是以生态学、毒理学、卫生学为学科基础，广泛吸收和借鉴现代生物技术的一项应用性技术。生物监测方法的建立是以环境生物学理论为基础的。根据监测生物系统的结构水平、监测指标及分析技术等，可以将生物监测的基本方法大致分为四大类，即生态学方法、生理学方法、毒理学方法及生物化学成分分析法。按实际工作情况，水环境生物监测的内容主要包括以下四个方面：

（1）水生生物群落的监测；

（2）生态毒理及环境毒理监测；

（3）微生物卫生学监测；

（4）生物残毒及生物标志物监测。

例如用水体中细菌总数、底栖动物、藻类、鱼类等生物多样性监测水生态状况：用PCR技术测藻毒素、用生物发光技术测二噁英等。

生物监测具有直观性、综合性、累积性、先导性的特点，同时它还具有区域性、定量、半定量的特点，是环境监测的重要组成部分。生物指标是响应指标，水化学指标是胁迫指标，因此生物监测和理化监测同等重要，是一个事物中的两个方面，都不能缺少。生物监测与化学、物理监测三位一体，相互借鉴，全面反映环境质量、服务环境管理。生物监测重点着眼于其独有的综合毒性和生物完整性指标。过去往往认为生物指标是理化指标的补充和佐证，这些都是片面的，需要重新认识和定位。水环境生物监测在环境质量监测、污染源监测、应急监测、预警监测、专项调查监测等环境监测的各个方面都具有广泛应用的前景。本节内容就是应用生态学方法，利用指示生物群落结构特征反映水体受污染的情况。

（二）浮游生物群落与水质监测

浮游生物是指悬浮在水体中的生物，它们多数个体小，游泳能力弱或完全没有游泳能力。浮游生物可基本划分为浮游植物和浮游动物两大类。在淡水中，浮游植物主要是藻类，它们以单细胞、群体或丝状体的形式出现。浮游动物主要由原生动物、轮形动物、枝角类和桡足类组成。浮游生物是水生食物链的基础，在水生生态系统中占有重要地位。许多浮游生物对环境变化反应敏感，其可作为水质的指示生物。

浮游生物定性采样采用浮游生物网。小型浮游生物用25号浮游生物网，网孔0.064mm（200孔/英寸，1英寸=2.54cm），用于采集藻类、原生动物和轮形动物。大型浮游生物用13号浮游生物网，网孔0.112mm（130孔/英寸），用于采集枝角类和桡足类。定量采样主要使用定量采水器、浮游生物网。着生藻类定性采样的专用采样工具包括剪刀、牙刷、手术刀或裁纸刀片。定量采样目前多使用硅藻计。

藻类是天然水体的重要成分，可以存活在绝大多数水环境条件下，具有种类多、分布广的特点，且对水环境条件变化很敏感，在判别水体污染程度、评价水体富营养状态等方面具有广泛的应用价值。硅藻是一种光自养型藻类，为天然水体的重要成分。由于硅藻对水体离子含量、pH值、溶解性有机物质以及营养盐的变化十分敏感，近年来，大量以硅藻为指示生物的研究成果被应用于评估水体营养物富集、盐碱化和酸化等方面。与此同时，相关的指数方法相继被提出并不断改进，如特殊污染敏感指数（SPI）、水生环境腐殖度指数（SI）、生物硅藻指数（BDI）、硅藻属指数（GI）、富营养化硅藻指数（TDI）等。常用指数计算与意义如下所述。

1. 着生藻类的 Shannon-Wiener 多样性指数

着生藻类的 Shannon-Wiener 多样性指数的计算公式为

$$H=-\Sigma(P_i\ln P_i)$$

式中，P_i 为第 i 个物种的个体数与总个体数的比值。按照着生藻类多样性指数值可将水质状况分为清洁（H≥3）、轻污染（2≤H＜3）、中污染（1≤H＜2）、重污染（0≤H＜0）和严重污染（无生物）5 个等级。

2. 硅藻属指数

硅藻属指数需鉴定曲壳藻属、卵形藻属、小环藻属、桥弯藻属、直链藻属、菱形藻属 6 个优势属，并计算出各自的丰度值，GI 值即前 3 者与后 3 者的丰度比。前 3 者喜生活于清洁水体中，而后 3 者则偏向于生活在受污染的水中。因此，指数值越高反映水体受污染程度越轻，反之水体污染越严重。GI 指数适用于亚热带和热带地区河流水质的综合评价，有明的地域限制。

3. 富营养化硅藻指数

富营养化硅藻指数 TDI 值在 1~100 之间变化，对应营养物浓度由低到高的变化。通过统计硅藻种对富营养化的敏感程度来评价水体富营养状态，主要用来评价淡水环境的富营养程度。

目前，硅藻群落组合特征在指示和监测湖泊营养演化方面的重要性已被古湖沼学研究结果所证实。2000 年欧盟水框架指导委员会将硅藻推荐为水环境整治决策中确定营养水平的生物指标，法国将硅藻生物指数作为标准方法来监测水质。

（三）大型底栖无脊椎动物与水质监测

大型底栖无脊椎动物是指栖息生活在水体底部淤泥内或石块、砾石的表面或其间隙中，以及附着在水生植物之间的肉眼可见的水生无脊椎动物。一般认为体长超过 2mm，不能通过 40 目分样筛的种类。它们广泛分布在江、河、湖、水库、海洋和其他各种小水体中。它们包括许多动物门类，主要包括水生昆虫、大型甲壳类、软体动物、环节动物、圆形动物、扁形动物以及其他无脊椎动物。

底栖动物监测定性采样主要有手抄网、踢网、铁锹、彼得森采泥器、三角拖网、分样筛、镜子、毛刷等（采样工具很多、因采样目的而不同）。手抄网用于采集处于游动状态、草丛、枯枝落叶、底泥表层的底栖动物；踢网用于采集底泥中、石缝中、某些隐藏在草丛和落叶中、简易巢穴中的底栖动物；铁锹和彼得森采泥器主要采集底泥中的底栖动物。定量采样主要有彼得森采泥器、索伯网、十字采样器、篮式采样器等。

底栖动物群落的结构和动态是理解水生系统现状和演变过程的关键所在。因此，在水质评估中，底栖无脊椎动物是最广泛应用的指示生物，评价方法主要有类群丰富度、物种丰富度、底栖动物 Shannon-Wiener 多样性指数，底栖动物完整性指数，其评价体系的建立主要包括 5 个步骤：

（1）样点数据资料收集；

（2）候选参数选用；

（3）参数筛选；

（4）评价量纲的统一；

（5）B-IBI 的验证与修订。

国内目前鲜有以大型底栖无脊椎动物作为河流健康评价指标的研究实例。王备新和杨莲芳利用 B-IBI 指数研究安徽阊江河溪流生态系统健康时发现，引起阊江河水系健康退化的主要原因是生境质量的恶化，而生境质量的恶化是林地改为茶地、大量引水灌溉农田和农田水土流失等面源污染引起的。

（四）鱼类群落与水质监测

在水生食物链中，鱼类代表着最高营养水平。鱼类在各个空间尺度上对生境质量的变化比较敏感，凡能改变浮游生物和大型无脊椎动物生态平衡的水质因素，也可能改变鱼类种群。而且具有迁移性，更是衡量栖息地连通性的理想指标。在时间尺度上，鱼类的生命历程记载了环境的变化过程。因此，鱼类的状况是水的总体质量作用的结果。此外，某些污染物对低等生物可能不引起明显的变化，但鱼类却可能受到其影响。因此，鱼类的生物调查对于环境监测具有十分重要的意义。

鱼类样品样采集可根据不同情况通过以下 3 种方法进行：

（1）结合渔业生产捕捞鱼类样品；

（2）从鱼市购买鱼类样品，但一定要了解其捕捞水域的基本情况；

（3）对非渔业区域可根据监测工作需要进行专门捕捞采集，根据水域的不同分类可采用不同的捕捞方法进行鱼样采集，具体捕捞采集方法有拖网、围网、刺网、撒网和电子捕鱼器等。

数据处理与分析方面，通常根据鱼类群落的组成与分布、物种多度以及敏感种、耐受种、土著种和外来种等指标的变化来评价水体生态系统的完整性。不同地区拥有不同的河流以及它们特有的鱼类群落。目前，鱼类生物完整性指数已被广泛应用河流生态与环境基础科学研究、水资源管理等。

（五）其他生物

水环境生物监测的指示生物还有细菌、原生动物、水生植物等，这些指标都有其各自的优势，但也有其先天的不足。总之，水质常规监测、遥感监测以及生物监测技术已成为江河湖库等水生态系统重要的监测与评价手段，所取得的研究成果与实践成果已经为我国水环境管理与研究提供了有益的经验。

四、水生态监测存在问题及优化措施

尽管我国目前将水生态保护提高到前所未有的高度，也取得了显著成效，但是在技术和操作层面仍存在一些问题，主要表现在以下几个方面。一是水生态监测技术落后。随着监测手段的不断发展，水生态监测专业包含了生物技术、计算机、地理信息等，因此对工作人员的素质要求高，专业的监测水生态团队无法实施联动监测工作，缺少综合技术型人才，比如某些人员在生物技术、地理信息和计算机技术方面知识匮乏，阻碍着水生态监测工作的实施。二是缺乏统一规范的水生态监测指标体系和评价标准。技术标准是工作人员指导水生态保护工作的准则，它能够保护人们的生命健康，从而推动生态的良性循环，合理使用资源，这也是评价水生态质量的依据。三是水质监测缺乏系统性，监测设备存在差异性等问题。

针对以上问题，我们提出以下优化措施。一是结合流域管理和各地区的水环境管理，进一步完善有关法律法规，推动水环境的发展，建设水生态文明。二是健全生态评价指标体系和操作规范。加大科研力度，创建切实可行的水生态评价指标体系。三是加强专业人员的培训。水质监测评价有着较强的专业性，工作人员需要掌握有关知识，为了保证其能顺利开展水生态监测工作，需要积极地培训已上岗的工作人员，积极引入科技力量，取长补短，深化研究水生态监测以及健康评价工作。

第三节　土壤环境监测

土壤是地球三大环境要素（大气、水和土壤）之一，是人类和动物赖以生存的环境，同时也是人类和其他生物绝大部分食物的生长环境。土壤环境如果遭到污染，就会直接影响到人类和其他生物的生存，而且土壤的污染也会导致大气和水体遭受污染。所以，土壤是经济社会可持续发展的物质基础，关系到人民群众身体健康，保护好土壤环境是推进生态文明建设和维护国家生态安全的重要内容。

一、土壤环境监测的概念与意义

土壤环境监测是指对土壤中各种无机元素、有机物质及病原生物的背景含量、外源污染、迁移途径、质量状况等进行监测的过程。土壤环境监测的目的是测定土壤中的环境指标，确定土壤环境的质量，为预防和控制土壤环境污染提供依据。按照监测目的，

土壤环境监测可分为以下五种类型。

（1）土壤环境质量监测：对指定的有关项目进行定期的、长时间的监测，以确定环境质量及污染源状况、评价控制措施的效果，衡量环境标准实施情况和环境保护工作的进展，包括对污染源的监督监测。

（2）土壤背景值监测：以掌握土壤的自然本底值，为环境保护、环境区划、环境影响评价及制定土壤环境质量标准等提供依据。土壤背景值是指区域内在很少受（或基本不受）人类活动破坏与影响的情况下，土壤固有的化学组成和元素含量水平。

（3）应急监测：在发生污染事故时以分析主要污染物种类、污染来源、确定污染物扩散方向、速度和危及范围，为行政主管部门控制污染、制定正确的防控政策提供相应的科学依据。

（4）研究性监测：针对特定目的科学研究而进行的高层次的监测。

（5）特定项目监测：主要包括仲裁监测、建设项目环境影响评价监测、项目竣工验收监测、咨询服务监测和考核验证监测等。

土壤是一个开放的体系，土壤中的污染物来自自然界的各个环境要素，而这些污染物也会经土壤迁移到环境中其他的环境要素中去，所以在对土壤进行监测时要注意与水、大气等其他环境要素的监测相结合，这样才能达到客观地反映实际情况的目的。

二、土壤环境污染与污染物

（一）土壤环境污染

土壤环境污染是指污染物通过各种途径进入土壤当中，其数量和进入速度超过土壤的容纳和净化能力而使土壤的性质、组成和性状等发生改变，破坏土壤的自然生态平衡，导致土壤的自然功能失调、土壤质量恶化的现象。衡量土壤环境质量是否恶化的标准是土壤环境质量标准。土壤环境污染也包括由于土壤污染物质的迁移转化引起大气或水体污染，并通过食物链最终影响人类的健康。

土壤是否受到污染，不但要看污染物含量是否增加，还要看其后果，即加入土壤的物质给土壤生态系统造成了危害，这样才能称为污染。因此，判断土壤是否被污染时，不仅要考虑土壤的背景值，还要考虑植物中有害物质的含量、生物反应和对人体健康的影响。有时污染物超过背景值，但并未影响植物正常生长，也未在植物体内进行积累；有时土壤污染物虽然超过背景值不多，但由于某些植物对某些污染物的吸收富集能力特别强，反而使植物中的污染物达到了污染程度。尽管如此，以土壤背景值作为土壤污染起始值的指标或土壤开始发生污染的信号，仍然不失为一种简单易行、有效的判断方法。

（二）土壤环境污染的特点

与大气污染、水体污染等其他污染相比，土壤环境污染有以下三个特点。

1. 隐蔽性和潜伏性

土壤是一个复杂的三相共存体系，各种有害物质在土壤中总是与土壤相结合，有的为土壤生物所分解或吸收，从而改变其本来面目而被隐藏在土体里，或自土体排出且不被发现。当土壤将有害物质输送给农作物，再通过食物链损害人畜健康时，土壤本身可能还继续保持着其生产能力经久不衰，这就充分体现了土壤污染的隐蔽性和潜伏性。所以，土壤污染不像大气污染与水体污染那样容易被觉察，后果需要经过长期摄食由污染土壤生产的植物产品，通过人体和动物的健康状况监测才能反映出来。

2. 不可逆性和长期性

污染物进入土壤环境后，便与复杂的土壤组成物质发生一系列迁移转化作用。多数无机污染物都能与土壤有机质或矿物质相结合，并长久地保存在土壤中。无论它们怎样转化，也很难使其重新离开土壤，这样就变为一种最顽固的环境污染问题。

3. 土壤污染的间接危害性

土壤中污染物一方面通过食物链危害动物和人体健康，另一方面还能危害自然环境。例如一些能溶于水的污染物，可从土壤中淋洗到地下水里而使地下水受到污染；另一些悬浮物及土壤所吸附的污染物，可随地表径流迁移，造成地表水污染，而污染的土壤被风吹到远离污染源的地方，于是扩大了污染面。所以土壤污染又间接污染水和大气，成为水和大气的污染源。

（三）土壤环境污染物

根据土壤污染物的性质可以把土壤污染物分为有机污染物、无机污染物、放射性污染物和病原菌微生物四种类型。

（1）有机污染物。污染土壤的有机物种类很多，大多数都是难以降解或是毒性巨大的，主要包括有化学农药、油类、有机有毒化合物等。

（2）无机污染物，主要包括重金属污染物、化学废料、酸碱污染物等。

（3）放射性污染物。放射性污染物主要来自和平利用的核工业、核爆炸、核设施的泄漏等。放射性污染物与重金属样不能被微生物分解，潜在威胁残留在土壤中很长时间。

（4）病原微生物。病原菌主要是由人畜粪便肥料的施用、污水灌溉等途径进入土壤中的。这些病原微生物会随水流、食物等进入食物链，从而导致牲畜和人患病。

（四）土壤环境的污染源

土壤的污染一般都是由于人类在生产生活中肆意排放污染物造成的。按照污染源的性质划分可以有如下几种：

（1）工业污染源。工业排放的主要污染物是“三废”，即废水、废气、废渣。

（2）农业污染源。农业污染源是一种面源，它对土壤污染是星片状的，如化肥和农药都是大面积地施用。

（3）生物污染源。生物污染源主要是指由于人畜粪尿滋生细菌和寄生虫等致病微生物，从而导致土壤污染的污染源。生物污染源主要集中在生活垃圾、生活污水以及饲养场的排出固体物和污水中。这些污水如果进入土壤，那么就会把细菌和寄生虫带入土壤中，引起土壤的生物污染。

（4）交通污染源。交通污染源是指由于交通运输排出的污染物引起土壤污染的污染源。

（5）放射性污染源。放射性污染源指放射性物质，主要包括原子实验场、核电站、原子能的非和平释放等。

三、土壤环境监测方案

制订土壤环境监测方案首先要根据监测目的进行调查研究，收集相关资料，在综合分析的基础上，合理布设采样点，确定监测项目和采样方法，选择监测方法，建立质量保证程序和措施，提出监测数据处理要求，并安排实施计划。

（一）采样点的布设原则

土壤监测点位布设方法和布设数量是根据其目的和要求，并结合现场勘查结果确定该区域内土壤监测点位。同时必须要遵循如下五个原则。

（1）全面性原则。布设的点位要全面覆盖不同类型调查监测单元区域。

（2）代表性原则。针对不同调查监测单元区域土壤的污染状况和污染空间分布特征采用不同布点方法，布设的点位要能够代表调查监测区域内土壤环境质量状况。

（3）客观性原则。具体采样点选取应遵循“随机”和“等量”原则，避免一切主观因素，使组成总体的个体有同样的机会被选入样品，同级别样品应当由相似的等量个体组成，保证相同的代表性。

（4）可行性原则。布点应兼顾采样现场的实际情况，考虑交通、安全等方面情况；保证样品代表性最大化、最大限度地节约人力和实验室资源。

（5）连续性原则。布点在满足本次调查监测要求的基础上应兼顾以往土壤调查监测布设的点位情况，考虑长期连续调查监测的要求。

（二）样点布点方法

土壤监测的布点数量要满足样本容量的基本要求，即由均方差和绝对偏差、变异系数和相对偏差计算样品数是样品数的下限数值。布点方法如下所述。

（1）简单随机。将监测单元分成网格，每个网格编上号码，确定采样点样品数后，随机抽取规定数量的样品，其样本号码对应的网格号，即为采样点。随机号码的获得可以利用抽签的方法。简单随机布点是一种完全不带主观限制条件的布点方法。

（2）分块随机。根据收集的资料，如果调查监测区域内的土壤有明显的几种类型，则可将区域分成几块，每块内污染物较均匀分布，块间的差异较明显。将每块作为一个监测单元，在每个监测单元内再随机布点。在正确分块的前提下，分块布点的代表性比简单随机布点好，如果分块不正确，分块布点的效果可能会适得其反。

（3）系统随机。将监测区域分成面积相等的几部分（网格划分），每网格内设一采样点，这种布点称为系统随机布点。如果区域内土壤污染物含量变化较大，系统随机布点比简单随机布点所采样品的代表性要好。

（三）土壤样品的采集

采集土壤样品包括根据监测目的和监测项目确定样品类型，进行物质、技术和组织准备，现场勘探及实施采样等工作。

（1）混合样品。如果只是一般地了解土壤污染状况，对种植一般农作物的耕地，只需采集 0~20cm 耕作层土壤；对种植果林类农作物的耕地，采集 0~60cm 耕作层土壤。将在一个采样单元内各采样点采集的土样混合均匀制成混合样，组成混合样的采样点数通常为 5~20 个。混合样量往往较大，便需要用四分法弃取，最后留下 1~2kg，装入样品袋。

（2）剖面样品。如果要了解土壤污染深度，则应按土壤剖面层次分层采样。土壤剖面指地面向下的垂直土体的切面。在垂直切面上可观察到与地面大致平行的若干层具有不同颜色、性状的土层。

典型的自然土壤剖面分为 A 层（表层、腐殖质淋溶层）、B 层（亚层、淀积层）、C 层（风化母岩层、母质层）和底岩层。采集土壤剖面样品时，需在特定采样点挖掘一个 1.0m × 1.5m 左右的长方形土坑，深度在 2m 以内，一般要求达到母质层或地下水潜水层即可。盐碱地地下水位较高，应取样至地下水位层；山地土层薄，可取样至风化母岩层。根据土壤剖面颜色、结构、质地疏松度、温度植物根系分布等划分土层，并进行仔细观察，将剖面形态、特征自上而下逐一记录。随后在各层最典型的中部自下而上逐层用小土铲切取一片土样，每个采样点的取样深度和取样量应一致。将同层土样混合均匀，各取 1kg 土样，分别装入样品袋。土壤剖面采样点不得选在土类和母质交错分布的边缘地带或土壤剖面受破坏的地方；剖面的观察面要向阳。

土壤背景值调查也需要挖掘土坑，在剖面各层次典型中心部位自下而上采样，但不可混淆层次、混合采样。为了解土壤污染状况，可随时采集样品进行相关测定。如需同时掌握在土壤上生长的作物受污染的状况，可在季节变化或作物收获期采集。《农田土壤环境质量监测技术规范》规定，一般土壤在农作物收获期采样测定，必测项目一年测定一次，其他项目则 3~5 年测定一次。

采样同时，填写土壤样品标签、采样记录、样品登记表。土壤样品标签一式两份，一份放入样品袋内，另一份扎在袋口，并于采样结束时在现场逐项检查。测定重金属的样品，尽量用竹铲、竹片直接采集样品，或用铁铲、土钻挖掘后，用竹片刮去与金属采样器接触的土壤部分，再用竹铲或竹片采集土样。

四、土壤常见污染物监测方法

监测方法包括土壤样品的预处理和分析测定方法两部分。无机项目测定前处理方法常用盐酸 - 硝酸 - 高氯酸氢氟酸消解、微波消解法、王水水浴消解法、碱熔法、高压密闭消解等方法。土壤样品有机项目测定前处理方法包括土壤样品有机污染物的提取（索式提取、加速溶剂萃取、超声波提取、微波辅助提取）和土壤样品有机污染物的样品净化（氧化铝净化、弗罗里硅土净化法、硅胶净化法、凝胶色谱净化、硫酸 / 高锌酸钾净化），分析测定方法常用原子吸收光谱法、分光光度法、原子荧光光谱法、气相色谱法、电化学法及化学分析法等。电感耦合等离子体原子发射光谱法、X 射线荧光光谱法、中子活化法、液相色谱法及气相色谱 - 质谱法等。遥感信息、生物技术、计算机网络信息等现代分析方法在土壤监测中也已应用起来。选择分析方法的原则应遵循标准方法、权威部门规定或推荐的方法、自选等效方法的先后顺序。

（一）土壤 pH 值测定

土壤 pH 值是土壤重要的理化参数，对土壤微量元素的有效性和肥力有重要影响。pH 值为 6.5~7.5 的土壤，磷酸盐的有效性最大。土壤酸性增强，使所含许多金属化合物溶解度增大，其有效性和毒性也增大。土壤 pH 值过高（碱性土）或过低（酸性土），均影响植物的生长。测定土壤 pH 值使用玻璃电极法。

（二）土壤可溶性盐分

土壤中可溶性盐分是用一定量的水从一定量土壤中经一定时间提取出来的水溶性盐分。当土壤所含的可溶性盐分达到一定数量后，会直接影响作物的萌发和生长，其影响程度主要取决于可溶性盐分的含量、组成及作物的耐盐度。就盐分的组成而言，碳酸钠、碳酸氢钠对作物的危害最大，其次是氯化钠，而硫酸钠危害相对较轻。因此，定期测定土壤中可溶性盐分的总量及盐分的组成，可以了解土壤盐渍程度和季节性盐分动态，为制定改良和利用盐碱土壤的措施提供依据。测定土壤中可溶性盐分的方法有重量法、比重计法、电导法、阴阳离子总和计算法等。

（三）土壤金属化合物测定

1. 铅、镉、铜、锌

铅、镉、铜和锌都是动植物非必需的有毒有害元素，可在土壤中积累，当其含量超过最高允许浓度时，将会危害作物，并通过食物链进入人体。测定它们多用原子吸收光谱法、火焰原子吸收光谱法、原子荧光光谱法、电感耦合等离子体原子发射光谱法和电感耦合等离子体质谱法等。

2. 总铬

由于各类土壤成土母质不同，铬的含量差别很大。土壤中铬的背景值一般为20~200mg/kg。铬在土壤中主要以三价和六价两种形态存在，其存在形态和含量取决于土壤 pH 值和污染程度等。六价格化合物迁移能力强，其毒性和危害大于三价铬化合物。三价铬和六价铬之间可以相互转化。测定土壤中格的方法主要有火焰原子吸收光谱法、分光光度法、等离子体发射光谱法等。

3. 银

土壤中含少量银对植物生长有益，银也是人体必需的微量元素之一，但当其在土壤中积累超过允许量后，会使植物中毒；某些银的化合物，如羟基银毒性很大，是一种强致癌物质。

土壤中银的测定方法有火焰原子吸收光谱法、分光光度法、等离子体发射光谱法等，目前以火焰原子吸收光谱法应用得最为普遍。X 射线荧光光谱法、电感耦合等离子体质谱法、电感耦合等离子体原子发射光谱法等。

4. 总汞

天然土壤中汞的含量很低，一般为 0.1~1.5mg/kg，其存在形态有单质汞、无机化合态汞和有机化合态汞，其中，挥发性强、溶解度大的汞化合物易被植物吸收，如氯化甲基汞、氯化汞等。汞及其化合物一旦进入土壤，绝大部分会被耕层土壤吸附固定。当积累量超过《土壤环境质量标准》中规定的最高允许浓度时，生长在这种土壤上的农作物果实中汞的残留量就可能超过食用标准。

测定土壤中的汞广泛采用原子吸收光谱法和原子荧光光谱法、催化热解 - 原子吸收法等。

5. 总砷

土壤中砷的背景值一般在 0.2~40.0mg/kg，而受砷污染的土壤，砷的质量分数可高达550mg/kg。砷在土壤中以五价和三价两种价态形式存在，大部分被土壤胶体吸附或与有机物络合、螯合，或与铁、铝、钙等离子形成难溶性砷化物。砷是植物强烈吸收和积累的元素，土壤被砷污染后，农作物中的含量必然增加，从而危害人和动物。

测定土壤中砷的主要方法有：二乙氨基二硫代甲酸银分光光度法、新银盐分光光度法、氢化物发生 - 非色散原子荧光光谱法、X 射线荧光光谱法等。

（四）土壤有机污染物测定

1. 土壤有机氯农药分析方法

土壤样品经处理后采用加速溶剂萃取（ASE）提取，凝胶渗透净化仪（GPC）净化，气相色谱 / 质谱法（GOMS）对样品中有机氯农药进行分析，采用保留时间定性分析，特征选择离子的峰面积进行定量分析。使用的仪器有气相色谱 / 质谱仪、加速溶剂萃取仪和全自动凝胶渗透净化仪。本方法适用于环境土壤、沉积物和固体废弃物中有机氯农药含量的测定，仪器检出限范围为 0.5~1.0 μ g/kg。

2. 土壤中邻苯二甲酸酯类的分析方法

土壤样品经处理后采用加速溶剂萃取（ASE）提取，凝胶渗透净化仪（GPC）净化，气相色谱 / 质谱法（GC/MS）对样品中邻苯二甲酸酯类进行分析，采用保留时间定性分析，特征选择离子的峰面积进行定量分析。使用仪器有气相色谱 / 质谱仪、加速溶剂萃取仪和全自动凝胶渗透净化仪。本方法适用于环境土壤、沉积物和固体废弃物中邻苯二甲酸酯类含量的测定，仪器检出限范围为 0.5~20.0 μ g/kg。

3. 土壤中多环芳烃类分析方法

土壤样品经处理后采用加速溶剂萃取（ASE）提取，凝胶渗透净化仪（GPC）净化，液相色谱 / 质谱法（GC/MS）对样品中多环芳烃类进行分析，采用保留时间定性分析，用特征选择离子的峰面积进行定量分析。本方法适用于环境土壤、沉积物和固体废弃物中多环芳烃含量的测定，仪器检出限为 1 μ g/kg。

五、现代技术在我国土壤环境监测中的应用

随着科学技术的不断发展，一些高科技现代技术也被应用于土壤环境监测工作，目前常用的现代技术有 3S 技术、生物技术、水平定向钻进技术、信息技术等。这些技术在土壤监测工作中的应用效果较好，且一定程度上促进了土壤环境监测工作的发展。

（一）3S 技术应用现状

3S 技术即遥感（RS）技术、全球定位系统（GPS）、地理信息系统（GIS），3S 技术原本是应用于测绘领域的高新信息技术，但随着时代发展和技术进步，3S 技术也逐渐涉足其他领域，其中包括土壤环境监测。在土壤环境监测中，借助遥感的卫星影像、GPS 的定位以及 GIS 强大的空间数据管理及处理功能可以获得区域的土壤信息及环境质量信息，这些信息可以反映到遥感卫星影像中，并通过 GIS 软件的数据处理和分析，了解土壤的状况。在 3S 技术应用中，相关人员可以科学有效地设置土壤环境监测点，通

过土壤样本采样为3S技术提供先验的样本和土壤信息，经卫星成像、现场信息采集、数据处理等过程，分析出监测区域的土壤信息分布特征。专业技术人员根据3S技术提供的土壤特征信息，及时提取土壤环境变化区域，并给出有效的解决措施。

（二）生物技术应用现状

生物技术是土壤环境监测技术中常见的技术之一。常见的生物技术有生物芯片和PCR技术等，这些技术相较于传统监测手段，环境监测效果较好，但其资金投入较大，限制了生物技术的应用。因此，在实际应用中，要对经济性问题、环境问题进行全面分析，确保能充分发挥该项技术的优势与价值。随着科技进步和社会发展，生物技术也得到了一定的完善以及推广，并且生物技术可以与其他环境科学相统一，共同发挥作用。目前，生物技术在很大程度上缓解了我国土壤环境质量下降的问题。

（三）水平定向钻进技术应用现状

水平定向钻进技术常用于土壤采样和调查工作中，该技术应用简单，技术人员可根据土壤特点开展钻井作业，通过钻井采样得到与土壤环境相关的数据，该技术具有效果好、成本低等优点。

（四）信息技术应用现状

近些年来，计算机和互联网技术突飞猛进，并逐渐在各行各业中占据重要角色。在这种背景下，土壤环境监测也顺应信息时代的潮流，引入了信息技术。信息技术中最重要的是无线传感器技术，该技术能够打破时空界限，将监测的各种类型的土壤数据进行无线传输和存储，相关人员通过信息传输实现对土壤监测系统的控制。该项技术使土壤环境监测工作变得更加灵活。

综上所述，土壤环境监测技术手段较多，在实际的应用中，要根据当地的实际情况和需求合理选择监测技术，避免技术浪费。

六、我国土壤环境监测技术的发展趋势

（一）以检测有机污染物为主

土壤污染问题分为多种类型，其中，由有机物超标或有机物成分异常引起的土壤污染是一种非常棘手的类型。这一污染的污染程度日益严重、种类日益丰富，解决问题的速度赶不上问题出现的速度，成为眼前治理的难题。目前，有机物土壤污染对人们的侵害主要是由食物引起的，食品安全是社会稳定的基础，因此，必须解决有机物土壤污染的问题，对此，相关人员应给予高度重视，将检测工作作为中心环节，同时要加强对监测技术的研究。

（二）监测分析精度向痕量发展

精确的数据报告是正确实验结果的基础保障，这就对数据采集提出了更多的要求。因此，必须要提高检测的精准度，引进现代化设备，接受新型治理观念。此外，领导层应带头创新，被领导者也应加强学习意识、创新意识与责任意识，提高土壤方面相关的数据报告的准确度与真实度，做到精益求精，避免出现研究工作受阻、资金投入浪费的情况。

（三）现场快速分析技术将得到广泛运用

随着时代的发展，更加有效和更加先进的治理技术与治理设备层出不穷，利用X射线的重金属快速检测技术就是众多新生技术的代表之一。该技术使用方法简单，大大提高了检测效率，同时可以实现现场快速分析，减少了工作人员的工作量，还提高了整个土壤防治工作的效率。

第五章 生态环境遥感监测实践

第一节 生态环境遥感监测基本原理

一、生态环境的基本概念

生态环境可以定义为影响人类生存与发展的水资源、土地资源、生物资源以及气候资源数量与质量的总称，它不仅是人类生存和发展的基本条件，更是社会、经济发展的基础，其质量标志着区域社会经济可持续发展的能力以及社会生产和人居环境稳定可协调的程度。生态环境是人类生存和经济社会可持续发展的基础，是生态系统和环境系统的有机结合体，包括生物性的生态因子和非生物性的生态因子，如植被、水系、土地、气候等自然地理条件和人为条件。

二、生态环境监测的内容．指标和技术方法

（一）生态环境监测的内容

生态环境监测采用的是生态学的多种措施与方法，从多个尺度上对各个生态系统结构和功能的格局进行度量，主要通过监测生态系统条件、条件变化、对生态环境压力的写照及其趋势而获得。可以说生态监测是运用可比的方法，在时间与空间上对特定区域范围内生态系统或生态系统组合体的类型、结构和功能及其组合要素等进行系统地测定和观察的过程，监测的结果则用于评价和预测人类活动对生态系统的影响，从方法原理、目的、意义等多方面作了较为全面的阐述。

（二）生态环境监测的指标

生态环境监测的本质是环境“要素”和环境“像素”中目标污染物的各类信息的生产过程，即环境信息的生产过程。现阶段的环境监测内容分为综合性指标、物理学指标、化学指标、生物学指标、生态学指标、毒理学指标等，或者分为环境质量指标、自然生态指标、环境保护建设指标等。

（三）生态环境监测技术方法

生态环境监测技术方法就是对生态系统中的指标进行具体测量和判断，以获得生态系统中某一指标的关键数据，通过统计数据，来反映该指标的状况及变化趋势。在选择生态环境监测具体技术方法前，需根据已知条件，结合确定的技术路线，从而确定最理想的监测方案。技术路线和方案的内容大致包括以下几点：生态问题的提出，生态监测台站的选址，监测的对象、方法及设备，生态系统要素及监测指标的确定，监测场地、监测频度及周期描述。一些特殊指标可按目前生态站常用的监测方法。生态监测具有着眼于宏观的特点，是一项宏观与微观监测相结合的工作。对于结构与功能复杂的宏观生态环境进行监测，就必须采用先进的技术手段。

三、植物遥感原理

陆地表面的 70% 为植被所覆盖，植被是陆地生态系统的基本组成成分，也是陆地生态环境中重要的资源。植被是遥感图像反映的最直接的信息，是遥感对地观测的主要对象，也是人们研究的主要对象（赵英时等，2003）。作为地理环境重要组成部分的植被，与一定的气候、地貌、土壤条件相适应，受多种因素控制，对地理环境的依赖性最大，对其他因素的变化反应也最敏感。因此，人们往往可以通过遥感所获得的植被信息的差异来分析那些图像上并非直接记录的生态环境信息。如水体资源、气候资源、矿藏、地质构造、自然历史环境演变遗留的痕迹等。因而植物遥感原理以及植物光谱特征一直是生态环境遥感监测基础理论探究的重要内容。

（一）植物遥感原理

1. 叶片和植被结构

植物遥感依赖于对植物叶片和植被冠层光谱特性的认识，因而首先需要了解植物叶片和植被的结构。

（1）叶片结构

叶片的最上层为表层，由较密集的细胞组成，并被半透明的薄膜所覆盖；最下层为表皮，含气孔与外界进行气体、水分交换，这是植物光合作用和植物生长的根本保证。上下表皮之间为栅栏组织和海绵组织，其中，栅栏组织由长透镜状细胞平行排列而成，海绵叶肉组织由相互分离的不规则状细胞组成，叶肉细胞的较大表面积保证光合作用中 O2、CO2 的充分交换（赵英时等，2003）。

（2）植被结构

植株是由叶、叶柄、茎、枝、花等不同组分组成。从植物遥感—植物与光（辐射）的相互作用出发，植被结构主要指植物叶丁的形状、大小，植被冠层的形状、大小以及空间结构—包括成层现象、覆盖度等。

植被结构随着植物的种类、生长阶段、分布方式的变化而变化。在定量遥感中它大致可分为水平均匀植被和离散植被两种。两者之间并无严格界限。草地、幼林、生长茂盛的农作物多属前者，而稀疏林地、果园、灌木丛等多属后者。植被结构可以通过一组特征参数来描述和表达，如叶面积指数 LAI、叶面积体密度 FAVD、叶间隙、叶倾角分布 LAD。

2. 植物的光合作用

植物的光合作用是指植物叶片的叶绿素吸收光能和转换光能的过程。它所利用的仅是太阳光的可见光部分，即称之为光合有效辐射（PAR），约占太阳辐射 47%~50%，其强度随着时间、地点、大气条件等变化。植物叶片所吸收的光和有效辐射（APAR）的大小及变化取决于太阳辐射的强度和植物叶片的光合面积。而光合面积不仅与叶面积指数有关，还与叶倾角、叶间排列方式、太阳高度角有关。光合面积与叶绿素浓度结合可以反映作物群体参与光合作用的叶绿素数量。而水、热、气、肥等环节因素直接影响 PAR 向干物质转换的效率。如叶片缺水、气孔减小，直接影响作为光合作用原料的 CO_2 的吸收。Monteith（1997）提出了干物质生产效率，从理论上描述了作物干物质生产过程。

射入叶片的可见光部分中的蓝光、红光及少部分绿光可被叶绿素所吸收，用于光合作用。植物在光合作用过程中将转换和消耗光能。此外，射入植被的光能除了被叶门吸收外，还有部分的反射和透射。部分阳光投射到植物体的非光合器官，因而光合作用的潜力是受植物类型、结构、生态环境等多方面因素的影响。

（二）植物的光谱特征

1. 叶片的光谱特征

近红外波段在植物遥感中具有很重要的作用。这是因为近红外区的反射受叶内复杂的叶腔结构和腔内对近红外辐射的多次散射控制，以及近红外光对叶片有近 50% 的透射和重复反射的原因。随着植物的生长、发育或受病虫害胁迫状态或水分亏缺状态等的不同，植物叶片的叶绿素含量、叶腔的组织结构、水分含量均会发生变化，致使叶片的光谱特性发生一定变化。虽然这种变化在可见光和近红外区同步出现，但近红外的反射变化更为明显。这对于植物 / 非植物的区分、不同植被类型的识别、植物长势监测等是很有价值的。

植物的发射特征主要表现在热红外和微波谱段。植物在热红外谱段的发射特征，遵循普朗克黑体辐射定律，与植物温度直接相关。植物非黑体而是灰体，因而研究它的热辐射特征必须考虑植物的发射率。植物的发射率是随植物类别、水分含量等的变化而变化。健康绿色植物的发射率一般在 0.96~0.99，常取 0.97~0.98；干植物的发射率变幅较大，一般为 0.88~0.94。

植物的微波辐射特征能量较低，受大气干扰较小，也可用黑体辐射定律来描述。植物的微波辐射能力与植物及土壤的水分含量有关。而植物的雷达后向散射强度与其介电常数和表面粗糙度有关。它反映了植物水分含量和植物群体的几何结构，同样传达了大量的植物的信息。研究表明：JERS-I 的 SAR（L 波段）图像可以穿透植被，而得到植物生长环境的信息；ERS-I 的 SAR（C 波段）图像可以直接测量植被，并含有土壤和地形信息；Paloscia（1998）研究了多波段（L、C、P）、多极化的 SAR 数据农田观测的叶面积指数间关系，指出可以用多波段雷达数据估算作物叶面积指数。可见，植物的发射特征（热红外和微波）和微波散射特征信息是光学反射遥感数据的补充，也是植物遥感的理论基础。

正如 Boochs（1990）指出植被对电磁波的响应，即植被的光谱反射或发射特性是由其化学和形态学特征决定的。而这种特征与植被的发育、健康状况以及生长条件密切相关。因此，可以采用多波段遥感数据来揭示植物活动的信息，来进行植物状态监测等。

2. 植被冠层反射

单叶的光谱行为对植被冠层光谱特性是重要的，但并不能完全解释植被冠层的光谱反射。自然状态下的植被冠层是由多用叶层组成，上层叶的阴影挡住了下层叶，整个冠层的反射是由叶的多次反射和阴影的共同作用而成。在植物冠层，多层叶子提供了多次透射、反射的机会。

植物冠层的光谱特性，除了受植物冠层本身组分——叶子的光学特性的控制，还受到植物冠层的形状结构、辐照及观察方向、背景光谱等的影响。

在对遥感进行的各方面研究中，地物光谱特征的测量和研究是遥感理论研究的重要内容，也是各种遥感应用的基础。

自然界大部分物质，在电磁波作用下，由于电子跃迁，原子、分子振动等相互作用，在某些特定波长处都具有反映物质物理和结构信息的光谱吸收和反射特征。植被对电磁波的响应，即植被光谱反射或发射电磁波的特性是由其化学和形态学特征共同决定的，而这种特征与植被的发育、健康状况以及生长条件密切相关。叶片中每种生化组分都有其在特定波段处、区别于其他物质的特征吸收光谱曲线。

第二节　生态系统格局遥感监测

生态系统格局是指生态系统组成成分及其在时间、空间上的分布和各组分能量、物质、信息流的分布方式和特点，为加强国家宏观生态环境管理和新时期环境保护工作，迫切需要结合遥感和地面进行调查，分析全国陆地生态系统的空间分布格局和时间变化格局，在此基础上分析各省生态系统格局状况，摸清全国生态环境质量的基本状况。

一、全国生态系统空间分布格局监测

（一）内容和指标

基于遥感技术，从影像中解译获得全国生态系统分类数据，在此基础上，提取全国生态系统各类型面积，计算各生态系统类型面积占全国总国土面积的比例，分析全国生态系统类型的空间分布格局，如表 5-1 所示。

表5–1　全国生态系统空间分布格局监测指标

监测内容	监测指标	输入数据
全国生态系统空间分饰格局	各类生态系统而积	生态系统分类数据
	各类生态系统面积比例	生态系统分类数第
	各类生态系统空间分布	生态系统分类数据
	各子类型生态系统面积	生态系统分类数据
	各子类型生态系统面积比例	生态系统分类数据
	各子类生态系统空间分布	生态系统分类数据

（二）方法

1. 全国生态系统结构分析

利用 GIS 空间分析方法，统计各省（自治区、直辖市）域范围和县域范围各生态系统的面积及所占比例，得到各省（自治区、直辖市）和各县生态系统结构信息统计结果。在此基础上，分析全国各生态系统的面积和比例。

2. 空间分布分析

在全国生态系统分析的基础上，制作全国生态系统结构空间分布图，在此基础上分析全国生态系统空间分布规律。

二、全国生态系统格局变化监测

（一）内容和指标

1. 全国生态系统类型变化

基于不同时期的生态系统分类数据，利用 GIS 统计方法，分析全国生态系统类型的面积、比例和空间分布的变化。

2. 全国生态系统类型的转换

基于不同时期的生态系统分类数据，计算生态系统类型转移矩阵，分析各类生态系统类型相互转化面积和各类生态系统类型相互转化强度。

3. 全国各生态系统内部结构特征变化

基于不同时期的生态系统分类数据，通过内部类型的变化率、转换强度和动态度，分析各生态系统内部结构的空间格局及其动态变化特征。

根据研究内容，构建了全国生态系统格局变化监测指标体系，如表 5-2 所示。

表5–2　全国生态系统格局变化监测指标

监测内容	监测指标	输入数据
全国生态系统类型结构变化	各类生态系统面积变化	两期生态系统分类数据
	各类生态系统面积比例变化	两期生态系统分类数据
	各子类型生态系统面积变化	两期生态系统分类数据
	各子类型生态系统面积比例变化	两期生态系统分类数据
全国生态系统的转化	转移矩阵	两期生态系统分类数据
全国生态系统内部结 构变化	生态系统类型变化率	两期生态系统分类数据
	综合生态系统动态度	两期生态系统分类数据
	类型相互转化强度	两期生态系统分类数据

（二）方法

1. 生态系统类型变化率

研究区一定时间范围内某种生态系统类型的数量变化情况。目的在于分析每一类生态系统在研究时期内面积变化量。

2. 变化动态度

定量描述生态系统的变化速度，该指数综合考虑了研究时段内生态系统类型间的转移，着眼于变化的过程而非变化结果，反映研究区生态系统类型变化的剧烈程度，便可在不同空间尺度上找出生态系统类型变化的热点区域。

3. 各生态系统类型变化方向（生态系统类型转移矩阵）

借助生态系统类型转移矩阵全面具体地分析区域生态系统变化的结构特征与各类型变化的方向。转移矩阵的意义在于它不但可以反映研究初期、研究末期的土地利用类型结构，而且还可以反映研究时段内各土地利用类型的转移变化情况，便于了解研究初期各类型土地的流失去向以及研究期末各土地利用类型的来源与构成。

第三节　生态系统质量遥感监测

生态系统质量是指生态系统的优劣程度，它以生态学理论为基础，在特定的时间和空间范围内，从生态系统层次上，反映生态系统对人类生存及社会经济持续发展的适宜程度，是根据人类的具体要求对生态系统的性质及变化状态的结果进行评定。

生态系统质量监测与评价是当今世界的一项重要研究课题，利用遥感影像来监测生态系统状况，对生态系统的本底、变化状况进行监测并进行生态系统质量评价研究，是一种经济有效的技术方法。可以客观地认识一个区域的生态系统质量状况及存在的主要问题，对政府部门合理制定区域规划和经济发展方针、协调经济、社会和环境可持续发展都具有十分重要的意义。

李世东等（2007）出版的《中国生态状况报告 2005》首次利用生态综合指数的概念和方法，通过选取森林、湿地、荒漠、草原、农田、城市、水土流失以及生物多样性 8 个因子，利用生态综合指数计算公式得出我国生态综合指数。这本书主要以县级的地面调查为基础获得全国统计数据，对上述 8 个因子进行详细的分类以及数据分析，得到全国范围的生态综合指数。这本书的数据来源于实地调查，因此在精度上比较可靠，但对于大区域生态环境调查来说，工程过于繁重，需要众多部门共同协作才能完成。而现在遥感技术发展迅速，具有获取数据速度快、精度高、范围广的特点，应用前景广阔。如果能够利用遥感技术进行环境评价，将节省大量资源，效率也会大大提高。为此，本节提供一种基于遥感技术对区域或全国生态系统进行定量化生态环境状况评价的方法。

一、生态系统质量遥感监测指标体系

对生态系统的质量状况进行评价，反映生态系统的基本特征，体现生态系统的健康状态，刻画自然生态系统维持现有服务功能的持续性和稳定性。具体包括：一是生态系统的生产能力，是系统中的绿色植被光合作用富集的能量，生产能力可以体现在生物量的富集上；二是服务功能的稳定性，即生产能力的波动，生产能力的波动可以体现在净初级生产力的年际变化趋势上；三是生态系统受到的人类干扰程度，人类干扰程度可以体现在覆盖度以及土地利用变化上。

生态系统质量遥感监测与分析针对森林、草地、荒漠、湿地等自然生态系统类型特点，采用不同的指标体系和方法进行，具体的遥感监测指标包括：各类自然生态系统植物生物量、各类自然生态系统净初级生产力、各类生态系统植被覆盖度、湿地生态系统水体污染及富营养化、各类生态系统质量稳定度和波动性综合评价指数。其中森林和草地等有植被覆盖的自然生态系统的指标为生物量、净初级生产力以及植被覆盖度；荒漠生态系统选择能够从自然和人为两方面来反映荒漠生态系统的稳定性的指标，包括干旱指数、荒漠面积变化率；湿地生态系统主要选择湿地生态系统面积以及污染和富营养化程度的指标。

二、技术路线

生态系统质量调查与评价的技术路线如图 5-1 所示，主要包括数据预处理、生态系统质量指标提取以及生态系统质量变化分析与评价三个部分。

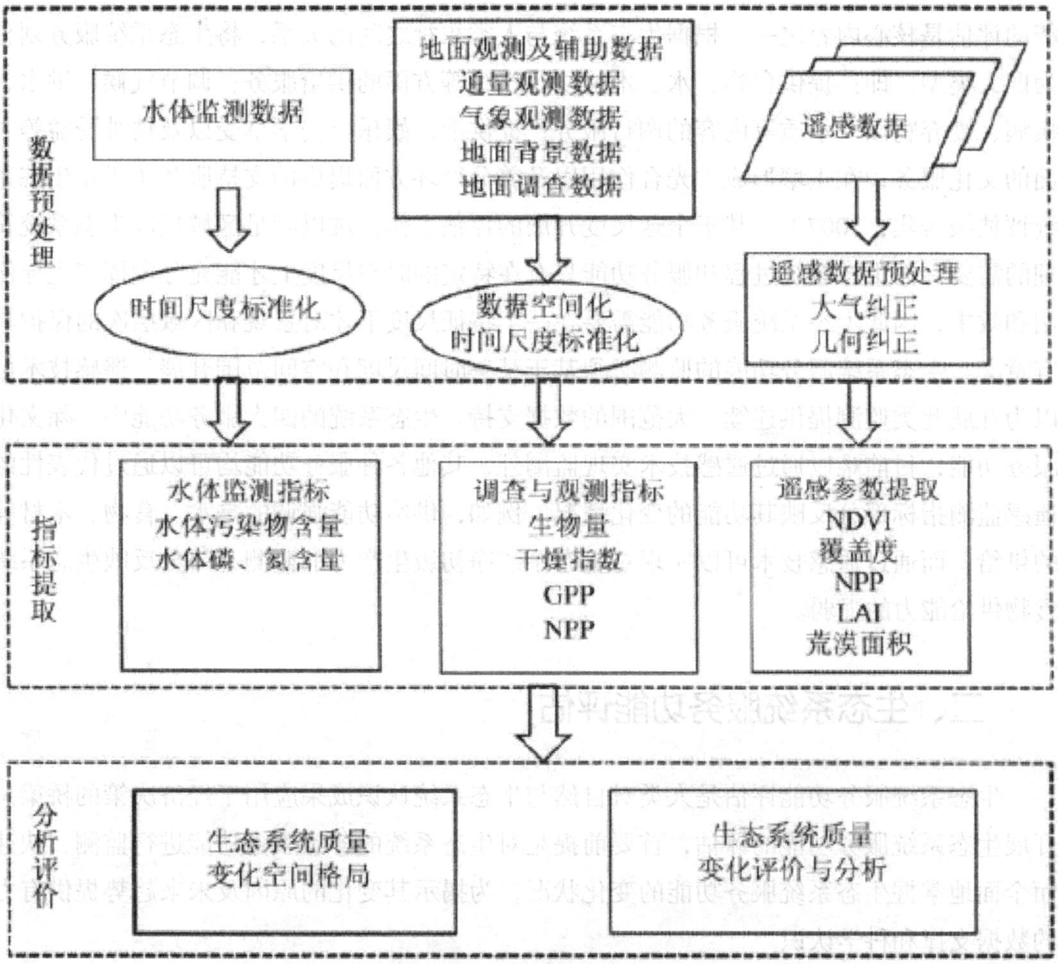

图5-1 全国生态系统质量调查与评价技术路线

第四节 生态系统服务功能遥感监测

一、生态系统服务功能概述

生态系统服务功能是指生态系统与生态过程所形成及所维持的人类赖以生存的自然环境条件与效用。它不仅包括各类生态系统为人类所提供的食物、医药及其他工农业生产的原料，更重要的是支撑与维持了地球的生命保障系统，维持生命物质的生物地化循环与水文循环，维持生物物种与遗传多样性，环境的净化与有害物质的降解，维持大气化学的平衡与稳定，土壤肥力的维持与更新，植物花粉的传播与种子的扩散等。2000 年联合国启动的千年生态系统评估计划，是人类首次对全球生态系统的过去、现在以及未来情况进行评估，并据此提出相应管理对策的科学计划。在该计划中，生态系统服务功能的评估是核心内容之一。根据生态系统与人类福祉之间的关系，将生态系统服务划分为四大类型，即：提供食物、水、木材以及纤维等方面的供给服务；调节气候、洪水、疾病、废弃物以及水质等内容的调行服务；提供消遣娱乐、美学享受以及精神受益等方面的文化服务；在土壤形成、光合作用以及养分循环方面提供的支持服务（千年生态系统评估报告集，2007）。基于全球尺度开展的评估工作，难以满足区域尺度生态系统管理的需要，而生态系统过程和服务功能只有在特定的时空尺度上才能充分发挥其主导作用和效果，因此生态系统服务功能需要在一个特征尺度下才对景观和区域层次的保护具有意义。生态系统服务功能的监测必须基于某一时间尺度和空间范围开展，遥感技术可以为开展此类监测提供连续、大范围的数据支持。生态系统的四大服务功能中，除文化服务功能，目前难以通过遥感技术实现监测外，其他各种服务功能均可以通过代表性的遥感监测指标部分反映其功能的变化情况。例如，供给功能强调的是水、食物、木材等的供给，而通过遥感技术可以实现对生态系统净初级生产力的监测，部分反映生态系统食物供给能力的强弱。

二、生态系统服务功能评估

生态系统服务功能评估是人类对自然与生态系统认识成果应用于经济决策的桥梁。开展生态系统服务功能的评估，首要前提是对生态系统的各项服务功能进行监测，快速而全面地掌握生态系统服务功能的变化状况，为揭示其变化的原因及未来趋势提供有力的数据支撑和科学认识。

三、主要生态系统服务功能的监测指标

生态系统服务功能监测的重点是生态系统服务功能的构成指标及其变化情况。根据生态系统服务功能四大功能类型的分类，在每个类型中选择 1 个代表性功能进行深度剖析，解析其形成过程及具体的评价指标。

（一）供给功能——食物供给

食物供给是供给功能的核心体现，是生态系统向人类及其他生物群体提供所需的各种养分、能量的能力。食物供给功能的强弱，将直接关系到一个地区的粮食安全状况，不仅影响食物的充足性，还对食物的安全和营养产生影响。食物供给功能首先要满足的是为区域提供的食物的数量的多少，而提供食物数量的多少，就是一个生态系统中能够固定的能量与物质的总量，包括动物体和植物体固定量的总和。从生态系统的角度看，生态系统中的初级生产者是植物，植物体生产能力的高低，将直接通过食物链的作用传

导到生态系统的各个方面，对整个生态系统的食物供给能力产生影响，因此监测生态系统食物供给功能的核心是监测生态系统中植物体生产力的高低，即生态系统生物量的多少。获取生物量的一个关键的参数是生态系统净初级生产力，是指植物在单位时间单位面积上由光合作用产生的有机物质总量中扣除自养呼吸后的剩余部分，是生产者能用于生长、发育和繁殖的能量值，反映了植物固定和转化光合产物的效率，也是生态系统中其他生物成员生存和繁衍的物质基础。

（二）调节功能——水文调节

生态系统的调行功能涉及多个方面，从环境保护的角度看，一个良好的生态系统，具有较强的水质自净能力，而对水质的调节主要通过对水量的调节来实现。因此生态系统水文调节功能的强弱会直接影响到区域的水质。水文调节受到区域生态系统面积、多年平均产流量、多年平均降雨总量、产流降雨占总降雨的比例、生态系统减少径流的效益系数、裸地的降雨径流率等要素有关。这些参数的获取除了部分可以通过遥感技术完成外，相当多的一些需要地面观测数据的配合。可以说，对生态系统服务功能的监测，是需要地面资料和遥感资料配合完成的工作。

（三）支持功能——土壤保护

生态系统其他各项服务功能的实现，关键是依靠支持功能是否完整。作为支撑整个生态系统运的关键硬件基础，土壤的存在具有重要作用，土壤保护功能的体现包括地表植物对土壤的保护，地下生物对土壤的保护，气候气象条件、地质条件以及人类活动对土壤的影响等，核心凝聚在土壤抗侵蚀能力上可以使用土壤侵蚀敏感性作为描述土壤保护功能强弱的重要参数。根据国家环境保护总局2003年颁布的《生态功能区划暂行规程》的有关规定，区域土壤侵蚀敏感性可以采用地形起伏度、土壤质地、植被特征、降雨侵蚀力四个指标来确定。

四、生态系统服务功能监测的具体方法

（一）生物量的监测

植被生物量的遥感监测主要有以下两种方法，即植被指数，生物量法与累积NPP法，两者适用范围及特点有所不同，具体选择哪种方法取决于数据的可获取性与应用的具体目的。

1. 植被指数 - 生物量法

植被指数被证实与植被生物最具有较好的关系，因而可以通过植被指数 - 生物量回归法估算生物量，即根据各样方的森林 / 草地生物量干重和其对应的基于遥感数据的NDVI.EVI等植被指数值，通过建立两者之间的线性模型或非线性模型来反演森林 / 草

地生态系统的生物量，具体植被指数及回归模型的选择取决于模型拟合及验证结果。

基本参数与数据来源

1）生物量

来源：地面观测

计算及获取方法：

通过设置森林、草地样地，调查单位面积内地上干生物最重，样地设置与调查方法可参见野外调查部分。

2）植被指数

来源：MODIS 陆地二级标准数据产品

计算及获取方法：

MODIS 陆地二级标准数据产品（MODI3）可以从 NASA 的数据分发中心免费下载，网址为 http：//ladsweb.nascom.nasa.gov/，包括 250m 的 NDVI 与 EVI。

2. 累积 NPP 法

对于草地、农田生态系统来说，其生物量的估算可以采用累积 NPP 法进行估算，即通过草地或农田的生长期（开始生长时间与结束生长时间）的确定，对生长期内的 NPP 进行累加以计算地上生物量。

基本参数与数据来源

1）NPP，单位时间内累积的净初级生产力，可通过上述 NPP 估算方法进行求取。

$NPP=APAR（t）\times \varepsilon（t）$

其中：$APAR=fPAR \times PAR$

式中，PAR 为植被能进行光合作用的驱动能量，其能量为到达地表的太阳总辐射的一个分量。

2）开始生长时间和结束生长时间，需要根据不同的地区来进行相应的调查，或者通过监测区域时间序列 NDVI 数据设定阈值进行判断获取。

3）收获指数，对于农田来说，如果想获取粮食产量，在获取地上生物量的基础上还能获取收获指数，收获指数主要根据作物类型通过文献调研的方法获取。

（二）水文调节功能的监测

水文调节功能的监测主要是采用降水贮存量法，即用森林生态系统的蓄水效应来衡量其涵养水分的功能。

用森林生态系统的蓄水效应来衡量其涵养水分的功能。

$$Q=A \cdot J \cdot R$$

$$J=J_0 \cdot K$$

$$R=R_0-R_g$$

式中，Q 是与裸地相比较，森林、草地、湿地、耕地、荒漠等生态系统涵养水分的增加量，mm /（$hm^2 \cdot a$）；A 是生态系统面积，hm^2；J 是计算区多年均产流降雨量（P ＞ 20mm），mm；J_0 是计算区多年均降雨总量，mm；K 是计算区产流降雨量占降雨总量的比例；A 是与裸地（或皆伐迹地）比较，生态系统减少径流的效益系数；R_0 是产流降雨条件下裸地降雨径流率；R_g 是产流降雨条件下生态系统降雨径流率。

根据赵同谦等以秦岭—淮河一线为界线将全国划分为北方区和南方区。而北方降雨较少，降雨主要集中于 6—9 月份，甚至一年的降雨量主要集中于一两次降雨中。南方区降雨次数多、强度大，主要集中于 4—9 月份。因此，建议北方区 K 取 0.4，南方区 K 取 0.6。

根据已有的实测和研究成果，结合各种生态系统的分布、植被指数、土壤、地形特征以及对应裸地的相关数据，可确定全国主要生态系统类型的 R 值。

而冰川、湖泊、河流、水库等湿地生态系统水源涵养量为系统平均储水（蓄水）量。

生态系统的面积可以通过统计遥感提取得到的生态系统一级类型和二级类型的面积来获取，生态系统一级类型和二级类型的提取方法如下。

生态系统分类方法基于面向对象的技术，引入非影像光谱信息强化目标的识别能力。

作业平台基于超级计算、并行处理的构架，实现快速、高效的分类技术运作。作业流程方面采用分区分块、拼接成图的积木式方式，有效地控制制图质量、提高作业效率。其中具体流程分为影像预处理、作业分区、派生参数提取、尺度分割、解译标志库建立、决策树建立、分类运行。遥感数据和辅助数据在数据预处理后，基于超级服务器，将数据进行区、块、形三级作业分区，分区过程中进行不同时相的影像配准与拼接；为减少数据冗余，将多时和的影像生成可利用的派生分类参数，基于并行处理的方式，进行多尺度的数据分割，提取对象的空间、光谱与纹理信息。通过野外分层采样框架，建立数据解译标志库，利用样本的解译标志特征，建立基于分区、分类的决策树，进行分区块、分类，并根据各区块的景观差异，进行决策树优化、再分类。

具体来说，解译标志库建立评价以 eCognition 软件为支撑，以预处理后数据层和派生信息为基础，提取采样点的解译信息，将采样区内的数据导入 eCognition 后，利用软件的 Sampling 工具，在影像上按空间位置分类选取采样点的影像和辅助数据的信息，生成最终分类需要的各类参数的采样点图谱信息。采样点视窗可以显示每个采样点各参数的阈值范围、频度、方差。若具有同样时间邻近采样区的影像，其采样点图谱可以实现共享，参与决策树建立的分析。

面向对象技术的实现是通过非监督分类、监督分类二次处理过程完成，采用决策树分析方法，通过采用人工与自动相结合的方式，对于影像光谱划分机理清楚的类型采用人工建树方法，对于类型的光谱变化比较大、规律不清楚的类型采用自动方法（最邻近方法）。建树分两个阶段，采用层次分类方法和最邻近方法。第一层次为人工建树方法，主要针对大光谱特征、时间过程有明显的差异的一级分类或大类，规律性较强，如水面与非水面、植被与非植被、落叶与非落叶等信息，在此基础上进一步应用自动方法细分类型。

决策树建立分为两个阶段进行：层次分类方法和区域类型的最邻近方法。由于各区块的地物类型和景观差异性，每个区块的决策树不可能相同，但基础的大类都是存在的，并具有相同的光谱特征。为此，决策树顶层采用统一的结构，根据土地覆盖类型的特征与光谱规律，顶层决策树分为四层：水面与非水面、植被与非植被或线性与非线性、耕地与非耕地、落叶与非落叶。下层依据区域特征进行设计，通过对敌的解译标志库和样本训练，建立分类决策树的指标与决策树结构，通过决策树的分级，进行类型的不断提纯，最终达到单个类别划分的结果。对于类型复杂，可采用最邻近方法进行划分，可选取多个光谱特征中心进行类型分组，如建设用地 1、建设用地 2 等，最终合并、汇总。

第五节　自然保护区生态环境遥感监测

自然保护区是为了保护典型生态系统、拯救珍稀濒危野生生物物种、保存重要自然历史遗迹而依法建立和管理的特别区域。自然保护区能为人类提供生态系统的天然“本底”，是各类自然生态系统和野生生物物种的天然贮存库，对于保护自然环境、保护物种等自然资源和维护生态平衡具有重要意义，在国民经济建设和未来社会发展中具有战略地位，加强和发展自然保护区事业也是当前我国环境保护工作的一项重要而紧迫的任务。

近年来，随着工业化、城镇化的加速推进，保护与开发的矛盾日益突出，自然保护区经济开发活动日益增多，自然保护区发展面临的压力也在不断加大，出现生态系统不断退化的严峻局面，也导致自然保护区生态系统功能严重受损，生态系统健康水平下降，直接威胁到保护区的可持续发展。在此背景下，迫切需要利用新的手段对自然保护区的人类活动和生态系统健康进行全方位监测，而遥感具有宏观性、实时性和综合性等特点，是开展全国自然保护区综合监管的最佳手段，能在自然保护区评审、日常监管等方面发挥很好的作用。

本节围绕遥感技术在自然保护区监测与评价中的应用，针对保护区人类活动和生态系统健康评价这 2 方面提出了监测指标，介绍相应的方法和技术流程。

一、自然保护区人类活动遥感监测

（一）内容和指标

自然保护区人类活动遥感监测内容包括如下 2 个方面。

1. 自然保护区人类活动遥感监测

以遥感影像数据为基础，采用遥感分类解译的方法，提取自然保护区的农业用地、居民点、工矿用地、采石场、能源设施、旅游设施、交通设施、养殖场、其他人工设施等人类活动信息，对自然保护区人类活动的面积、数量和百分比进行统计。

2. 自然保护区人类活动野外核查

根据遥感监测提取的人类活动斑块的经纬度信息，到实地进行定位、验证，并记录其所在功能区、建成时间、设施现状、相关审批手续、存在问题等。

自然保护区人类活动遥感监测指标如表 5-3 所示：

表5–3 自然保护区人类活动遥感监测指标表

内容	指标	数据源
自然保护区人类活动 遥感监测	各人类活动面积/数量/百分比	解译矢量
	不同功能区各人类活动面积/数量/百分比	解译矢量
	不同功能区各人类活动空间分布	解译矢量
自然保护区人类活动 实地核查	敏感人类活动经纬度	实地核查
	设施名称	实地核查
	建成时间	实地核查
	设施现状	实地核查
	相关审批手续	实地核查
	存在问题	实地核查

（二）数据来源与处理

1. 数据源

（1）遥感数据

监测年成像的 30m 以下、云量覆盖小于 10%、影像质量良好的高空间分辨率遥感影像。有条件的地区优先选取 10m 以下高空间分辨率遥感影像。

（2）保护区边界数据

自然保护区最新的矢量边界和功能分区，边界数据为 Shp 格式。

2. 遥感数据处理

遥感影像处理包括波段组合、几何精校正、图像镶嵌与图像裁切等处理过程。

（1）波段组合

原始遥感影像一般都是单波段（黑白），需要利用遥感波段组合功能，把单波段影像组合到一起获得良好的显示效果（彩色）。

（2）几何精校正

原始遥感影像有几何畸变，需要利用地面控制点对遥感图像进行几何精校正，主要包括方法确定、控制点输入、像素重采样和精度评价。

1）确定校正方法：根据遥感影像几何畸变的性质和数据源的不同确定几何校正的方法，一般选择多项式校正方法；

2）控制点输入：一般要求均匀分布在整幅遥感影像上，尽量选择明显、清晰的定位识别标志，如道路交叉点等特征点；

3）重采样：对原始输入影像进行重采样，得到消除几何畸变后的影像，一般选用双线性内插法；

4）精度评价：将几何精纠正的影像与控制影像套合，检验精度，要求几何校正精度在 10m 以内。

（3）影像镶嵌

对于面积较大的自然保护区而言，需要多景影像才能覆盖，需要进行影像镶嵌。

1）指定参考图像：作为镶嵌过程中对比匹配以及镶嵌后输出图像的地理投影、像元大小、数据类型的基准；

2）影像镶嵌：在重叠区内选择一条连接两边图像的拼接线，进行影像镶嵌。

（4）影像裁切

镶嵌后的影像需要用自然保护区边界裁切出来，得到每个自然保护区的遥感影像。

1）投影转换：转换矢量边界投影，与纠正好的遥感影像一致；

2）影像裁切：利用遥感软件，将影像用保护区边界裁切出来。

3. 矢量边界处理

矢量边界处理包括投影转换、功能分区赋值等过程。

（1）投影转换

当矢量边界与自然保护区遥感影像不一致时，需要将矢量边界的投影转换成纠正好的影像投影，一般选用动态转换的方式变换投影。

（2）功能分区赋值

利用 GIS 属性编辑功能，对保护区功能分区矢量编辑的属性进行编辑，核心区赋代码为 1，缓冲区赋代码为 2，实验区赋代码为 3。

（三）方法

1. 自然保护区人类活动遥感监测

遥感解译

采用遥感解译的方法（包括目视解译与自动分类方法），从遥感影像上提取自然保护区内各种人类活动信息。

1）解译：根据影像的判读标志，如色调（颜色）、形状、位置、大小、阴影、布局、纹理及其他间接标志等和解译人员对该区域土地类型分布规律的熟悉程度，从影像上识别各种人类活动信息。

2）判读顺序：一般是从影像顶部开始，然后以从左到右，从上到下依次连续进行判读。

3）判读提取目标地物的最小单元：一般规定自然保护区人类活动地类的面状地类应大于 6*6 个像元，图斑短边宽度最小为 2 个像元。

4）属性赋值：在矢量层的属性表中添加人类活动属性代码。

5）解译数据格式：shp 格式。

人类活动信息统计

利用 GIS 空间分析的方法，将自然保护区功能分区矢量图层与人类活动矢量图层空间叠加，统计不同功能区每种人类活动的面积、数量和百分比。

敏感人类活动斑块中心经纬度提取：提取工业用地、采石场、能源设施、旅游设施、交通设施、养殖场等较为敏感的人类活动矢量斑块经纬度，为核查提供依据。

2. 自然保护区人类活动实地核查

（1）核查方法

采用现场调查与座谈交流相结合的方法，对各自然保护区人类活动遥感监测结果进行实地核查。

（2）核查内容

根据遥感监测提取的人类活动斑块的经纬度信息，到实地进行定位、验证，并记录其所在功能区、建成时间、设施现状、相关审批手续、存在问题等信息。

（3）室内修正

根据地面核查结果，对解译过程中不易判读的人类活动类型，进行补充，对错判、误判的人类活动类型进行属性修改。

（4）精度要求

通过室内解译、地面核查和室内修正，要求自然保护区人类活动遥感解译的精度达到 100%。

二、自然保护区生态系统健康评价

（一）内容和指标

本书选择 OECD（联合国经济合作与发展组织）建立的压力状态，响应框架模型作为自然保护区生态健康评价的基础。这一框架模型具有非常清晰的因果关系，即人类活动对环境施加 / 一定的压力：因为这个原因，环境状态发生了一定的变化；而人类社会应当对环境的变化作出响应，以恢复环境质量或防止环境退化。而这三个环节正是决策和制定对策措施的全过程。

压力指标：主要描述人类干扰对自然保护区带来的影响和胁迫，其中自然干扰是一种无规则、不稳定、难以度量的干扰，人类干扰主要指以人类活动为主的生态动力源。

状态指标：反映自然保护区的结构和功能，具有活力、稳定和自调节的能力。评价生态系统是否健康可以从活力、组织结构和恢复力等 3 个主要特征来定义。活力表示自然保护区生态系统功能，可根据新陈代谢或初级生产力等测量；生态系统的组织结构是指系统的物种组成结构及其物种间的相互关系，反映生态系统结构的结构和功能；恢复力也称抵抗能力，根据胁迫出现时维持系统结构和功能的能力评价，当系统变化超过其恢复力时，系统立即“跳跃”到另一个状态，很多学者用弹性度来反映该指标。自然保护区生态状态指数表达式：

$$NRSI=V`O`R$$

式中，NRSI 为自然保护区生态系统状态指数；V 为自然保护区生态活力指数；O 为自然保护区生态组织指数，用 0~1 间的数值来表示；R 为自然保护区生态弹性指数，用 0~1 间的数值表示。

响应指标：自然保护区受到人类干扰时，会出现一系列的变化，包括人类社会经济活动的变化。人类的反应可以通过以下指标来体现：一是与人类经济生产有关的指标，包括人均国内生产总值、财政收入、产业结构等；二是人类健康有关的指标，包括各种污染物的排放等。

在压力 - 状态 - 响应框架模型的基础上构建 3 个层次的自然保护区生态健康评价指标体系。第一层次是项目层，即压力、状态、响应 3 个项目；第二层次是评价因素层，即每一个评价准则具体由哪些因素决定；第三层次是指标层，即每个评价因素有哪些具体指标来表达，同时给出每个指标层的数据来源和获取方式，构建了三个层次的生态系统健康评价指标体系，同时给出每个指标层的数据来源和获取方式。

（二）方法

评价因子主要为归一化植被指数、景观多样性指数、景观破碎度指数、斑块丰富度、平均斑块面积（各景观指数计算方法见土地覆盖与生态系统参数产品生产）以及人类干扰强度、生态弹性度和自然保护区面积变化比例。

第六节　矿产资源开发区生态环境遥感监测

矿产资源是不可或缺的重要生产资料，随着我国经济社会的持续快速发展，对各类矿产资源的需求也日益增长。然而，矿山开采在带动经济发展的同时，也容易对生态环境造成破坏，特别是不少矿山因规模小、开采技术落后、开采方式粗放，故而造成较大的资源浪费和环境污染，给人们的生活和健康带来极大的危害。

矿山环境问题近些年来显得尤为突出，其根本原因在于我国矿业长期以来实行的粗放型资源利用模式，以牺牲矿山环境为代价进行大规模超强度矿产资源开采。矿山环境问题突出表现在五个方面：一是采矿活动破坏了大量耕地和建设用地；二是采矿诱发地质灾害，矿山在开采过程中都不同程度地引起地表下沉、塌陷、岩体开裂、山体滑坡等地质环境问题，极大地危及人们生命财产安全；三是采矿使矿区水均衡遭受破坏，产生各种水环境问题，如水资源减少、水质下降、有色金属矿区的水体污染；四是矿山开采中废气、粉尘、废渣排放，产生大气污染和酸雨；五是采矿破坏自然地貌景观，影响整个地区环境的完整性。

本节结合环境保护部卫星环境应用中心开展的矿产资源开发区研究与应用工作，将介绍矿山生态环境遥感监测相关的技术方法。

一、内容和指标

矿产资源区的生态环境监测和分析内容主要包括以下几个方面，监测指标见表5-4。

表5-4　矿产资源开发区监测评估内容与指标

监测指标	数据来源
矿区面积	遥感影像识别
矿产类型	部分地面核查+资料收集
开采状况	部分地面核查+资料收集
矿区占用生态用地类型和面积	遥感解译+GIS叠加分析
与敏感生态目标 （河流、国家禁止开发区等）格局关系	遥感解译+GIS穆加分析
植被覆盖	遥感提取
植被变化趋势	时序分析
生物量	地面实验+遥感提取
生物量变化趋势	时序分析

（1）矿区分布现状调查

在矿产资源开发过程中的采矿和选矿，不可避免会对原地貌造成改变，占用土地资源。可根据矿区用地和其他上地利用类型之间的光谱差异，提取矿区边界，结合地面核查和统计资料，获取矿区类别等属性信息，并基于该数据，可对区域内矿区面积、空间分布、比例、主要特征进行空间统计和综合分析，摸清矿区的分布局面。

（2）矿区动态变化分析

基于两期矿区解译数据，进行矿区面积变化、空间分布格后变化、占用土地类型和面积比例变化进行空间统计和空间分析，定量反映矿区占用其他土地类型的特征。

（3）矿区生态影响分析

矿区对生态的影响反映在多个方面，如引起环境污染、破坏植被和土地资源等。这里，我们主要监测其对植被的影响和与生态敏感区域的格局关系。

基于矿区解译数据和植被覆盖度数据，分析矿区及缓冲区范围内的植被状况变化，反映矿区开采对区域植被的影响。

基于矿区解译数据和生态保护敏感目标边界数据，分析矿产资源开发区建设与国家级自然保护区、重点风景名胜区、森林公园、地质公园和世界文化自然遗产的格局关系，与重要河流之间的格局关系。

二、数据收集与遥感图像预处理

矿区生态环境监测需选取合适的遥感数据，并收集矿产资源相关资料和监测区域内的生态敏感区边界数据。

（一）遥感数据源选取

遥感数据源的选取原则为：监测年成像空间分辨率在 10m 以下、云量覆盖小于 10%、影像质量良好的多光谱遥感影像。针对矿区占地面积大的矿区可适当选取 10~30m 的中分辨率遥感影像。

（二）其他数据收集

为增加矿产资源监测区域分析，尽量搜集资源开发区矿区分布、矿种、产量、矿权边界、周边环境数据等地面数据，并收集周边生态敏感区边界数据，包括：国家级自然保护区、重点风景名胜区、森林公园、地质公园和世界文化自然遗产区域和重要河流等矢量数据。

（三）遥感数据预处理

遥感影像预处理包括波段组合、几何精校正、图像镶嵌与图像裁切等处理过程。具体处理过程见“遥感影像图像处理”章节，特别提出的是，为增加矿区的遥感空间分辨率，若有同传感器的全色数据，尽量将全色波段和多光谱数据进行融合。

三、指标计算与分析方法

（一）矿产资源开发区遥感提取和精度验证

矿产资源开发区的分类体系可根据具体区域制定，按开采状况分为：活动矿区和闭坑未恢复矿区；按矿区内部用地分为：开采区、排土场、尾矿区、矿山工业场地和居民区。可根据实际监测状况进行分类体系的调整。

矿产的开发必然会产生人为的干扰场地，而这些场地中的地物在可见光 - 近红外范围内的光谱反射特征与周围未被扰动的地物有较大差异。矿产资源开发区遥感提取主要根据矿区遥感影像光谱特征，采用计算机自动分类加人工干预的方法提取。Landsat TM/ETM 和环境一号卫星 CCD 影像具有较为 F 富的波谱信息，不同波段 DN 值的迥异给我们利用波谱信息识别矿产资源开发区分布提供了一定的可行性。以乌海露天煤矿为例，通过对比分析矿区和其他地物在各个波段的波谱特征。

因矿区容易和地表裸露区域和部分建设用地混淆，矿区遥感提取的精度评估与结果修正非常重要，主要有以下 2 种方法：1）对疑似斑块进行归类，开展地面核查；2）利用更高分辨率数据进行验证和修正。

（二）矿产资源开发区时空变化及对生态环境影响分析

1. 矿区面积和空间变化

矿产资源开发区时空变化分析主要基于上述遥感提取的两期矿产资源开发区空间分布数据，通过对比矿区空间分布的大小变化，揭示矿区空间范围的变化过程。

（1）矿区面积比例

评价范围内的矿区面积比例。计算方法为：

$$P=S/TS$$

式中，S 为评价范围内的矿区总面积；TS 为评价区域总面积。

（2）矿区斑块数

评价范围内矿区斑块的数量。计算方法为：

应用 GIS 技术以及景观结构分析软件 FRAGSTATS3.3 分析板块数 NP，其中 NP 为斑块数量。

2. 矿区占用土地利用类型和面积

在进一步考虑 2000 年土地覆盖类型的基础上，分析矿区空间范围扩展对土地利用的影响，包括侵占的土地利用类型及其数量特征。

3. 矿区影响范围内的植被变化

区域植被覆盖度、生物量监测计算方法见本章前文在开展具体区域监测时，需注意时相的一致性，本节主要介绍植被变化趋势的计算方法。

利用矿区影响范围内年NDVI最大值变化趋势来揭示植被覆盖状况的整体变化态势。NDVI最大值变化趋势是通过对研究区每一个像元对应的年NDVI最大值与年份进行线性拟合，其变化率用最小二乘法来计算。

第六章 生态环境地面监测技术方法及质量控制

第一节 生态环境地面监测的内涵与意义

一、生态环境地面监测的内涵

生态环境地面监测是应用可比的方法，对一定区域范围内的生态环境或生态环境组合体的类型、结构和功能及其组成要素等进行系统的地面测定和观察，利用监测数据反映的生物系统间相互关系变化来评价人类活动和自然变化对生态环境的影响。

在所监测区域建立固定站，由人徒步或乘越野车等交通工具按规划的路线进行定期测量和收集数据。它只能收集几公里到几十公里范围内的数据，且费用较高，但这是最基本也是不可缺少的手段。因为地面监测是“直接”数据，可以对空中和卫星监测进行校核。某些数据只能在地面监测中获得，例如，降雨量、土壤湿度、小型动物、动物残余物（粪便、尿和残余食物）等，地面测量采样线一般沿着现存的地貌，如小路、家畜和野兽行走的小道。记录点放在这些地貌相对不受干扰一侧的生境点上，采样断面的间隔为 0.5~1.0km。收集数据包括：植物物候现象、高度、物种、物种密度，草地覆盖以及生长阶段，密度和木本物种的覆盖；观察动物活动、生长、生殖、粪便及食物残余物等。

二、生态环境地面监测的意义

作为生态环境保护的重要基础性工作，生态环境监测肩负着为生态保护管理决策提供技术支撑、技术监督和技术服务的使命，对保护环境、保障民生和建设生态文明具有重要意义。目前，全国生态环境质量监测与评价工作采用的是以遥感监测为主，地面核查为补充的技术手段。由于生态系统的复杂性、综合性、生态环境问题的区域差异性，遥感监测在较大监测范围和获取信息的时空连续性上有明显优势，监测的信息侧重反映生态类型及其空间分布格局。但是，它对于生态系统的物种组成、结构、服务功能状况及面临的干扰和胁迫等方面的监测难以实现。已经开展的地面核查也仅是为了评价遥感解译的准确性，并没有针对生态系统结构、功能状态开展调查，因此目前的生态环境质量评价还不能够全面描述生态系统状态。地面监测通过实地取样调查分析，能够获得生态系统的群落结构、物种组成、物质生产能力信息，从微观上了解生态系统状况。因此为了说清生态环境质量状况及发展趋势，必须开展生态地面监测工作，填补生态环境监测的短板，把遥感监测和地面监测相结合，使它们提供的信息能够互相比较、修正和补充。

三、生态环境地面监测指标

本书主要针对森林、草地、荒漠和湿地等 4 类典型生态系统生物要素和环境要素的监测指标和方法进行介绍。具体的监测要素包括生物（陆地植物群落，水体中浮游植物、浮游动物、底栖动物）、土壤、水环境（地表水和地下水）、空气环境、气象等要素。监测指标包括核心监测指标和辅助监测指标两大类，核心监测指标是指原则上必须开展监测的指标，辅助监测指标是指根据实际需要进行选择监测的指标。在开展监测工作过程中，除核心监测指标外，可以根据监测区域内自然生态特点科学筛选辅助监测指标。同时，也要开展监测区域的人类活动状况和自然灾害状况发生情况的调查。

第二节 监测区域和样地设置

一、监测区域的建立

（1）定位

在地形图上确定监测区域的范围后，现场核实该区域植被的类型与要求是否一致，对监测区域的地理位置、植被类型和进行监测的可行性等情况进行调查、分析，用 GPS 定位仪进行精确定位，确定监测区域位置。

（2）区域划定

每个监测区域依据地形而设，可设为圆、正方形或多边形。对于地形复杂、植被类型多样且零散的地区，可设 2~3 个区域作为一个监测点。

（3）建立标志

在监测区域内的中心位置或附近建立醒目的固定标志，测定标志点的经纬度。固定标志应经久耐用，文字应清晰牢固，便于查找。

二、样地和样方的设置

不同的生态系统以及相同的生态系统中不同的监测区域，由于其主导生态因子的不同，对样方和样地的设置都有不同的倾向性，并且随着生态因子的变化，监测方法也将随之改变。

1. 森林生态系统

（1）区域设置

一个监测区域内的样地包括主样地和辅助样地，辅助样地是主样地的补充，而不是重复。样地相当于一个样方或几个样方的集合。在森林生态系统监测中，为了保证样地的代表性，应该对本监测区域的主要代表性植被类型都进行长期观测，包括该区域内的典型地带性植被类型、重要的人工林、其他分布面积很广的群落类型，将其中一个最具有代表性的群落类型的典型地段设为主样地，其他类型设为辅助样地。方法要点包括以下五个方面。

1）监测样地面积。标准样地的合理设置极为重要，首先是选址，要设立在能代表当地植被类型而且林相相同、地形变化尽可能一致的地段。样地的形状和大小方面，通常选用正方形或长方形，其一边长度至少要高于乔木最高树种的树高。一个基本原则是，标准样地的面积最少必须大于群落最小面积，一般情况下可取 20m × 20m 或 30m × 30m 的面积。设置标准样地时，应尽量避免主观性，样地最好要有重复。主样地面积应足够大，一般至少应该达到 1h ㎡。辅助样地的面积可适当小于主样地，但不能小于群落最小面积。

2）样地围取。

3）样地所代表群落的一般性描述。

4）样地保护。为了保证观测样地的时间延续性，每类观测样地分别设置非破坏性的永久样地和破坏性取样地。

5）乔木层的编号。对永久样地所包含的所有乔木树种的所有个体根据其相对位置进行编号，并挂上相应的标牌。

（2）样方设置

为了取样的方便和研究的需要，通常要将样地进一步划分成次一级的样方。为了便于区分，将原样地称为一级样方。将原样方进一步划分成 10m × 10m 的次级样方，称为二级样方。其样方设置方法为：

1）主样地中样方的划分。主样地（一级样方）面积为 100m × 100m。在一级样方内，进一步划分成 100 个二级样方。

2）辅助样地二级样方的划分。

热带森林样方设计：一级样方为 40m × 40m，并进一步分成 10m × 10m 的二级样方，共 16 个。

亚热带森林样方设计：一级样方为 30m × 40m，并进一步分成 10m × 10m 的二级样方，共 12 个。

温带森林样方设计：一级样方为 20m × 30m，并进一步分成 10m × 10m 的二级样方，共 6 个。

2. 草原生态系统

（1）区域设置

在监测区域内选取最具有代表性的草地生态系统类型的典型地段设置主样地，在附近地段选取辅助样地。监测区域的占地面积一般不少于 100000 ㎡，主样地设置为 200m × 200m 的监测样地。可在监测区域内，选择 2~4 个与主样地生态系统类型相同、长期受人类活动干扰，并具有很强可比性的地段作为辅助样地，进行长期观测。

（2）样方设计

1）样方面积按照地面植被和生态类型确定。草本及矮小灌木草原样方面积为 1m × lm。具有灌木及高大草本植物草原样方面积为 10m × 10m 或 5m × 20m，里面的草本及矮小滑木小样方面积为 1m × 1m。

2）样方间距离不得小于遥感影像资料的分辨率。用 MODIS 资料进行遥感监测时，样方间水平间距 ≥250m。

3）草本及矮小灌木草原的监测点设置的样方数量 230 个。具有灌木及高大草本植物草原的监测点设置的样方数量 210 个，每个样方内应设置草本及矮小灌木样方 23 个。每个禁牧小区内应设置草本及矮小灌木小样方 23 个。

3. 荒漠生态系统

（1）区域设置

荒漠生态系统设置在本地区最具典型性和代表性的地段，要地势平坦，开阔，土壤和植被分布比较均匀。在主样地四周 100m 范围内，不能有大的风蚀区，也不能处于正在快速移动的流动沙丘的下风向，避免受到风蚀或沙流的影响。

主样地的面积应为 100m × 100m；个别地点如受自然条件限制，也必须要保证不小于 50m × 50m. 辅助样地面积应为 10m × 10m，周围 50m 范围内不能有风蚀区。

（2）样方设计

荒漠生态系统各群落类型的监测样方，要求至少有 5~10 个重复。由于荒漠生态系统植被较为稀疏，乔木植被最好采用 100m × 100m 或 50m × 50m 的大样方。灌木、半灌木植被采用 10m × 10m 或 5m × 5m 的样方，草本植物采用 1m × lm 的样方。

4. 湿地生态系统

（1）区域设置

1）沼泽。在生态系统中最具有代表性的区域设置主样地。另外，在沼泽各类型生态区内，再选择面积较小的辅助样地。

2）湖泊、水库、池塘、河流。

河流采样断面按下列方法，要求布设：城市或工业区河段，应布设对照断面、控制断面和消减断面；污染严重的河段可根据排污口分布及排污状况，设置若干控制断面，控制排污量不得小于本河段总量的 80%；本河段内有较大支流汇入时，应在汇合点支流上游处，及充分混合后的干流下游处布设端面；出入境国际河流、重要省际河流等水环境敏感水域，在出入本行政区界处应布设断面；水质稳定或污染源对水体无明显影响的河段，可只布设一个控制断面；水网地区应按常年长导流向设置断面；有多个岔路时应设置在较大干流上，控制径流量不得少于总径流量的 80%。

潮汐河流采样断面布设应遵守下列要求：设有防潮闸的河流，在闸的上、下游分别布设断面；未设防潮闸的潮汐河流，在潮流界以上布设对照断面，潮流界超出本河段范围时，在本河段上游布设对照断面；在靠近入海口处布设消减断面；入海口在本河段之外时，设在本河段下游处；控制断面的布设应充分考虑涨、落潮水流变化。

湖泊（水库）采样断面按以下要求设置：在湖泊（水库）主要出入口、中心区、滞留区、饮用水源地、鱼类产卵区和游览区等应设置断面；主要排污口汇入处，视其污染物扩散情况在下游 100-1000m 处设置 1~5 条断面或半断面；峡谷型水库，应该在水库上游、中游、近坝区及库层与主要库湾回水区布设采样断面：湖泊（水库）无明显功能分区，可采用网格法均匀布设，网格大小依湖、库面积而定；湖泊（水库）的采样断面应与断面附近水流方向垂直。

（2）样方设计

1）沼泽。主样地面积应大于 4h ㎡。在主样地内划出固定监测样方，一般说来，灌木、半灌木植被采用 10m × 10m 或 5m × 5m 的样方，草本植物采用 1m × 1m 的样方。

2）湖泊、水库、池塘、河流

河流、湖泊（水库）的采样点布设要求：河流采样垂线上采样点布设应符合相应规定，特殊情况可按照河流水深和待测分布均匀程度确定；湖泊（水库）采样垂线上采样点的布设要求与河流相同，但出现温度分层现象时，应分别在表层、斜温层和亚温层布设采样点；水体封冻时，采样点应布设在冰下水深 0.5m 处，水深小于 0.5m 时，在 1/2 水深处采样。

第三节 野外监测与采样

生态环境地面监测内容包括生物要素监测和环境要素监测两大类。环境要素的监测包括土壤、气象、水和空气。由于环境要素的监测方法在本系列教材的其他书中均有详细介绍，本书不再赘述。

以下将从植物群落和动物群落两个方面详细介绍森林、草地、荒漠和湿地等4类生态系统生物要素的野外监测与采样方法。

一、森林生态系统野外监测与采样

1. 仪器与用具

测绳，测树围尺，1.3米标杆，样方框，米绳，剪刀，布袋或纸袋，卡尺，电子天平，调查表，测高仪，枝剪，镐头，标签，铁锹，木锯，皮尺，塑料绳，罗盘，地形图，海拔表，高精度GPS，醒目的标桩，带有编号的标牌，固定标牌的铁钉或铁丝等。

2. 样地背景与生境描述

森林生态系统是以乔木为主体的生物群落（包括植物、动物和微生物）及其非生物环境（光、热、水、气、土壤等）综合组成的生态系统。森林生态系统分布在湿润或较湿润的地区，其主要特点是动物种类繁多，群落的结构复杂，种群的密度和群落的结构能够长期处于稳定的状态。

植物群落学研究中，样地生境描述是必不可少的。特别是野外调查不可缺少的基础资料。业务调查记录应当既简要又规范，便于识别和操作。首先对选定样地做一个总的描述，描述内容中主要包括植被类型、植物群落名称。这些因子大多数可以通过直观的观察确定，如植被类型、植物群落名称、地貌地形、水分状况、人类活动、动物活动以及岩体特征等，通常只需要定性的描述即可。（注：根据《中国植被》中的中国植被类型简表确定植被类型，并参考地方植被志，并确定到植被近型；根据植物群落建群种或优势种命名植物群落名称。）

3. 植物群落调查

（1）调查内容

1）物种调查。乔木层记录种名（中文名和拉丁名）。进行每木调查：测量胸径（实测，通常采用离地面L3米处）和高度、冠幅（长、宽）、枝下高；每木调查起测径级为L3米。基于每木调查数据，统计种数、优势种平均高度和密度。

灌木层记录种名（中文名和拉丁名），分种调查株数（丛数）、株高或从平均高，并记录调查时所处的物候期。然后基于分种调伍按样方统计以下群落特征：种数、优势种、密度 / 多度。

草本层记录种名（中文名和拉丁名），分种调查株数、高度和生活型，并记录调查时所处的物候期；按样方统计种数、优势种、多度。

附（寄）生植物记录种名（中文名和拉丁名），分种调查多度、生活型、附（寄）主种类，藤本植物记录（中文名和拉丁名），分个体或分种调查途径。

2）分布。个体或种群经纬度及海拔高度。

3）习性。乔木、灌木、木质藤本，常绿或落叶。

4）数量。种群数量及大小、分布面积。

5）林分性质。起源、组成、林龄、生长情况等。

6）生境状况。分布区域相关的自然地理等环境因子。

7）植物学特征与生物学特征。形态特征、繁殖方式、花期、果期等。

8）用途。用材、水土保持、观赏、果树、药用等。

9）资源来源。野生、栽培、外来等。

10）经济林木的开发利用现状及资源流失现状。

11）受威胁现状及因素。

12）保护管理现状。保护等级、就地保护、迁地保护、未保护等。

（2）调查方法

调查工作要选择在大部分植物种类开花或结实阶段进行。同一个区域，应该在不同的季节开展相应的调查（2次以上），尽可能地将该区域的林木种类及相关内容调查详尽。针对不同调查内容，再采用相应的调查方法。

1）样线（带）调查。按照已有的路径或设定一定的线路，详细调查林木种类及相关信息。

2）样方调查。根据调查区域内植物群落分布状况，按不同海拔、坡向设置一定数量、面积的样方，在样方内详细调查森林物种、生产力及相关信息。

3）全查法。调查样地内森林物种、生产力及相关信息。

（3）标本采集与鉴定

在进行观察和研究时，必须准确鉴定并详细记录群落中所有植物种的中文名、拉丁名以及所有属的生活型。对不能当场鉴定的，一定要采集带有花或果的标本（或做好标记），以备在花果期鉴定。以下是植物种鉴定常用工具：《中国植物志》《中国高等植物图鉴》《中国树木志》《中国沙漠植物志》。

（4）多度的测定

多度是指某一植物种子群落中的数目。确定多度最常用的方法有两种，一为直接点数，二为目测估计。植物个体小而数量大时，如对草木和矮灌木常用目测估计法，对于乔木等大树多用直接点数。目测估计法是按预先确定的多度等级来估计单位面积上的个体数。

（5）密度

密度是单位面积上某植物种的个体数目，通常用计数方法测定。种群密度从某种程度上决定着种群的能流、内部生理压力的大小、种群的散布、种群的生产力及资源的可利用性。密度的测定只限于一定面积才能计算，因此密度通常用样方测定。这种测定与取样单位的大小无关，可以说是绝对的。但是密度是平均数，由于分布格局的差异，不同样方内的数字可能有很大的差异，所以样方大小和数目会一定程度上影响调查结果。故而要合理确定样方面积和数量。

（6）盖度

植物盖度是只植物地上部分的垂直投影面积占样地面积的百分比。盖度是群落结构的一个必要指标，它不仅可以反映植物所有的水平空间的大小，还可以植物之间的相互关系。在一定程度上还是植物利用环境及影响环境程度的反映。盖度一般分为投影盖度和基盖度。投影盖度是植物枝叶所覆盖的土地面积，是通常所指的盖度概念。基盖度是指植物基部的盖度面积。投影盖度又可以分为种盖度（分差度）、种组盖度（层盖度）和群落盖度（总盖度）。盖度通常用百分数表示，也可用等级来表示，主要有目测法、样线法和照相法三种测定方法。

（7）高度

植株高度指从地面到植物茎叶最高处的垂直高度。它是反映某种植物的生活型、生长情况以及竞争和适应能力的亟要指标，也是反映植物地上生物产量的重要参数。高度可以实测也可以目测，一般乔木用目测，灌木和草木用实测法。

群落高度是指从地面到植物群落最高点的高度，它是反映植物群体高度的重要参数。对「多层次群落，在测量群落高度时要分层测定各层高度。测量时应多点测量，求平均值。

（8）频度

频度是指某一个种在一定地区内特定样方中出现的次数，用数值表示为全部调查样方中出现某种植物的样方百分率。群落中某一植物的频度对所有种的频度之和的百分比称为相对频度，某植物种的频度占群落中频度最大物种的频度的百分比称为频度比。相对频度和频度比是衡量物种优势度的重要参数。

（9）生活型

植物生活型是植物对于综合生境条件长期适应而在外貌上反映出来的植物类型，其确定通常是根据更新芽距离地面的位置，可以简单地划分为乔木、灌木、半灌木、木质藤木、多年生草本、一年生草木、垫状植物等。

（10）生物量

森林乔木层生物量的测定普遍采用维度分析法，即通过测定植物的高度（或高度和胸在），利用事先建迁的植物各部位（地上部分包括树干、枝条、叶片、花果、树皮；地下部分包括细根和粗跟）干重与植物高度直接的相关模型，计算每个植株各部位的干重。将各部位的干重相加得到整株植物的干重，把所有植株的干重相加，便得到整个样地乔木层植物的干重。

灌木技生物量的测定方法。乔木层基本一致。灌木一般只测定基部直径，而非胸径。

草本层生物量采用收割法测定。设置 10 个 2m × 2m 样方，将样方中的植物地上部分按种剪下，称鲜重和干重，挖出地下部分，冲洗烘干再称重。

（11）叶面积指数

叶面积指数是指 - 定投影面积上所有植物叶面积之和与投影面积的比值。它是反映植物群落生产力的重要参数。森林生态系统的叶面积指数测定一般采用冠层分析仪法或称重法。

4. 鸟类调查

（1）调查时间和频度

一年中在鸟类活动高峰期内选择数月进行观察，在每个观察月份中，确定数天进行连续观察，观察时段在鸟类活动的高峰期。

（2）调查方法

常用的方法有：路线统计法、样点统计法、样方法。观测工具包括标记木桩、计步器、望远镜和记录表等。

1）样带法（路线统计法）。根据监测区域的面积大小以及森林或生境的代表性，确定样带长度和宽度进行鸟类种类和数量的观察。如果行进路线为直线，限定统计线路左右两侧一定宽度（25m 或 50m），以一定速度（如 2km/h）行进，记录所观察到的鸟种类和数量，则可以求出单位面积上遇见到的鸟数，是一个相对多度指标。通常，肉眼或合适倍数的望远镜观察，有条件的地方或者必要的情形下可用数码摄像机拍摄观察。采用样带法应注意以下两点：调查者的行进速度要一定，行进过程不间断，否则间断时间要扣除掉；统计时要避免重复统计，调查时由后向前飞的鸟不予统计，而由前向后飞的鸟要统计在内。

2）样点法（样点统计法）。根据地貌地形、海拔高度、植被类型等划分不同的生境类型。在每种生境或植被类型内选择若干统计点，在鸟类的活动高峰期，逐点对鸟以相同时间频度（一般 5~20min）进行统计。也可以点为中心画出一定大小的样方（250m × 250m），进行相同时间的统计。样点应随机选择，择点的距离要大于鸟鸣距离。

简化的样点统计法即“线——点”统计法。统计法一般先选定一条统计路线，隔一定距离，如200m，标出一统计样点，在鸟类活动高峰期逐点停留，记录鸟的种类和数量，但在行进路线上不做统计。这种方法只是统计鸟的相对多度，可以了解鸟类群落中各种鸟的相对多度及同一种鸟的种群季节变化。

3）样方法。适合于鸟类成对或群居生活的繁殖季节，统计鸟种群或群落。在观察区域内，每个垂直带设置3~5个一定面积大小（如100m×100m）的样方，用木桩或PVC管做标记。之后，对样方内的鸟或鸟巢全部计数，并定期（隔天或隔周）进行复查。如果样方内植被稠密，能见度差，可以将样方分段进行统计。采用样带法应注意以下两点：为便于核查和下次复查，对样带、样点或者样方的调查线路、范围作用就标记，并按比例绘制反应植被、生境、鸟巢分布位置等的草图；记录其他说明资料，如周边建筑物、道路、河流、土地利用变化、自然灾害以及人为干扰等。

5. 大型野生动物调查

（1）调查地点

大型兽、中型兽的调查均采用样线调查法，在所围样方的对角线上进行。

（2）调查工具

路线图、GPS、望远镜、木板夹、计步器、油性记号笔。

（3）调查内容与方法

1）大型兽种类调查。根据不同兽类的活动习性，分别在黄昏、中午、傍晚沿样线以一定速度前进，控制在每小时2~3km，统计和记录所遇到的动物、尸体、毛发及粪便，记录其距离样线的距离及数量，连续调查3天，整理分析后得到种类名录。

2）小型兽种类调查。每日傍晚沿每一样线布放置木板夹50个，间隔为5米，于次日检查捕获情况。对捕获动物揭破登记，统一样线连捕2~3天。不同森林生态系统类型根据调查和研究需要，通常将样地面积大小设置有所不同。热带森林样方通常面积为40m×40m；亚热带森林样方为30m×40m；温带森林样方面积为20m×30m。样线的确定是配合样方进行的。在样方确定后，从样方的中心点向一组对角线的方向延伸约1km的长度。

注意事项：首先对大型兽类和鸟类进行调查，原因是其比较容易受其他调查的影响；其次是森林昆虫和小型兽类；调查完毕后应将布置在样方及其对角线延伸线上的所有夹板全部取回，以免发生意外；避免重复计数。

6. 昆虫调查

（1）调查地点

森林昆虫种类的调查是在样方中所确定的样线上进行。

（2）调查工具

黑光灯、昆虫网、采集伞、白布单、陷阱桶、毒瓶、三角纸袋、油性记号笔等。

（3）调查方法

根据昆虫的不同习性，采集不同的调查方法。

1）观察和搜索法。沿样线观察乔木活立木、倒木及枯死木以及灌木，树皮裂缝和粗糙皮下、树干内等，捕捉各种昆虫的成虫、幼虫、蛹、卵等。

2）网捕法。利用捕虫网捕捉会飞善跳的昆虫。

3）表落法。利用有些昆虫具有假死性的特点，突然猛击其寄主植物，使其落入网中。

4）诱捕法。利用昆虫的各种趋性捕捉昆虫的方法，又可分为灯光诱捕、食物诱捕等，可沿样线每隔一段距离放置不同的诱捕器具进行诱捕。沿着样线每隔 100m 布放 1 个陷阱桶，共 10 个陷阱桶。

5）陷阱法。可捕捉蟋蟀等地面活动的种类，可沿样线放置 10 个陷阱桶，每天统计捕获到地上活动的昆虫及无脊椎动物。

第七章 环境质量的生态评价

第一节 环境质量评价概述

一、环境质量与生态环境质量

（一）环境质量的概念

环境科学的核心是环境质量问题。环境质量是指环境素质的优劣程度。优劣是质的概念，程度是量的表征。要给出环境性质的定量标准，可通过积累大量有关环境的实际资料或监测数据之后，将环境的质和量结合起来。具体地说，环境质量是指在某一个具体范围的环境内，环境的总体或环境的基本要素对人群的生存和繁衍及社会经济发展的适宜程度，是反映人类的具体要求而形成的对环境的性质及数量进行评定的一种概念。

环境质量包括自然环境质量和社会环境质量。自然环境质量又包括物理的、化学的和生物的质量，根据不同的环境要素，又可进一步划分为大气环境质量、水环境质量、土壤环境质量、生物环境质量等。所谓物理环境质量是周围物理环境条件的好坏程度，自然界气候、水文、地质、地貌等条件的变化，人为的热污染、噪声污染、微波辐射、地面下沉以及自然灾害等均能影响物理环境质量。化学环境质量是指周围化学环境条件的好坏程度，如不同地区各环境要素的化学组成不同，它们的化学环境质量自然也不一样。人类活动排出的污染物所造成的化学污染可以降低化学环境质量。生物环境质量是自然环境质量的重要组成部分，它是指周围生物群落构成特点而言，不同地区生物学群落的组成和结构不同，其生物环境质量也有差别。社会环境质量包括经济的、文化的及美学的等方面。

环境质量首先是由环境本身质的特性所决定的，它与物理质量主要不同点是具有明显的时空变化，且受人类活动直接影响，并反过来对人群的生存及健康产生直接作用。因此，经常要求对不同环境的品质进行定量的描述和比较，为此人们规定了一些具有可比性的内容作为衡量环境质量的指标。人类在充分认识环境质量及其变化规律后，可对环境质量加以调控和改善。我国环境污染对环境质量的影响比较突出，其环境质量指标和标准多局限于进入环境的污染物及其含量水平上，因此，其还有待于不断充实、完善，使其能与社会、经济发展的指标构成一个统一的完整的指标体系。

（二）生态环境质量的概念

生态环境虽然相当于自然环境，但更强调与生物特别是人类有关的自然环境。具体而言，生态环境是指除人口种群以外的生态系统中，以不同层次的生物为主体所组成的生命系统。生态环境质量就是这个系统在人为作用下所发生的好与坏的变化程度，或者说生命系统在人的作用下的总变化状态。更进一步说，生态环境质量是从生态系统的层次上，研究系统各组分，特别是有生命组分的质量变化规律和相互关系，以及人为作用下结构和功能的变化情况。

以往对人类活动所影响的环境质量进行研究，侧重于由于污染造成的环境质量下降，确定的环境质量指标和标准仅限于进入环境的污染物及其含量水平。使用生态环境质量，体现了人们观念的转变和认识的深化程度。

二、环境质量评价的定义

环境质量评价是认识与研究环境的一种科学方法；它还是研究人类环境质量变化规律，评价人类环境质量水平，并对环境要素或区域环境性质的优劣进行定量描述的科学；也是研究改善和提高人类环境质量的方法和途径的科学。从广泛的意义上来说，环境质量评价是指对环境的结构、状态、质量、功能的现状进行分析，对可能发生的变化进行预测，对其与社会、经济发展活动的协调性进行定性或定量的评估等。在实际开展的环境质量评价工作中，通常是狭义地理解为对一切可能引起环境发生变化的人类社会行为，其中包括政策、法令在内的一切活动，从保护环境角度进行定性和定量的评定。

环境质量评价工作的核心问题是研究环境质量的好坏。目前它主要是以是否适合人类生存和发展（通常是以对人类健康的适宜程度）作为判别的标准，如可以用资源质量、生物质量、人群健康、人类生活等来衡量。从自然的角度来看，地球表面各种不同地带及不同地区的环境质量是有很大差异的，如从热带到寒带，从湿润地区到干旱的荒漠地区，由于不同经纬度地区的气候差异，导致温度、水分条件的变化，从而造成各区域的环境质量（包括物理的、化学的和生物的）不一样。从人类活动的影响来看，环境污染状况可以通过大量的环境监测和调查资料，采用环境质量综合指数，对环境质量进行评价。

人类利用各种资源和进行各项生产活动必然影响环境，这些影响可能是好的，也可能是不好的，甚至产生严重的破坏问题，使环境质量下降。其影响与危害的程度，只有对环境质量进行评价才能判断，也才能找到适当的对策。因此，通过评价可充分认识环境质量及其变化趋势，从而为控制和改善环境质量提供科学的依据。

环境质量评价涉及到环境质量基准和环境质量标准。环境质量基准一般定义为：环境因子在一定条件下作用于特定对象（如人或生物）而不产生不良或有害效应的最大阈值，或者说环境质量基准是保障人类生存活动及维持生态平衡的基本水准。环境质量标准是国家权力机构为保障人群健康和适宜生存条件，以及为保护生物资源、维持生态平衡，对环境中有害因素在限定的时空范围内容许阈值所作的强制性的法规。环境质量基准可按污染物同特定对象之间的剂量反应关系确定，不考虑社会、经济、技术等人为因素，不具有法律效力。环境质量标准则以环境质量基准为依据，并考虑社会、经济、技术等因素，经过综合分析制定的，具有法律效力，体现国家环境保护政策和要求。环境质量基准有环境卫生基准、水生生物基准等。环境质量标准有水质量标准、大气质量标准、土壤质量标准、生物质量标准等。

三、环境质量评价的类型

（一）按时间尺度划分

1. 环境质量回顾评价

根据已积累的某区域的历史环境资料，对该区域的环境质量发展演变进行评价。可一方面收集过去积累的环境资料，同时进行环境模拟，或者采集样品分析，推算过去的环境状况。它包括对污染物浓度变化规律、污染成因、污染影响程度的评估，对环境治理效果的评估等。如通过污染物在树木年轮中含量的分析可推知该地区污染物浓度的变化状况。此种评价并未在环境保护法规中有所要求，只是总结人为干扰造成环境破坏的教训，对目前与日后搞好环境监测与评价有所帮助。

2. 环境质量现状评价

环境质量现状评价是根据近几年的环境监测资料，依据一定的标准和方法，着眼当前情况，对一定区域内人类活动所造成的环境干扰和污染现状进行分析和评价。这样可以了解到当前的环境质量状况，以便在生产中或规划设计中适当地利用各项自然资源，尽可能地保护和改善生态环境。评价某一区域的环境质量，一般以国家颁布的环境质量标准或环境背景值作为依据。通过环境质量的现状评价，可以更好地分析和认识到环境质量变化的原因。

环境质量评价的区域范围，既可按环境功能划分，如一个城市、一个工厂、一个旅游区等；也可按自然条件划分，如一个流域、一块森林、一个平原等；还可按行政区划分，如一个县、一个乡等。环境质量现状可包括几个方面：①环境污染评价，指进行污染源调查，了解各种污染物浓度在种类和数量及其在环境中迁移、扩散和转化，研究各种污染物浓度在时空上变化规律，建立模式，说明人类活动所排放的污染物对生态系统，特别是对人群健康已经造成的或将要造成的危害；②生态环境评价指为维护生态平衡，合理利用和开发自然资源而进行的区域范围内的自然环境质量评价；③美学评价指评价当前环境的美学价值；④社会环境质量评价。

3. 环境影响评价，又称环境判断评价或环境影响分析

对建设项目或工程（如新建一个企业、水坝，开发一个旅游区等）、区域开发计划，以及国家和地方政策实施后可能对环境造成的影响进行预测和估计，并制定出预防环境破坏和环境污染的对策。它是将经济建设与环境保护密切结合起来的有效措施，也是强化环境管理的有效手段。

根据开发建设活动不同，可分为单个开发建设项目的环境影响评价、区域开发建设的环境影响评价、发展规划和政策的环境影响评价（又称战略影响评价）等 3 种类型；按评价要素不同可分为大气环境影响评价、水环境影响评价、土壤环境影响、生态环境影响评价等等。

（二）按环境要素划分

1. 单要素环境质量评价

按环境要素可分为大气质量评价、水体质量评价、土壤质量评价、生态系统评价、噪声评价等。

环境要素是环境结构的基本单元。目前，人们大都从环境要素来考察和表示环境质量的优劣。虽然环境要素，如水、空气、生物、土壤、岩石及阳光等，在形态和性质上各不相同，均有着一定的独立性，但各环境要素之间通过物质转换和能量传递两种方式密切联系，构成环境整体，即环境系统。因此，从生态学关于环境因子相互作用规律来看，只注重环境要素，而忽视它们之间的相互关系和相互作用，这样的环境质量评价是不完善的。

2. 环境质量联合评价

这是指对两个以上环境要素联合进行评价。如，地表水与地下水的联合评价，地下水与土壤的联合评价，土壤与森林更新的联合评价，地下水、地表水与土壤联合评价等情况。这种评价可以揭示污染物在两个或多个环境要素之间的迁移变化规律，阐明一种要素的污染或破坏对另一种环境要素的影响，以及反映各环境要素间的相互关系。

3. 环境质量综合评价

根据一定的目的，在各单项要素评价的基础上，对一个区域的环境质量总体的定性和定量的评定。也就是将所有环境要素综合起来构成一个整体进行评价。评价过程中选取能体现各环境要素的评价参数，如评价环境污染的参数、表现生活环境质量的参数、反映自然环境和自然资源演变及保护状况的参数等等。这样可全面地反映一个区域的环境质量状况，从而可为从整体上进行环境区划、环境规划与环境管理提供相应的依据。

（三）按区域类型划分

1. 城市环境质量评价

在综合考虑城市各环境要素的基础上，进行定量评价。从城市的外部特征看，城市构成各类独特的环境系统；就城市内部而言，各功能分区环境差异显著，如在工厂、交通干线、商业区、居民区、公园等，物质交换、能量流动的速度和形式也不相同。人口密度、绿地面积、公共设施、交通和家庭生活方便程度和文化教育设施状况等，都会影响到环境质量。

2. 流域环境质量评价

对整个流域的环境质量进行全面评价。目前主要对流域中的江、河、湖泊及水库的水体水质进行评价，确定其污染程度，划分其污染等级，确定其污染类型。评价的目的在于弄清现有水体的污染程度，以及将来的发展趋势，为进行流域的水源保护提供科学依据。

3. 旅游区环境质量评价

主要是针对该区域内自然景观和人文景观作单要素和综合评估。旅游区指具有观赏、文化和科学价值的山河、湖海、地貌、森林、动物、植物、化石、特殊地质、天文气象等自然景物和文化古迹、革命纪念地、历史遗迹、园林、建筑、工程设施等人文景观和它所处的环境以及风土人情等。因此，旅游区环境质量评价应从自然环境、社会环境、美学价值等多方面作综合评价。

其他还有农村或农场环境质量评价、林区或森林环境质量评价、开发区环境质量评价、湖泊或海洋环境质量评价、自然保护区环境质量评价等。

四、环境质量评价的内容与程序

（一）环境质量评价的内容

环境质量评价的内容随不同的评价对象和不同的评价类型而有所区别。如环境质量现状评价的主要内容一般包括：环境质量现状调查、评价参数的确定与评价模型的建立、评价的主要结论、对策与建议。环境质量影响评价的对象，如果是对环境有明显影响的开发项目，则其主要内容包括：环境质量的现状调查与评价，开发项目的概况，环境质量预测，环境质量综合影响评价与方案选择，以及编写相应的环境影响报告书。目前以污染为主的环境质量评价大致包括以下几个方面：

1. 污染源的调查与评价

通过对各类污染源的调查、分析和比较，研究污染的数量、质量特征，所有污染源的发生和发展规律，找出主要污染物和主要污染源，为污染治理提供科学依据。

2. 环境质量指数评价

用无量纲指数，即环境质量指数表征环境质量的高低，是目前最常用的评价方法，包括单因子和多因子评价，以及多要素的环境质量综合评价。当所采用的环境质量标准一致时，这种环境质量指数具有时间和空间上的可比性。

3. 环境用量的功能评价

环境质量标准是按功能分类的，环境质量的功能评价就是要确定环境质量状况的功能属性，为合理利用环境资源提供相关依据。

（二）环境质量评价的程序

根据环境质量评价的现有规定与经验，进行环境质量评价时，一般采取以下的程序。

1. 下达环境质量评价委托书

国家的一些部、局（如农业部、国家环保总局、国家林业局等）以及各省区都设有环境保护办公室、环境监测与评价中心（或实验室）。当某一单位（如某个企业）因建设需要，对某一项目进行环境质量评价时，需先与环境质量评价中心取得联系，委托环境评价中心进行该项目的环境评价，并下达环境质量评价委托书。在委托书中须说明环境评价的目的、任务及完成日期等内容。

2. 编写、评审环境质量评价大纲

承担建设项目环境评价的单位（如环境评价中心），需首先编写项目环境评价大纲。大纲的内容包括：建设项目概况、编制大纲依据与原则、评价范围、评价标准与方法、项目的现状调查、项目的环境评价、环境问题的防治对策及评价工作计划等。评价大纲编制出来后，就需要召开专家评审会议，对大纲进行评定，提出修改意见。

3. 进行环境质量评价的调查研究

在开展环境质量调查研究，进行环境评定时，一般按以下步骤进行。

（1）划定评价范围。评价范围依据评价对象而定，常以行政区为界。在对流域、风景区或森林环境进行评价时，则常以自然界线（山脊或河流等）为界，而且往往按流域的自然界线划定。当评定生态系统受损的程度时，由于烟气、废水会随着气流和水流弥散，会影响一大片，应按照任务与目的及污染弥散规律确定界线。

（2）确定评价内容。环境是由很多环境要素构成的，内容十分复杂。进行环境评价时，需根据任务与要求确定评价内容，尤其要抓准对评价目的起决定作用的要素。例如，对水资源利用进行的环境质量评价，评价内容必须包括自然、生态和社会、经济环境。自然环境中的水和土是评价工作中的主要研究内容。

（3）提出评价精度的要求。环境评价的对象不同，评价目的不同，评价范围不同，所要求的精度也不一样。评价精度是指根据不同的对象和目的，得出评价结论与实际的环境质量之间的差异。差异越小，则精度越高；差异越大，则精度越低。为了达到所要求的精度，可采用不同的取样密度进行评价。

（4）确定评价方法与途径。我国对有些要素的质量评价已有统一的方法，但有的却没有，应采用我国常用的评价方法与途径。野外取样调查与室内样品分析都必须按确定的方法进行。只有采用科学合理的评价方法，才能取得可靠的数据，才能与不同区域的数据进行比较，才能得到可靠的评价结果。

（5）资料收集与系统监测。除了突发事故引起环境的突然变化外，环境质量的形成需要经过一定的过程，即由量变到质变需要一定的时间，甚至相当一段时期。历史上积累的长期而系统的有关环境变化的资料是很重要的。从这些资料中，可以找出环境质量的形成、变化和发展规律，认识其环境质量的主要特点。因此，收集与分析长期的、现有的、系统的资料是环境质量评价中的一项重要工作。

现场调查与监测则可为评价环境质量现状提供有用数据。在资料不足的地区，现场调查与监测更应周密地考虑调查项目、测定时间与测定方法。但是，我们应认识到短期的、局部的调查测定数据有较大的局限性，在得出评价结论前，需要进行全面的考虑。

（6）数据处理与建立模型。将收集到的历史数据与实测数据，先进行整理，然后录入计算机进行统计分析，再求出所需的参数，建立模型，得出系列标准数值，从而找出环境质量形成、变化及发展的规律。在对一个区域与具体项目进行环境质量评价时，应考虑区域环境条件的特殊性，不可生搬硬套某一通用模式。

（7）做出评价结论，编写评价报告书。根据国家公布的环境保护法和制定的环保政策，以及环境质量标准和排污标准，对比分析各种资料、数据和初步成果，做出评价结论，最后依照编写大纲，来编制环境质量评价报告书。

五、环境质量的生态学评价

（一）生态环境质量评价

人们开发、利用、建设甚至破坏周围的生命系统，使它们发生了变化，对这些变化及其给人们的影响作出定量的分析及评价，称为生态环境质量评价。生态环境质量评价是环境质量评价的重要组成部分，从这个意义上讲，生态环境质量评价，就是依据生态系统结构和功能状态的优劣对环境质量进行评价的一种方法。生态环境质量评价的综合性很强，在指标的选取上也具有这个特点，如采用资源质量、生物质量、人群健康状况、生态系统的稳定性等尺度加以分析和判断。可见，生态环境质量评价是利用生态系统最综合、最本质的属性特征变化来评价环境质量，是目前较为理想的一种评价方法。因而，尽管有很大难度，但发展很迅速，已经对某些生态系统或区域生态环境的评价提出了许多较为成熟的指标体系。

（二）环境质量的生态评价

1. 生态评价的定义

环境质量的生态评价与生态环境质量评价有一定区别。本书将生态环境质量评价作为环境质量的生态（学）评价的一部分。环境质量的生态评价主要指采用生态学方法来评价环境的质量好坏，侧重于生态学的方法，当然也要以一般环境质量评价中的化学的、物理的指标、指数作基础和参照。如在未受人类干扰的自然环境中，从生态学的角度来看，不同的气候带地区对生物生存来说，具有不同的环境质量，因此，可根据不同地区的生物生产力等指标进行环境质量的生态评价。

然而，很多关于“生态环境质量评价”“生态环境质量分析”方面的文献很少涉及生态环境质量的实质性问题，如生态环境质量的定义、生态环境质量的基准、生态环境质量的标准等。有些文献也仅是以多样性指数、相似性或指示生物等指标来分析和判定生态环境质量。究其原因，主要是生态系统的复杂性和动态性增加了对其分析、评价的难度。但是，这方面的工作一直在进行和发展之中。种群指数增长方程、莱斯利（Leslie）方程、洛特卡—沃尔泰勒（Lotka-Volterra，1925，1926）方程的建立，使生态学由定性描述逐步发展为定量化分析。而关于生物种群内禀增长率的研究，给生态定量化奠定了重要基础，因而，也为生态环境质量的定量描述和环境质量的生态评价创造了良好的前提条件。

有的专著或教科书提出生物环境影响评价，并将生态环境质量与生物环境质量混为一谈。但严格来说，生物环境质量与生态环境质量是有区别的，通常前者多指由于环境因素的改变（自然的或人为的）而使生物的诸多指标发生异常变化。就环境质量的变化来说，生态环境要比生物环境具有更广泛的内涵，因为生态环境着眼于生态系统，而生态系统包括多种生物组成的生物群落及其非生物环境，与生物有着质的差别，如同群落与种群、种群与个体的区别一样。如美国的 L.W. 坎特（1982）在《环境影响评价》一书中，列举了生物环境影响的评价指标中，70% 以上是生态系统结构和功能指标，如生态系统的弹性、适应性、物种多样性、栖息地容量、种群密度、隐蔽场所、食物网指标等。有的将生物指标，如污染物和农药在生物体内的残留量，某些重金属等在农产品中的允许含量等也纳入生态环境质量的内容。实际上，生态指标不仅包括生态系统结构和功能指标，而且也应包括生物指标，因为生物体内某些物质的含量，以及生物因此而产生的某些特征，都是生物与周围环境相互作用、相互影响的反映。

综上所述，可以看出，采用环境质量的生态评价这一提法，将有助于避免由于对生态环境质量和生物环境质量的定义不统一造成的混乱，而又能将生态环境质量评价和生物环境质量评价这两者的内容综合在一起。

2. 生态指标的背景值

环境质量的生态评价过程中，可选择无人干扰，或干扰小的地段作为背景，以便对比、分析。生态背景在无人为干扰时存在，在有人为干扰时也存在，但是以前者作为背景所给出的评价与以后者作为背景所给出的评价是截然不同的。因此，在进行生态评价时，生态背景是一个基础问题。

在自然状态下，由于没有人为干扰，环境本身的状态是多种原因所造成的结果，并处于不断变化之中，如个体的生长发育、群落的正常演替、生态系统的发育等。这样，生态评价时将面临选择什么状态作为背景，如何度量背景及背景的优劣等问题。也就是说，即使在没有人为干扰的情况下，环境也会由于种群和群落结构的演替而导致质量变化，即背景质量的变化。对于这种变化过程，在生态学中已有很多定量研究，可将背景及其变化后的质量称为生态质量。生态质量的基准、划分等级、客观依据及数学模型等的阐明，是生态评价的基础，因此也是生态评价研究的重要组成部分。

（三）环境质量的生态评价目的与意义

环境质量的生态评价是环境质量评价的重要内容，也是环境质量评价的重要方法。它是生态学理论和方法在环境质量评价学的应用和发展，对于环境保护和社会经济的发展有着重要的意义。

（1）为生态规划方案的制定提供重要依据。在开展区域生态规划、城市生态规划和农村生态规划等过程中，应首先进行环境质量的生态评价这一项基础性工作。

（2）有助于从生态系统的角度，认识与人类及其他生物相关的环境质量状况及其发展变化规律，为资源的科学开发和环境管理提供相应科学依据。

（3）为区域规划与社会经济发展规划提供科学依据。通过一个区域环境质量的生态评价，不仅可以弄清生态环境质量变化的规律，而且还进行区域生态系统的分析，评价各种不同生态系统，如农田、水体和森林等对其质量的相互作用和影响，这将有助于科学地规划和决策。

第二节 环境质量评价的生态学方法

一、评价环境质量的生态学指标

环境质量的生态评价，是根据生物与环境之间的相互关系，对环境质量进行评价。环境因子的差异，或环境因子的变化（如污染），必然会影响到生物个体、群体以至整个生态系统结构、功能和外貌特征，因此，生物个体、种群、群落和生态系统在结构、功能和外貌等方面的特征和变化情况可反映各环境因子的生态效应。环境质量的生态评价以此为根据，即采用生态学的方法，选择评价指标。

在进行评价时，需要从生态因子的关系及变化中，选取可以标度整个环境系统或生态系统质的改变的参变量。任何生态系统都有其结构的时空变化，如群落结构、营养结构、优势种群的内部结构等；有它所特有的能量过程，如初级生产力、各营养级能量转化、系统内的能量积累、种群生物量等；另外，还有生态系统的其他效应，特别是对人类生存所需要的效应，如植被的释氧效应、固定光能的效应、吸收 CO_2 的效应、蛋白质生产和累积效应等；对于受污染的生态系统，还包括污染物在生态系统内的迁移、积累、富集，以及生态系统对污染的抵抗能力等。

由于生态系统由生物群落和非生物环境所组成，因此，采用生态学方法来评价环境质量，除选用一些生物学参数，还可选用生境参数作为评价指标。生物学参数包括生物，特别是植物的生长量、生物量、生产力、物种多样性等生态系统或群落指标。生境指标可包括土壤（有机质贮量、土壤水贮量）、水分（降水量、径流、蒸发量、湿度等）、温度（积温、极端温度等）、光（太阳辐射能、日照时数）、地形（海拔、坡度等），以及生物对环境的适应和反应。这些参数的综合，可作为一个区域与生物容量密切相关的环境质量的标志。当然，不同的评价目的，如污染环境的质量评价、自然生态环境的质量评价、生物的环境质量评价，应遵循生态学原则，选择不同的评价参数或指标。

二、生境指标

非生物环境因子及其时空变化都具有重要的生态意义，生物对这些因子的耐性、适应性及生态类型等都可作为生境指标。

由于生态系统的复杂性，确定生境指标有时便会很困难。例如，生物对环境中污染物的反应就具有很大的不确定性，这是因为：①污染的发生总是综合性的，各种污染物对生态系统各组分并非产生同样的影响，同样，生态系统各组分也并非对同一污染物产生同等的反应；②生物在不同生活史阶段的反应不同；③系统受污染后的效应往往在初期不易测出。由于生物生长过程比较复杂，影响因素多，使生物监测的应用受到许多限制。加上影响生物学过程的不仅仅是环境污染，还有许多非污染因素。因此，生境指标的应用还受到一定的限制。以下就以污染为主的生境因子的生物评价指标分述如下。

（一）大气污染的生物评价指标

由于植物对大气污染反应敏感，以及植物位置固定、管理方便等特点，大气污染的植物监测已得到广泛应用。而动物监测目前尚未形成一套完整的监测方法。因此，可根据植物对大气污染的反应，监测大气中有害气体的成分和含量，以了解大气环境质量状况。在生物监测的基础上，可进行大气环境质量的生物评价。例如，大气污染的综合生态指标，就是根据植物种类和生长情况选择一些综合性的指标作为评价因子，仔细观察记录这些评价因子的特征，以此划分大气污染等级。

又如，污染量指数法（IP）是通过分析叶片中污染物含量，监测大气污染，评价大气质量的一种方法，在大气污染的生态监测中已作相关介绍。

也有将微生物学指标应用于评价空气质量。可用细菌总数和链球菌总数来评价空气微生物污染状况。但目前对于空气中微生物数量的标准尚无正式的规定。可参考空气污染的生态监测中空气微生物污染的评价指标。

（二）水环境质量的生物评价指标

水生生物与它们生存的水环境是相互依存、相互影响的统一体。水体受到污染后，对生存于其中的生物产生影响，生物也对此作出不同的反应和变化，其反应和变化是水环境评价的良好指标，这是水环境质量生物学评价的基本依据和原理。生物体内污染物的残留量和富集系数，从一个方面体现了生物对环境的适应和反应。

（三）土壤环境的生物评价指标

土壤被污染，主要是土壤引起了生物的某种反应。所以，可根据生物的情况，来判断土壤污染。

1. 植物反应

常根据植物（林木与林下植物）的叶片长势和产品品质来衡量土壤污染状况。例如，砷污染的土壤，其生长的植物首先表现新“功能叶”的萎缩，继而阻止植物根部与顶端的生长。桃受砷毒害，最易使叶边缘由褐变红，以后扩散到叶脉间，叶面上死组织脱落，好像射孔；砷害严重时，果实产量下降，果实变小收缩。银污染的土壤所生长的植物，最初没有表现，以后叶片才失绿，与缺铁相似。柑橘受毒害，与缺锌相似，较严重时，整个植株死亡。

2，残留量与累积量

利用植物的重金属累积量（Cp）和农药残留量（Rp），或者分别用它们与土壤中重金属累积量（Cs）和农药残留量（Rs）之比，即为Cp/Cs或Rp/Rs；或用植物对重金属或农药的吸收率（吸收能力）作为土壤质量评价指标（但需注意：同一土壤中，不同植物对重金属与农药吸收和累积的能力不一样，同一树种的不同部位累积或残留的重金属、农药量也不同）。

评定不同土壤的污染程度，需采用同一作物，将同一作物部位的重金属累积量以及农药残留量进行比较。

3. 杀菌度（B）

土壤中重金属和农药对土壤微生物有杀伤作用。根据杀菌度（B）可评定土壤污染的程度。

（四）生物标志物

近年来，环境中化学污染物所导致的生物体内的生物化学和生理学改变越来越多地被运用于监测和评价化学污染物的暴露及其效应。许多环境科学家把这些生物化学和生理学改变称之为生物标志物。有人将这一术语泛指在任何生物学水平上用于测定污染物暴露和效应的指标，其中包括亚个体、个体、种群、群落和生态系统。但目前普遍赞成应用的生物标志物的概念是指动物、植物和微生物在亚个体和个体水平上既可以测定污染物暴露水平，也可以测定污染物效应的生理和生化指标。

生物标志物种类很多，其分类有多种方法。应用最广的是将其分为暴露生物标志物和效应生物标志物。暴露生物标志物指示化学污染物在生物有机体内的暴露，但不显示发生这种变化所造成的不利效应的程度，如污染化学物在体内的代谢产物及其浓度。效应生物标志物可以证明化学污染物对机体的不利效应，如使乙酰胆碱酯受抑制。此外，有些标志物既是暴露标志物，也是效应生物标志物，如DNA加合物，因为DNA加合物的形成既表明生物对遗传毒物的暴露，也表明可能导致的不利效应。

生物标志物的特异性差异很大。高度特异性和非特异性生物标志物在化学品危害的监测和评价中都有应用价值。例如，血红蛋白合成中的氨基乙酰丙酸脱氢酶（ALAD）仅被铅抑制，是特异性高的生物标志物，采集水鸟血样测定ALAD活性，可以确定水鸟受铅毒害的状况，但不能反映任何其他污染物存在的信息。乙酰胆碱酯酶（AChE）特异地受有机磷和氨基甲酸酯农药的抑制。在大脑中这种酶受抑制可导致个体死亡，这比测定农药残留简单、可靠。测定农药残留常有困难，因为这些农药在体内很快分解，但要确定是哪一种农药引起的反应，必须进行化学分析。混合功能氧化酶的诱导可由多种化学品引起，尽管它的特异性不强，但还是一种机体受有机污染物影响的有效指标。

监测和评价的目的之一是要在最早期阶段发现污染物的危害。利用污染物导致个体水平上变化（如死亡）和种群、群落水平上的改变（如种群消失）监测污染，这些改变是污染物造成的晚期影响，这样的监测为时已晚。而生物标志物是污染物作用于生物机体的早期反应，应用其进行监测能在最早期阶段发现污染物的危害，起到“预警”系统的作用。由于生物化学反应和生理作用在不同种之间具有相似性，以一个物种的生物标志物的测定结果，来预测污染物对另一个物种的影响更加准确和精确，可以应用低等物种来预测高等物种，甚至人群。例如，乙酰胆碱酯酶的抑制，在低等和高等动物神经传导过程中，乙酰胆碱酯酶的作用方式和生理功能基本类同，因此，可以以一个物种的乙酰胆碱酯酶的抑制预测有机磷农药对每一个物种的影响。但如果以死亡率指标来预测，则在种间存在着很大差异。生物标志物在环境监测和评价中还可以反映在特定环境中的生物体在生理上是否正常，这与人类医学上的临床生化测定法的应用相似，可反映个体是否健康和是否恢复到正常，起到环境诊断作用。

三、种群或群落指标

根据对评价区域生物的区系组成、种类和物种多样性、种群年龄结构、生态分布、群落结构特征、资源情况等特征的调查和描述，选择适当的评价指标。

建群种指标是一个重要的群落指标。目前，一般以建群种的密度、多度、百分比、平均高度、总生物生产量等若干指标来刻画建群种水平，取其中一种或多种指标作为衡量环境质量，包括生态质量的一个标度。如生态质量以顶极群落时的密度、多度等为 1，以群落初始状态时为 0，经过科学分析比较，给出科学的相对划分的阶段。

在评价生态系统时，多样性的概念已得到广泛的应用。因为物种多样性与稳定性有统计相关性，所以生态系统的评价常考虑物种的多样性。而稳定性是指生态系统在受到外界压力后恢复到平衡的能力。生态系统的多样性程度高，物种间的相互关系就会很复杂，对于调节外界压力有许多可选择的途径，这些也许是稳定性与多样性相关的原因。尽管大量的数据表明稳定性与多样性的相关性，但这种因果关系是否存在却仍有众多争论，但物种多样性在环境影响的生物评价中仍得到高度的重视。

稀有物种与物种多样性有关。但是，稀有物种本身已逐渐作为生物评价的一个指标，并具有相当重要的地位。保护稀有物种和生境的理由，一是关系到生态系统对气候及其他环境因子变化的应变能力。物种中“遗传变异性”越大，物种范围内的遗传模式也就越多，能够忍受剧烈环境变化的可能性也就越大。另一理由是至今尚不清楚数百万种动植物在将来的潜在的实际价值。

稀有物种及所在的生境在娱乐、教育和科学等方面的价值已得到充分证实。保护稀有物种和生境在保持生态系统完整性方面有时具有间接的，但却是重要的作用。生态系统中一个独特物种的消失，也许暂时不会造成严重影响，但要预示其后果常常是不可能的。生态系统中消失的物种越多，其功能被严重削弱的可能性也就越大。据研究表明，在最近的 2000 年中，已经灭绝的全部物种中，一半以上是在过去数十年发生的；一部分是污染所致，主要原因是缺少适宜的生境。

群落结构指标包括种群内部组成、种之间的百分比、种的数量等等。如果以这些指标作为度量生态质量的一个或几个标度时，同样也必须要进行归一化处理，确定最大最小基准值，然后再划分等级。

（一）生境评价的群落学方法

在评价一个生境对一个特定动物物种的适宜性，可以通过分析区域植物特征及各种物理和化学特征来确定。生境适应性与生物学上的承载能力概念相联系。这里的承载能力是指某一区域所能维持某种物种的最多个体数。生态评价要求“评价生境条件的改变是怎样影响一个地区对某物种的潜在维持能力。但提供一个适宜的生境本身并不能保证物种以最大可能的密度水平发展。”生境评价的程序大致如下所述。

第一步，评价范围的确定。既可以是陆地群落所在地，如草地和常绿灌木林地；也可是具有一定物理化学性质的水域。然后再根据经济和生态方面的考虑来选定“评价物种”。例如，某物种因为在娱乐性钓鱼和狩猎方面有极高的价值，或因为它在生态系统活动中起着关键作用，都可以选作“评价物种”，还可包括几种不同的物种。

第二步，基准生境或背景值的选择。在特定项目实施前，在一定区域内土地和水等的使用未发生改变时的生境特征，可作为基准生境或背景值。生境的影响评价则要预测将来的状况，即在特定项目作用下最可能出现的未来生境情况。

第三步，生境单位（HUS）的计算。生境单位是以土地面积乘以生境适宜性指标（HUJ）来计算的。生境适宜性指标是根据生境条件的描述和最优生境的概念来计算的。最优生境定义为维持某种评价物种最大密度的生境。对任一特定物种，其基准生境条件下的生境适宜性指标，等于基准生境条件除以最佳条件。在影响评价中，对各种未来条件下的生境适宜性指标值可以用类似的计算来确定。生境适宜性指标为 1，表明该生境对该物种是理想的，相反，生境适宜性指标为 0 时，则表示完全不适宜。

如何计算生境适宜性指数和生境单位，可举例说明如下。渔业和野生动物部门曾将红尾鹰作为评价物种，在对已有科学资料分析的基础上，在确定作为红尾鹰生境地的草地的适宜性时，起着最重要作用的是下面 3 个变量：

V1—草本植物的覆盖百分数；

V2—76.2~457.2mm 高的草本植物覆盖百分数；

V3—每 0.405hm^2 胸高处直径大于或等于 254mm 的树木数。

用群落学方法进行生境评价的不足之处在于，物种定向显得狭小，不能很好地反映物种多样性和生态结构及其功能。另外，生境评价采用的许多数学关系式并不具有科学严谨性，如在实际中的适宜性指数曲线经常表示的是渔业和野生生物专家的定性判断。尽管存在这些不足，生境评价依然提供了组织有关生境适宜性方面的科学资料的方法，并用于资源环境的规划中。

（二）水质评价的群落学方法

1. 指示生物法

指示生物是指环境中对某些物质（包括进入环境中的污染物）能产生各种反应或信息，而被用来监测和评价环境质量的现状和变化的生物。根据对水环境中有机污染物或某种特定污染物敏感的或有较高耐受性的生物种类的存在或缺失，来指示其所在水体或河段内有机物或某种特定污染物的多寡或分解程度，即指示生物法，这是最经典的生物学评价水质的方法。最好是选择生命周期长，比较固定生活于某处的生物作为指示生物，因它们能在较长时间内反映所在地的综合环境。在静水中，一般选用底栖动物或浮游动物，在流水中则主要选取底栖生物和着生生物，鱼类也可作为指示生物。大型无脊椎动物符合指示生物的要求，一般体型较大，肉眼可见，较易采集和鉴定，通常是应用较多的指示生物。它们中的大多数运动能力不强，常固定生活于某处，种类数量多、分布广；它们不仅可以反映水体中水质的状况，也能反映沉积物的质量状况。水体严重污染可用颤蚓类、细长摇蚊幼虫、绿色裸藻、静裸藻、小颤藻等作为指示生物；中等污染的指示生物有居栉水虱、被甲栅藻、四角盘星藻、环绿藻、脆弱刚毛藻、蜂巢席藻和美洲眼子草等；水体清洁的指示生物是纹石蚕、扁蜉和蜻蜓的稚虫及田螺、时状针杆藻和簇生竹枝藻等。

在不同属或不同种的某一类水生物中，多数对某种污染的敏感或耐受程度较相似，但是要应用指示生物法更精确地评价水质，最好将所用指示生物鉴定到种，因每一大类中各种不同生物对污染的敏感或耐受程度并不完全相同。各种水生生物虽然有一定的适应范围，但其种类和数量的分布不单纯决定于污染，其他环境条件如地理、气候以及河流的底质、流速等对水生生物生存和分布也有影响。

2. 污水生物系统

克尔威茨（Kolkwitz）和马森（Marsson）在1908年和1909年提出了污水生物系统，在进行水污染的生物监测和评价中起了重要作用。他们在调查后发现，由于受河流自净过程的影响，从污染河段起自上游往下游形成一系列在污染程度上逐渐减轻的连续带，每一带都生存有大体上能够表示这一带特性的动物和植物。从而可以根据一条河流中一定区域内所发现的动物区系和植物区系来鉴别该区域的有机物污染程度。按污染程度，该系统将河流分为多污带（严重污染的河段）、中污带（中等污染的河段，又分 α- 中污带和 B- 中污带）、寡污带（有机物全部被分解自净的河段）。

虽然该系统主要凭调查者经验，根据动植物种类来推断污染程度，而缺乏严格的定量分析数据，但由于简单易行，确实能说明一定的问题，迄今仍被广泛地应用。主要应用对象是被生活污水污染的水域，在重金属和其他工业污水引起的污染水域的应用问题尚需进一步研究。

3. 生物指数

评价水质用的生物指数主要是依据不利环境因素，如各种污染物对群落结构的影响，用数学形式来表现群落结构以指示环境质量状况，包括污染在内的水质变化对生物群落的生态学效应，主要有 6 个方面的指标：①指示生物，如对某种污染物敏感或有耐受性的种类的出现或消失，导致群落结构的种类组成变化；②群落中生物种类数在污染加重的条件下减少，在水质较好的情况下增加，但水质过于清洁的条件下由于食物缺乏也会导致种类数的减少；③组成群落的个别种群变化（如数量变化等）；④群落种类组成比例的变化；⑤自养—异养程度上的变化；⑥生产力的变化（又可作为生态系统功能指标）。

每种生物指数仅能反映上述 6 项中的某几种信息，所以最好用几种不同的生物指数来进行综合评价。

（1）培克生物指数：该指数在第八章中已作介绍。以这种方法计算生物指数，要求调查采集的各监测点的环境因素力求一致，如水深、流速、底质、有无水草等。Beck 生物指数大于 10 时为净水；指数 1~10 为中等污染；指数等于 0 为重污染。

（2）硅藻生物指数：用河流中的硅藻的种类数计算生物指数，其计算公式为：

$$I=(2A+B-2C/A+B-C)\times 100$$

式中：A——不耐污的种类数；

B——对有机污染无所谓的种类数；

C——在污染区内独有的种类数。

（3）颤蚓类一底栖动物生物指数：用蚯蚓类与全部底栖动物个体数量的比例作为生物指数。

I= 蚯蚓类个体数 / 底栖类动物个体数 ×100

（4）水生昆虫与寡毛类湿重的比值：由金（King）和鲍尔（BaH）（1964）提出，作为生物指数来评价水质。这种方法无须将生物鉴定到种，仅将底栖动物中昆虫和寡毛类检出，分别称重，按下式计算：

I= 昆虫湿重 / 寡毛虫湿重 ×100

I 值越小，表示污染越严重；反之，表示水质越清洁。

（5）特伦特（Trent）生物指数：是一种经验指数，按调查所得样本中大型底栖无脊椎动物的类群总数，以及属于 6 类关键性生物类群的种类数，来确定其生物指数。这一方法中的生物类群鉴定并不要求一一鉴定到种，仅需统计种的数目多少。

（6）钱勒（Chandler）计分系统：钱勒依据种类和多度随水质恶化而减少以至消失的次序来计分。多度分成 5 个级别，即每 5 个最小样本中个体数 1~2 个为出现，3~4 个为少有，11~50 个为普遍，51~100 个为多，超过 100 个为非常多；对污染敏感性高的种类群记分多，耐污性强的记分少。钱勒列出一个不同种类的详细记分表，然后计算调查地点内各类群生物的总分 C 总分为 0，若没有大型无脊椎动物，表示严重污染；45~300 为中等污染；300 以上为轻度污染。总分越高表示污染越轻。

（7）污染评价均值：依据底栖生物群落的定性和定量资料计算污染评价均值，这是捷克的泽林卡马文于 1961 年首先提出的一种方法。各种生物的污染价表示它们在不同污染带内出现的相对频度，但它并非表示在各不同污染带内的个体数，仅表示该种生物指示各污染等级的相对重要性。无论哪一种生物，其污染价的总和均为 10。一种生物的污染价越是分散在各污染带，则它作为污染指标的价值就越低；相反，污染价越是集中在一个污染带内，则它作为污染指标的价值就越高。据此，他们又给每种生物一个个体污染指示价，其值最高为 5，最低为 1，值越大则表示其作为污染指标的价值越高。

对水体污染等级的划分根据一个调查地点生物的定性定量资料，再参照每一个种的污染价及个体污染指示价按下列公式计算调查地点各污染带的污染评价均值。

4. 种的多样性指数

多样性指数是生物群落中种类与个体数的比值。在正常水体中，群落的结构相对稳定，水体受到污染后，群落中敏感种类减少，而耐污种类的个数则大大增加，污染程度不同，生物群落变化也不同。所以，可以用多样性指数来反映水体污染状况，为水质评价提供一种新的途径，常用的多样性指数有以下几种。

（1）香农——韦弗（Shannon-Weaver）多样性指数 H'：H' 值在 0~1 时为重污染，1~3 时为中度污染，＞3 时为轻污染至无污染。

（2）辛普森（Simpson）多样性指数 D；D 值越大，表示污染越轻。

（3）格利森（Gleason）和马格列夫（Margalef）多样性指数。

（4）凯恩斯（Cairns）连续比较指数。

连续比较指数是凯恩斯（Cairns）在 1968 年为非生物学工作者在河流污染研究中估计生物多样性的相对差异性而提出的一个简化方法。以组数除以标本个体数，这里的组数并非生物学上的种或属数，而是镜检时，从左至右或从上向下将相邻个体加以比较，只要相邻两个体形态相同均为一组，形态则不一定按生物特征来细分。如果相同的另一组个体为一不相同的个体所隔，又看到与前一组相同的个体，则认为另一组。如此连续比较 200 个个体，即可算出组数。一般认为多样性指数小于 1 为重污染带；1~3 为污染带；大于 3 为寡污带。

四、生态系统结构和功能指标

这里包括生态系统的营养结构，初级生产力，各营养级的能量、吸收、转化、积累及生产力，生物量等；进入或作用于生态系统的异常因子的迁移、积累、富集，以及生态系统对于这些因素作用的抵抗能力、生态系统稳定性等。

在一定的时间区间和空间范围内，生态系统总具有综合的相对稳定的特性，这种综合性往往与特定的食物网有着不可分割的联系，于是形成复杂的网络。这个网络具有相对稳定的组成成分，各组分之间有着一定数量比例，能量与物质在网络中年复一年地传递和循环等固有特性。这个网络的固有特性如果可以度量时，它应该具有量的特征，呈不断变化状态。精细考察它是不可确定的，但是经过统计研究后，可以定量地分析，并确定其相对稳定性，从而可以度量它。

生产力是反映一个生态系统内物质循环和能量流动的一个指标。分析生态系统中生物种群或群落的物质代谢及能量流动的动态，以有机物的生产过程和分解过程的强度为依据评价环境质量，是生态学常用的方法，如水体被污染的程度，常有以下几种方法。

（1）P/R 值：根据群落的初级生产量 P 和呼吸量 R 的比率划分污染等级。P/R 值在水质正常时一般为 1 左右，如偏离过大，则表明受到污染；在自寡污带至中污带这一阶段，随有机污染程度的提高，外来有机物增多并被矿化，初级生产量随之提高，P/R 值也随之增大，至 α-中污带达最高；以后有机物污染程度继续提高，P 值反而下降，直到严重污染时降至 0。

（2）自养指数（IAI）：

IAI= 去灰分重（mg/m^3）/ 叶绿素（mg/m^3）

IAI 在 50~100 表示所在水体未受污染，大于 100 则表示受到污染。

第三节　环境质量现状的生态评价

一、环境质量现状的生态评价基准与标准

（一）生态评价的基准与刻度

研究一个物理系统时，有时必须确定其初始状态，才能比较物理量的变化。进行生态评价时，经常要给出初始状态，以确定其质量的基准。一般的基准值，都是以 0 或 1 表示。这里的 0、1 是最小基准值。最大基准值可根据实际情况或人们的需要而定，也可借助于概率论上的概念，取 0 为最小基准值，取 1 为最大基准值。

按照前述的生态学方法，需要从多方面选取标定环境质量的生态参数或参量。即通常所说的确立指标体系。这种体系可能仅含一个参量序列，也可能需要多个参量序列。若是后者，就有一个如何由多个参量来决定环境质量基准值的问题。

如果环境质量为 0，则必然是由 N 个参量皆与 0 有关；或至少有一个参量 A 为 0，且其他参量与 A 有相乘的关系。

这里所说的最小基准值 0，或最大基准值 1，是一个相对标度。分析者为了某一目的，首先选取初始状态。可定义初始状态的所有参量的值为 0 或 1，然后再确定终极状态值为 1 或 0。在此基础上，可以进一步划分环境质量的刻度。

如生态环境质量的刻度，是将生态环境质量的极大值 1 与最小值 0 之间划分为若干个状态，每个状态可习惯性地称其为一个刻度。

（二）生态评价的标准

生态评价的对象是生态系统。由于生态系统不同于大气和水那样的均匀介质和单一体系，是一种类型和结构多样性很高，地域性特别强的复杂系统。因而评价的标准体系不仅复杂，而且还因地而异。

评价时是分层次进行的，评价标准也是根据需要分层次确定的，即系统整体评价有整体评价的标准，单因子评价有单因子评价的标准。

目前除国家已制定的标准和行业规范与设计标准之外，生态评价的标准大多数还尚处于探索阶段。

1. 标准来源

可参考下列水资源保护或开发建设的项目的评价标准。

（1）国家、行业和地方规定的标准。国家已颁布的环境质量标准如农田灌溉水质标准、保护农作物大气污染物最高允许浓度、农药安全使用标准、粮食卫生标准、渔业水质标准（GB Ⅱ 607—89），以及地面水、生活饮用水、海水水质标准等。

行业标准指行业发布的环境评价规范、规定、设计要求等。

地方政府颁布的标准和规划区目标，河流水系保护要求，特别地域的保护要求，如绿化率要求，水土流失防治要求等，均是可选择的评价标准。

（2）背景或本底标准。以评价区域的环境背景值或本底值作为评价标准，如区域植被覆盖率，区域水土流失本底值等。有时，亦可选取建设项目实施前所在地的生态环境背景值作为评价标准，如植被覆盖率、生物量、生物种丰度和生物多样性等。

（3）类比标准。以未受人类严重干扰的相似生态环境或以相似自然条件下的原始自然生态系统作为类比标准；以类似条件的生态因子和功能作为类比标准，如类似条件的生物多样性、植被覆盖率、蓄水功能、防风固沙能力等。

（4）科学研究已判定的生态效应。通过当地或相似条件下科学研究已判定的保障生态安全的绿化率要求，污染物在生物体内的最高允许量，特别敏感生物的环境质量要求等，亦可作为生态评价中的参考标准。

2. 选取评价指标值的基本原则

（1）可计量。能通过数量化指标反映生态系统结构或其环境功能。

（2）先进性或超前性。特别是能满足区域可持续发展对生态环境的要求。例如，选取区域背景绿化率作指标时，应考虑未来的环境功能需求，在植被覆盖率不高而生态环境质量较差或在生态脆弱地区，其指标值应高于背景值。

（3）地域性。生态系统的地域性特征使得生态环境质量评价不宜采取统一的标准或指标值，而应根据地域特点科学地选取。如山区的植被覆盖率应当高于平原区，才能有效地防治水土流失。

3. 标准的应用问题

在生态评价中，所有能反映生态系统功能和表征生态因子状态的标准及其指标值，可以直接用作判别基准；大量反映生态系统结构和运行状态的指标，有时需借助一些相关关系经适当计算而转化为反映环境功能的指标，方可作判别标准。例如，植被覆盖率可直接用于生态环境优劣的判别，亦可用于计算水土保持功能。在综合评价中，还常常需要选取一组指标进行量化比较，由类比对象（或本底）得到的综合指标值就可与其作比较，以评价环境的现状或变化趋势的好与坏。

二、环境质量现状的生态评价指标体系

生态评价是根据合理的指标体系和质量标准，运用恰当的生态学方法，评价某区域环境质量的优劣及其影响作用关系。如果依据的是系统现状的生态系统信息，则为生态现状作评价；如果应用了生态环境变化的预测信息进行评价，则为生态预断评价；如果目标是评价环境质量变化与工程对象的作用影响关系，则可称为生态影响评价。

无论哪种生态评价，对生态系统的评估指标体系以及环境质量的生态学量化描述都是关键。它需要比较详细地对构成生态系统的因子和体系结构的了解与必要的实验以及调查研究。

为了说明有关概念和方法，下面以西北地区生态环境质量评价指标体系选择问题为例。

1. 选择指标体系的原则

能够反映对生态环境影响的因子集，特别是能反映生态环境质量最主要的方面及特点；既能作单项分析，又便于综合分析；有反映生态系统变化的指标；数据便于获取，概念比较直观，易操作。

2. 指标体系的建立

西北地区的生态系统一般有高原山区、河湖、林木植被、草场、人工灌区及人类居住区、荒漠或沙漠区等类型。其中，所有的生物（林木植被、草场植被、人工灌区农作物、动物和人类）都直接与水资源的供给和气候地理环境联系，其生态环境质量是通过生物与环境综合作用的后果（输出）反映的。例如，目前西北地区存在的主要生态环境问题有：①山区森林资源消耗量大于生产量；②平原荒漠林与河谷林锐减；③草场退化；④河流萎缩，湖泊干涸或湖面缩小；⑤沙漠化加剧；⑥水土流失；⑦农田用地失调，肥力下降，土壤次生盐渍化严重。

这些环境问题可作为衡量生态系统质量的说明与判别标准。导致生态环境质量发生变化有多种原因。例如，自然原因有地理与气候条件、水文水资源供给状况等。人为的

原因有人类活动耗水量的增加、城镇工农业开发、排污量的增加等方面。

因此，西北地区生态环境评价指标体系由生物变化因子集体系（如森林植被、草场等）、环境及制约因子集体系（如水资源、气候等）、后果变量因子集体系（如草场退化、土地沙漠化等）3部分组成。

在确定好生态环境评价指标体系后，针对具体的研究对象，划分每个分区系统的生态环境评价指标体系，如高原山区生态环境评价指标体系、河湖生态环境评价指标体系、自然绿洲生态环境评价指标体系、荒漠区生态环境评价指标体系。最后，进行西北地区的大系统生态环境评价的综合，这是个典型的大系统分析评价问题。

三、环境质量现状的生态评价内容

现状评价是将生态分析得到的重要信息进行量化，定量或比较精细地描述生态环境的质量状况和存在的问题。生态现状评价一般按两个层次进行评价：一是生态系统层次上的整体质量评价；二是生态因子层次上的因子状况评价。这两个层次上的评价都是各由若干指标表征的。环境质量现状的生态评价的主要内容如下。

（一）生态因子现状评价

一般评价内容是。

1. 植被

应阐明植被的类型、分布、面积和覆盖率、历史变迁及原因、植物群系及优势植物种，植被的主要环境功能，珍稀植物的种类、分布及存在的问题等。

植被现状评价应以植被现状图表述。

2. 动物

应阐明野生动物生境现状，破坏与干扰，野生动物种类、数量、分布特点，珍稀动物种类与分布等。动物的有关信息可从动物地理区划资料、动物资源收获（如皮毛收购）、实地考察与走访、调查，从生境与动物习性相关性等获得信息。

3. 土壤

应阐明土壤的成土母质，形成过程，理化性质，土壤类型、性状与质量（有机质含量，全氮、有效磷、钾含量，并与选定标准比较以评定优劣），物质循环速度，上填厚度与容重，受外界环境影响（淋溶、侵蚀）以及土壤生物丰度、保水蓄水性能和土壤碳氮比（保肥能力）等以及污染水平。

4. 水源评价

分地面水和地下水评价，内容主要是水质和水量两个方面。水质评价是污染性评价的主要内容之一。生态评价中水环境的评价也有两个方面：一是评价水的资源量，如供需平衡、用水竞争状况和生态用水需求等；二是与水质和水量都有紧密联系的水生生态评价。在有养殖和捕鱼业，以及珍稀水生生物的水环境评价中，水生生态状况的评价尤其重要。

（二）生态系统结构与功能评价

不同类型的生态系统很难进行结构上的优劣比较，但可借助于生态制图，并辅之以文字描述，阐明生态系统结构和运行状况，亦可借助于景观生态学的评价方法进行结构描述，还可通过类比分析定性地认识系统的结构是否受影响等。

生态系统功能可以定量或半定量地评价。例如生物量、植被生产力和种群量都可定量地进行表达；生物多样性亦可量化和比较。运用综合评价方法，进行层次分析，设定指标和赋值，可以综合地评价生态系统的整体结构和功能；许多研究还揭示了诸如森林覆盖率（或城市绿化率）与气候的相关关系，利用这些信息亦可评价生态系统的功能。

（三）区域生态环境问题评价

一般区域生态环境问题是指水土流失、沙漠化、自然灾害和污染危害等等。这类问题亦可以进行定性与定量相结合的方法来评价。用通用土壤流失方程可计算工程建设导致的水土流失量；用侵蚀模数、水土流失面积和土壤流失量指标，可定量地评价区域的水土流失状况；测定流动沙丘、半固定沙丘和固定沙丘的相对比例，辅之以荒漠化指示生物的出现和盖度，可以半定量评价土地沙漠化程度；通过类比，可以定性地评价生态系统防灾减灾功能（如削减洪水，防止海岸侵蚀，防止泥石流、滑坡等地质灾害）。

（四）生态资源评价

无论是水土资源还是动植物资源，因其巨大的经济学意义，一般都有相应的经济学评价指标。例如，土地资源需进行分类，阐明其适宜性和限制性，现状利用情况以及开发利用潜力；耕地分为等级，并可用历年的粮食产量来衡量其质量，评价中应阐明其肥力、通透性、利用情况、水利设施、抗洪涝能力、主要受到的灾害威胁等；草原可根据其产草量和可利用性，定量地分为 8 等 24 级。木材、药材、建材等动植物资源，亦有相应的经济计量方法。一般而言，环境质量高，其资源的生产率亦高，经济价值相应也高。因而，有些生态经济学方法也可引入到环境评价当中。

四、环境质量现状的生态评价实例

（一）森林环境质量的生态评价

由森林所构成的生态系统，其环境比其他任何生态系统都复杂得多。森林生态系统的结构时空变化非常大，如在空间上，树高可达数十米，根系达地下数米至 30 多米深；在时间上，有的树种与群落可以生活数百年。森林又有最多的层次结构与复杂的成分和年龄结构，因而森林生态系统内的营养结构也最为复杂，系统内的能量积累、初级生产力都很大，生物量比任何生态系统都大。由于森林的种群与群落演替十分显著，森林生态环境随森林生态系统的结构变化而发生很大的改变，因而测定起来相较于其他更为困难。

1. 参量的选择及其数量表征

应从森林生态系统本身的生命成分中选取可以标度整个系统质的改变的参变量，如属于生态系统结构方面的营养结构、群落结构，甚至涉及优势种或建群种的种群结构，种群年龄结构等；属于能量过程的初级生产力、各级能量转化和能量积累、总的生产力、生物量等。另外，进入或作用于生态系统的异常因子的迁移、积累、富集，以及生态系统对于这些因素的抵抗能力也是必须考虑的。在具体地对一个森林生态系统的状况进行质量分析时，应考虑群落结构，主要树种的年龄结构，上层立木、林下植物（灌木、草本、低等植物）的单位面积生物量，建群种的年生长量，汞、铜、锌、硫、酚等元素在优势树种与优势下木、草本中的含量，建群种的最大环境容纳量等几个方面。这几个方面各为一个生态参量，然后将这些生态参量综合在一起来刻画生态质量。

2. 森林的环境质量评价模型

由于生态组分的多样性，加之生态环境质量的研究文献较少，目前，很难确定一个具有普遍性能的评价模型。在这里只选取一个较为有意义的模型作为评价的例子。

所选的模型是一个物理模型，1945 年马尔萨斯将此模型用于生态格局的分析。该模型是刻画维空间的位置的，它同要评价的生态环境质量有相似的形式。如果从生态指标中选取 n 个参量，则参量变化过程，也是生态环境质量值的空间位置。

假如，选取 5 个参量，分别记为 P、I、M、Z、K，生态环境质量与参量的关系有着质的内在联系，每个参量的数值变化都可以在一定程度或某个角度标明生态环境质量状况，于是生态环境质量 Q 与 5 个参量之间有如下关系：

$$Q=\phi(P, I, M, Z, K)$$

如果给出或找到“3”的表达形式，则 a 就可以给予评价。

这里选取的是空间内点的位置模型，其函数形式可用点到原点的距离来表示。例如一阔叶红松林的生态环境质量，可以主要选取群落结构、主要树种和年龄结构、群落中的下木、草本、微生物的单位面积上的生物量，汞、铜、锌、酚在 8 个有代表性的树种体内的含量，主要树种环境最大容纳量等 5 个方面，各为一个生态参数，综合在一起刻画阔叶红松林的生态环境质量。即：

$$Q=\phi(P, I, M, Z, K)$$

式中，P——森林群落结构参数；

I——主要树种的年龄结构参数；

M——单位面积上的生物量；

Z——对污染物的稳定度；

K——主要树种的最大容纳量；

Q——森林生态环境质量。

（二）水体环境质量的生态评价

上述模型形式也同样适用于水体环境质量的生态评价。例如，在对第二松花江环境质量进行评价中，选取的生态学指标有：群落结构；主要经济鱼的年龄结构；水体中浮游生物，底栖生物、鱼类资源的单位空间生物总量（湿重）；汞、铜、锌、酚在 8 种较有代表性的生物体内的含量；主要经济鱼类环境最大容纳量等 5 个方面。综合这 5 个生态参量，评价水体环境质量，即：

$$Q=\phi（P，I，M，Z，K）$$

式中，P——群落结构参数；

I——经济鱼类的年龄结构参数；

M—单位空间生物量；

Z—对污染物的稳定度；

K—经济鱼类的最大容量。

1. 群落结构

选取赫尔格特于 1971 年所建议的描述群落结构水平的生态指数，又称种间相遇概率（PIE），作为环境质量的一个生态参变量，即群落结构参数。P 在群落内种的多样性，种的多度及种间数量的均匀度增加时，反应灵敏，并与所确定的生态环境质量 Q 的取向是相同的。

2. 种群年龄结构

由于年龄结构的分析是一项十分繁杂的工作，不是所有种群的年龄结构都是易于确定的，所以只能选择主要经济种类的种群年龄结构作指标。生存条件良好者，有较强的后备群与更新能力，并有较强的生存寿命。

3. 稳定度

选取江中耐污染的鲫鱼、对污染敏感的鲢鱼、底栖的蚌和螺以及浮游生物剑水蚤等生物体所含的汞、铜、锌、酚等 4 种污染物，将其作为一个多种污染因子作用的多种生态要素的系统，以每一种毒物（如锌）在 4 种生物体内的残毒为一个组合。自哈达湾至松江村，生态稳定度逐步上升，表明污染状况也在逐步减轻，到王家站稳定度有明显下降，表明污染量增加，这给第二松花江主要支流带来了新的污染物质。

4. 单位空间的生物量

以江体中单位立方米（底栖动物按平方米计）的生物量（湿重），作为标度生态环境质量的一个参数。

5. 种群最大容纳量

种群最大容量，反映种群最大限度利用环境的能力。通常以 Logistic 方程中的 K 值表示环境对种群的最大容量，因此可选取 K 值作为衡量环境因子对生态系统总的制约与促进作用的尺度，其中包括降雨、气温、光照；江水流量、流速、温度……人类活动；捕捞适度或过度、森林砍伐或培育……工业污染对江水的作用及江中水体的自净能力等对生态系统的影响。

第四节　环境影响的生态评价

一、环境影响评价与环境影响的生态评价

环境影响评价这一术语出现于 20 世纪 70 年代，又称为环境预测评价或环境事前影响评价。它要求在人类行动没有改变以前，记载该地区的自然环境现状，预测它将产生的变化，并对预测的结果进行相应的评价。

把环境影响评价工作纳入国家法律的第一个国家是美国。美国在 1970 年 1 月 1 日批准《国家环境政策法》以后，才正式建立了环境影响评价制度。后来，瑞典、澳大利亚、法国、新西兰、加拿大也相继推行环境影响评价制度。日本从 70 年代开始首先在某些部门和地区试行，直到 1981 年 4 月经由日本内阁会议通过了《环境影响评价法案》后，才在全国实行这项制度。

但早在 1930 年开始，在美国，重大工程影响的评价工作就已经开始包括生物评价。如美国渔业和野生动物管理部门对提出的水利工程将如何影响生物资源（鱼和野生生物）提出意见。但早期的生物评价强调以人类为中心的原则，重点放在具有商业价值或具有狩猎、钓鱼这样娱乐性的特种鱼类和野生生物上，而忽视了生物系统的完整性和稳定性。

1949 年，利奥波德认为，人是生物群落的一个成员，而不是与别种生物分离开来的外来分子，应通过了解人类活动是如何影响生物群落，从而对人类活动加以调节，并对生物群落加以管护，并认为所有生物种类对生物体系的正常运行都有潜在的重要性，从经济的角度评价某项活动的做法是目光短浅的。但直到 70 年代，这种观点才被广泛接受。由此看来，环境影响的生物评价工作可分为两个方面。一是以资源为出发点，把生物评价的重点放在对人类有直接价值的单个物种上；另一方面是尝试以生物体系为出发点，强调整个生态体系的结构、功能和长期稳定性。这两个方面在政府的土地利用和基础设施建设的有关政策中都要加以考虑。

我国的环境影响评价制度是在1979年颁布了《中华人民共和国环境保护法（试行）》后才建立的。据此，1981年5月国务院有关部门颁发了《基本建设项目环境保护管理办法》。经过重新修订，又于1986年3月颁发了〈建设项目环境保护管理办法》。这些文件对环境影响的评价范围、内容、程序、审批权限和法律责任等都作了具体规定。我国的建设项目环境管理程序是通过法律规定纳入到基本建设程序当中，并对项目实行统一管理的，如在《环境保护法》中明确了把环境保护部门审批环境影响报告这个程序.作为建设项目的决策与设计的约束条件，使项目的基建程序与环境管理程序紧密地联系在一起；同时还规定了环境影响报告书必须在批准项目设计任务书之前完成。

但在我国环境影响评价还面临一些问题，突出地表现在以下内容。

（1）环境影响评价内容过窄，很少涉及环境影响的生态评价。我国当前的影响评价主要偏重评价环境污染和治理对策措施。按照世界各国通用的环境内涵，环境应包括自然环境（水、大气等）、生态环境（动物、植物等）、社会环境（工农业、供水、交通、第三产业等）和生活质量环境（美学、人文、旅游、健康等）。对后3个方面的评价工作还比较薄弱。

（2）对大面积的森林开发和垦殖的环境影响评价工作仅仅是开始。如新疆阿尔泰林业局变为森工企业，全面开发阿尔泰山林区的环境影响评价工作，虽然做得较好，但因缺乏统一的方法，一切只能在摸索中进行，工作量很大，花费的时间较长。众所周知，大面积的森林开发和垦殖对环境造成的影响是巨大的，必须通过环境影响评价弄清对自然生态环境所造成的影响，经论证后找到切实可行的减轻影响的补救措施.

（3）对农、林、水等生态影响较大的建设项目如何进行环境影响评价，尚缺乏指标体系。

（4）环境影响评价内容、技术方法和主要对象尚没有统一的技术规范。现在的做法是靠评价大纲的编制单位根据经验与习惯做法，在大纲中加以论述，说明以哪个环境因子为主，哪些内容为重点，然后召开专家会议审查，听取专家意见，最后由环境管理部门提出审批意见，批准实施。一般地说，这一过程较切合实际情况，但是缺乏统一性。

（5）环境影响评价往往跟不上建设项目可行性研究进度，一般都表现为滞后。

（6）20世纪80年代以来，大量乡镇企业和个体工商户企业的建设项目上马，但建设项目的环境影响评价与管理十分薄弱，有的根本没有评价。因而，造成淮河、太湖流域、辽河流域等的严重污染，林区开设的采矿、淘金等的一些建设项目对生态环境造成了严重破坏。

二、环境质量影响的生态评价方法

生态影响评价正处于研究和探索阶段，许多评价方法还有待发展和完善。以下便介绍几种常用的一般方法。

（一）类比分析法

类比法是一种常用的定性和半定量评价方法，一般有生态环境整体类比、生态因子类比、生态环境问题类比等。

类比分析常用于生态环境影响评价。它是根据已有的开发建设活动对生态环境产生的影响，来分析或预测进行的开发建设活动可能产生的生态环境影响。选择好类比对象，是进行类比分析或预测评价的基础，也是该法成败的关键。

类比对象的选择条件是：工程性质、工艺和规模基本相当，生态环境条件（地理、地质、气候、生物因素等）基本相似，所产生的影响也有相似性。

类比对象确定后，需要选择和确定类比因子及指标，并对类比对象开展调查与评价，再分析拟建项目与类比对象的差异。根据类比对象与拟建项目的比较，作出类比分析结论。

类比分析法的程序如下：①进行生态环境影响识别和评价因子筛选；②将原始生态系统作类比对象，评价生态环境的质量；③进行生态环境影响的定性分析与评价；④进行某一个或几个生态环境因子的影响评价；⑤预测生态环境问题的发生与发展趋势及其危害；⑥确定环境保护目标，并寻求最有效的、可行的环境保护措施。

（二）列表清单法

列表清单法是利特尔等人于1971年提出的一种定性分析方法。该法特点是简单明了，针对性强。

列表清单法的基本做法是：将拟实施的开发建设活动的影响因子与可能受影响的环境因子，分别列在同一张表格的行与列内，再逐点进行分析，并以正负号、数字、其他符号表示影响的性质、强度等，由此分析开发并建设活动的生态环境影响。

列表清单法的程序是：①用于影响识别和评价因子筛选；②进行生态因子相关性分析（行、列均为生态因子）；③分析开发建设活动对生态环境因子的影响。

（三）生态图法

生态图法，即图形叠置法，是把两个以上的生态信息叠合到一张图上，构成复合图，用以表示生态环境变化的方向和程度。该方法的特点是直观、形象，简单明了，但不能作精确的定量评价。生态图主要用于区域环境影响评价，或用于具有区域性影响的特大型建设项目评价中，如大型水利枢纽工程，新能源基地建设等，以及用于土地利用规划和农业开发规划中。编制生态图又有两种方法、即指标法和叠图法。

1. 指标法

①确定评价区域范围；②进行生态调查，收集评价范围与周边地区自然的和生态的

信息，同时收集社会经济和环境污染及环境质量信息；③进行影响识别和筛选拟评价因子，其中包括识别和分析主要生态环境问题；④研究拟评价生态系统或生态因子的地域变异特点和规律，对拟评价的生态系统、生态因子或生态环境问题建立表征其特性的指标体系，并通过定性分析和定量方法对指标赋值或分级，再依据指标值进行区域划分；⑤将上述区划信息绘制在相应生态图上。

2. 盖图法

①用透明纸作底图，底图范围略大于评价范围；②在底图上描绘生态环境主要影响因子信息，如植被覆盖度、动物分布、河流水系、土地利用和特别保护目标等等；③进行影响识别和筛选评价因子；④绘制拟评价因子影响程度透明图，并用不同颜色和色度来表示影响的性质和程度；⑤将影响因子图和底图叠加，从而得到生态环境影响评价图。

在计算机上进行生态叠图，不仅省工省力，而且可得到直观的动态变化显示。

（四）指数法与综合指数法

在环境影响评价中，指数法是规定采用的评价方法，同样可适用于环境影响的生态评价中。指数法简明扼要，且符合人们所熟悉的环境污染影响评价思路，但困难在于需明确建立表征生态质量的标准体系，而且难于赋权和准确定量。指数法可用于生态因子单因子质量评价，多个生态因子综合质量评价或生态系统功能等评价。

应用该方法的程序如下所述。

（1）分析、研究评价的生态因子性质及变化规律。

（2）建立反映各生态因子特征的指标体系。

（3）确定评价标准。

（4）建立评价函数曲线，将评价的环境因子的现状值（开发建设活动前）与预测值（开发建设活动后）转换为统一的无量纲的环境质量标准，用 1~0 表示优劣（如“1”表示最佳的、顶级的、原始或人类干预甚少的生态环境状况，“0”表示最差的、极度破坏的、几乎非生物性的生态环境状况，如沙漠）。

（5）根据各评价因子的相对重要性赋予权重。

（五）景观生态学方法

应用景观生态学方法的生态评价包括两个方面：一是空间结构分析，二是功能与稳定性分析。这种评价方法可体现出生态系统结构与功能匹配一致的原理。

从景观的空间结构来看，景观由拼块、模地和廊道组成。其中，模地是一个景观的背景地块，也是一种可以控制环境质量的组分。因此，模地的判定是空间结构分析的重点。模地的判定有 3 个标准：相对面积大、连通程度高、具有动态控制功能。模地的判定多借用群落生态学中计算重要值的方法。拼块的表征，一是多样性指数，另一个则是优势度指数。

景观的功能和稳定性分析包括：组成因子的生态适宜性分析；生物的恢复能力分析；系统的抗干扰能力或抗退化能力分析；种群源的持久性和可达性分析（能流是否畅通无阻，物流能是否畅通和循环）；景观开发性分析（与周边生态系统的交通渠道是否畅通）等。

该方法可应用于区域生态环境影响评价、特大型建设项目环境影响评价、景观资源评价，以及城市和区域土地利用规划与功能区划等。

（六）生态系统综合评价方法

生态系统是由多因子（生物因子和非生物因子）组成的多层次的复杂体系和开放系统，采用定性与定量相结合的方法认识和评价这样的复杂系统，是目前最常见的评价方法，即层次分析法。可应用于评价区域性生态环境总质量及其变化、区域生态环境功能区划、大中型建设项目的生态环境影响评价、自然保护区质量评价、社会经济环境综合决策分析等。

层次分析法（AHP 法）是一种对复杂现象的决策思维过程进行系统化、模型化、数量化的方法，所以又称多层次权重分析决策法。应用该方法的程序如下。

（1）明确问题即确定评价范围和评价目的、对象；进行影响识别和评价因子筛选，确定评价内容或因子；进行生态因子相关性分析，明确各因子之间的相互关系。

（2）建立层次结构根据对评价系统的初步分析，将评价系统按其组成层次，建成一个树状层次结构。在层次分析中，一般可分为 3 层次，即目标层、指标层、策略层。

目标层：又可分为总目标层和分目标层。在区域生态环境质量评价中，社会 - 经济 - 自然复合生态系统可作为总目标层；生态环境分解为自然生态环境和社会生态环境两个系统，并以一定的指数表达，可作为分目标层。

指标层：由可直接度量的指标组成，如大气二氧化碳浓度、土地的生物生产力、植被覆盖率等。有些生态因子的表征指数比较复杂，其可能由若干因子组成，所以指标层也包括分指标层。例如，土壤是一个重要的生态因子，是评价生态系统质量中的一个重要指标，但土壤可用 pH 值、污染指数、有机质含量、氮磷钾含量（肥力指标）、土壤容重、团粒结构、抗侵蚀能力、渗透性等多个分指标表征，其本身实际上可构成一个层次分析结构体系。

策略层：对每一个指标的变化和发展都会有不同的发展方向和策略方案，即具有不同的可供选择的后果和对策措施。

（3）标度在进行多因素、多目标的生态环境评价中，既有定性因素，又有定量因素，还有很多模糊因素，各因素的重要度不同，联系程度也各异。针对这些特点，层次分析法的重要度定义如下：第一，以相对比较为主，并将标度分为 1，3，5，7，9 共 5 个，而将 2，4，6，8 作为两标度之间中间值；第二，遵循一致性原则，即当 C1 比 C2 重要、

C2 比 C3 重要，则 C1 一定比 C3 重要。

（4）构造判断矩阵在每一层次上，按照上一层次的对应准则要求，对该层次的元素（指标）进行逐对比较，依照规定的标度定量化后，写成矩阵形式，即为判别矩阵。构造判别矩阵可通过专家讨论来确定，或专家调查确定。

（5）层次排序计算和一致性检验——权重计算排序计算的实质是计算判别矩阵的最大特征根及相应的特征向量。此外，在构造判别矩阵时，因专家在认识上的不一致，必须考虑层次分析所得结果是否基本合理，需对判别矩阵进行一致性检验后得到的结果即认为是可行的。

（6）选择评价标准通过上述 5 个步骤确定了区域生态系统综合评价的指标体系、层次结构及各层次间的权重，接着应确定相应的评价指标体系。评价标准有些可根据国家颁布的标准，如地面水质标准、渔业水质标准、农田水质标准、空气质量标准等；有些标准则须经专家研究来确定，如自然生态体系的标准等。

（七）其他评价方法

针对生态环境的不同特点与属性，或者针对不同的评价问题，不同专家从各自的专长出发，探索和应用了多种多样的方法。

1. 多因子数量分析法

生态环境在一定时间、一定范围所发生的变化，是由各生态因子的变化和状态所决定，因此，可通过测定各生态因子的变化趋势，进行生态因子相关性分析和主分量分析，进而进行生态环境变化的趋势分析。有人以此方法分析了在采取乔灌草结合的治沙措施后，沙漠化土地逆转过程中生态环境的相应变化。

2. 回归分析法

回归分析法是研究两个及两个以上变量之间相互关系的一种统计分析方法。回归分析的变量中有一个是因变量，其余是自变量，通过监测或观测数据来寻找自变量和因变量之间的统计关系。

统计分析一般包括确定变量之间的回归方程；对回归方程是否合适进行统计检验；当有多个自变量时需要进行选择以确定具有显著影响的变量和进行预报等几个步骤。

生态影响评价中，往往需要采用多元线性回归分析法，而且除部分问题属于线性关系外，大部分问题实质上都是非线性的，因而或者需将问题简化为线性处理，或者需进行多元线性模型分析。

3. 解决特殊问题的数学方法

相关分析法，可分析生态因子间的相互关系和重要度。

主成分分析法，可分析生态环境的主要影响因子或主要问题等。

聚类分析法进行各因子亲疏关系分析，可用于进行生态区划等。

4. 系统分析方法

对于多目标的动态性问题，可采用系统分析法进行评价。如可将系统动力学方法、模糊综合评判法、灰色关联分析等方法，应用于生态影响评价。

环境影响的生态评价方法正处在发展时期，上述方法各有其特点。无论采用何种方法，其可靠性最终依然取决于对生态环境和生态系统的全面认识和深刻理解。获取可靠的数据，仔细分析生态环境的特点、本质和各要素之间的内在联系，是评价成功的关键。

三、环境影响的生态评价内容与程序

建设项目对周围地区生态系统的影响，目前多限于对某些生物种群影响的分析，尚缺乏对整个生态系统影响的全面综合分析。

（一）环境影响的生物评价

生物评价的一般内容和程序如下。

1. 确定项目或工程的细节

比如，假设计划中的水坝工程要求改变现有一条车道的路线。对设计这个水坝的工程师来说，主要关心的问题是坝的位置和水库的蓄水能力。也许直到设计的最后，才能够确定道路改线的方案。但是，对生物学家而言，开辟新道路的影响（特别是经过未开发的土地）与坝和水库的影响同样重要。

一般地，生物学家对工程的附属设施和建设方法与对工程主体一样重视。例如，在架设输电线时，对生物影响最大的并不是输电线本身，而是架线时利用附近的道路。在修建工程时，筑路取土以及路面平整的过程能够明显地影响生物群落。因此，与附属设施和其他作业有关的细节应特别注意。

2. 确定有关的生物学问题

影响评价要集中在有限的关键问题上，可根据 3 个方面的内容来定。一是包括在法律、计划和政策文件中的有关信息，它指明了某些特别的生物资源的重要性，如濒危物种或国家保护物种名录，以及特殊的生态系统类型等；二是与地方官员、保护组织代表、当地居民、渔业和野生生物保护和管理机构人员等座谈，了解社会反映，以研究重大影响的评价问题；三是由生物学理论和知识所作的科学判断。例如，虽然某一物种既没有受到法律保护，也不受本地居民的重视，但生物学家可能认为评价对这一物种的影响很重要。在美国新泽西州，开展控制蚊虫的化学药剂对沼泽地生态系统的生物影响评价过程中，通过对其精心研究，发现两种特殊草种的不利影响将会严重干扰整个盐土沼泽生态系统的功能。

3. 对研究区域的生态系统编目

由于时间和经费的限制，故而不可能进行大规模的实地调查，因此，要明确所需要并收集的资料，如当地以往动植物资源的调查报告和有关的生物调查的文章。也可通过访问当地的专家和有经验者获取有关编目的资料。国家有关部门拍摄的航片、卫片也是有用的资料。编目的目的是掌握生态系统的特征，因此还必须到计划项目或工程现场进行实地的考察。对于一般的小型工程，通常花几天时间在研究区域观察重要的生境和自然过程。如果收集到的资料不充分，就还要进行更广泛的实地调查，可能包括系统地鉴别群落类型、濒危物种、鱼和野生生物生境，以及研究当地生态系统的结构和功能特征。也可能需要实地调查来判读遥感手段得到的信息。

4. 预测生物影响

在预测工程或项目的生物影响时，生物学家和其他环境科技专家一样，通常依靠自身的专业判断能力，包括所受的教育和掌握的专门科学技术知识及以往的经验。预测时，还需要专家们相互合作，发挥集体智慧的作用。

沃德认为，如果除了直观判断和推理之外，对那些受到干扰的生态系统采取系统的观察方法，那么就能极大地改善他们的预测能力。例如，沃德及合作者在预测杀蚊剂对美国新泽西州盐土沼泽生态系统时，结果就证实了上面的观点，其所采用的方法有以下几种。

（1）比较分析法找出杀虫剂处理过的盐土沼泽地并查看它们与未处理过的沼泽地的差别。

（2）监测方法研究新泽西州蚊子控制委员会已决定用杀虫剂处理的盐土沼泽地，并与未处理的沼泽地比较。

（3）控制实验法将一定剂量的杀虫剂用在现有盐土沼泽地的一小块区域上，并与其较大的该沼泽地未处理区域对比。

此外，生态系统的数学模型则提供了另一种预测方法。但这种数学模型的建立和检验需要大量的实际观测数据，而且必须在对生态系统充分了解的基础上，才能被成功地运用。

5. 评价生物学影响

评价因子的选择可根据上面提到的有关评价资料来确定，即与生物学有关的问题。但生物学家主要从生物学角度来考虑，而难以对生态系统特征改变的社会意义做出有价值的评价。例如，生物学评价着重于过度放牧对牧场长期生产率的不利影响。但是，从社会经济的观点，生物学本身并不能确定生产率的减低对社会影响是好还是坏。

6. 对决策过程施加影响

生物影响评价能以几种方式影响工程规划。在工程或项目规划早期，所进行评价的结果，可能会是建议取消或改变工程或项目。如我国已准备立法扩大环境影响评价的范围，即对规划、政策本身等进行环境影响评价。如果是已投入了大量的经费进行规划之后，才进行评价，其结果可能是只对工程规划进行相关修改，并采取一些防范措施。例如，计划中的水库工程可能使钓鱼活动和野生生物生境受到影响或毁坏，可通过提供鱼苗、多孵卵站以及购置和保护与受损害的生境相似的生境来减少部分损失。其他防范或补救措施包括建筑顺序、在建筑工程中采取控制侵蚀的措施以及工程完成后对受影响地区进行绿化等等。设法减少不利影响也反映在工程作业上，例如在石油总站采取的专门作业法以减少溢油发生的可能。

（二）区域生态环境影响评价

区域是由经济社会和环境诸多因子组成的多层次、多功能的复合生态系统。它是某个地区或特定地域的一种泛称，其面积可大到数个国家，如东北亚区域，也可小到一个流域或只有几个平方公里的具有特殊功能的地域，如经济开发区等。区域环境影响评价是在按自然地理单元或社会经济单元划定的地域内，从资源、环境质量、社会发展诸方面，分析论证该地域经济发展规划和拟开发建设活动的合理性和可行性。通过提出功能区划、生态保护对策、污染物总量控制及集中治理方案，努力使区域开发建设活动与资源合理利用、环境质量的保护和改善相适应，促进区域可持续发展。

区域生态环境影响评价的基本程序和内容分为以下几个方面。

1. 确定评价整体框架

根据评价任务，进行信息收集和初步现场踏查，识别环境影响和环境问题，确定评价的主要对象、评价范围和内容，明确评价目的，确立评价标准和环境保护目标，在此基础上确定工作的整体框架和编制环境评价工作大纲。

2. 区域生态环境调查

（1）自然系统调查内容包括地理（地形、地质）、水与水资源（水文、水质等）、植被（分布、类型、覆盖率、珍稀植物与分布区、建群种和优势种、资源利用等）、动物（种群、分布、适应性、资源动物及其利用等）、气候、土壤、土地资源、矿产资源、特殊或稀有资源，区域特殊生态系统、特殊生境或敏感生态环境保护目标，区域生态环境问题（如水土流失、沙漠化、盐碱化、水资源缺乏等）、区域自然灾害（如台风、洪涝、风沙、崩塌、滑坡、泥石流等）、区域污染危害（如污染对水生生物、陆生动植物影响等）、区域生态系统的历史演变（结构和功能的改变等）。既包括现状调查，也包括对历史变迁的调查。区域生态调查须重视人类活动与自然长期的相互作用及其后果，包括资源动态（变迁、增减），植被变迁与环境变迁关系，水体与大气污染影响，自然生境与景观破坏及其后果等。

（2）社会系统调查调查对生态环境影响评价有重要作用的社会情况，如人口和人口规划、交通状况、人类聚落、行政管理。

（3）经济系统调查调查对生态环境影响较大的因素是生产力布局、产业结构和重大开发建设项目、污染物处置以及能源物流强度等。

3. 生态分析与评价

在生态分析的基础上，进行生态功能分区，建立功能区保护目标和确定评价因子与指标。

（1）区域生态系统分析由生态系统结构、生态系统过程和生态系统功能 3 部分组成。生态系统结构分析包括分析区域生态系统类型、分布和组成特点。生态系统过程分析主要指弄清楚区域生态系统能流、物流情况，即生态系统运行过程；各生态系统间的相互联系与相互作用；区域内外生态系统的相互关联与作用等。生态系统功能分析主要包括分析各生态系统的资源生产功能和环境功能；分析区域可持续发展的生态环境功能需求以及评价生态系统对这种需求的满足程度，所评价区域在更大区域中的生态环境功能。其他还有区域可持续发展制约因素分析，主要生态问题分析，特殊生态问题分析等。

（2）区域资源态势分析主要内容有分析资源种类、优势、利用合理性、生物和土地生产潜力、特殊或特有资源、区域可持续发展资源供需情况等。

（3）区域生态环境影响分析包括经济系统（含重大工程项目）对环境的影响，社会系统对环境的影响，以及生态因子的相关影响。其步骤和方法一般分为识别社会经济影响因素（对环境有较大影响的开发建设活动）、识别生态影响因子（可能受影响的生态因子）、生态影响矩阵分析（按有利、有害和无影响及不同的影响等级）。

（4）区域社会 - 自然 - 经济复合生态系统综合分析以生态环境功能保护为基本出发点，主要内容有：生态环境的人口和经济承载力分析（水资源的可供给量和可利用量、可开发利用土地量、污染承载能力）、土地利用适宜度分析、生态环境与资源的相关性分析、生态环境与社会经济发展的协调性分析、生态环境敏感性分析（如敏感的水源或集水区、水土流失易发地区、受沙漠化威胁地区、严重自然灾害风险地带等）。

4. 区域生态环境功能区划

环境功能区一般可归结为社会系统功能区（如居民区、科教文化区、交通枢纽、文化古迹等）、经济系统功能区（工业区、商贸区等）和生态环境功能区 3 个类型。对区域生态环境功能区划起决定作用的是区域的生态环境特征，它是以未来区域可持续发展为目标而进行的土地利用规划和生态环境分类、分区。生态功能区分为如下几类：

（1）重要的资源生产与资源保护区，如农业生产区（基本农田、果园、菜地、鱼塘、养殖区等）、农林牧副业特产地、鱼虾蟹贝类的产卵索饵育肥场、水源保护区（包括水源林和主要集水区）。这是关系到人类生存的资源，应作为优先和强制性的保护对象。

（2）应该保护或保留的自然景观或自然生态系统，如珍稀濒危动植物栖息地或特殊生境、自然荒地、自然保护区、滩涂与湿地、原始森林、珊瑚礁、红树林等，作物种植保护地、自然地理和地质遗迹等。

（3）为防止污染和自然灾害、维护区域环境和经济社会稳定的人工或自然生态系统，如防护林带与防风林带、绿色隔离带、城市绿地与绿化带、公园、风景旅游区、地质灾害防护区、防洪排涝区（行洪河道）等。

（4）为消纳区域社会经济活动产生的废水、固体废物而设立的污水处理厂、纳污水域、垃圾填埋场等环境功能区。

生态功能区应有明确的界域和明确的功能目标或指标，并应有权责归属和明确的保护管理制度。生态功能区应列入到区域环境规划中，经审定以法律的形式固定下来。功能区的变更应进行影响评价，并履行相应的法律程序。

5. 区域生态环境影响预测与评价

区域的生态环境影响预测，主要是针对土地利用规划进行的。其影响因素分析既包括拟建工程，亦包括区域已建、在建工程和其他社会、经济因素。

区域生态环境影响预测须考虑区域开发建设的滚动发展性质和不确定性较大的特点，并从影响因素、影响对象和影响后果等全过程考虑。设定的各类开发区，一般已确定了区域的性质或开发方向（工业、商贸或旅游、农业），其中已完成规划的其影响因素基本是明确的，只需要根据新的发展形势考虑其可能的变动；未完成发展规划的，则需根据其开发意向，通过系统分析或类比调查，预测其可能的开发建设规模、强度，据此进行生态环境影响预测。

许多建设项目向一定的区域集中，最终将导致区域的城市化。这类区域的影响因素可通过类比调查来确定。这类区域生态环境影响评价的重点不是自然生态环境，而是按城市生态保护与建设的要求进行人工生态环境的设计，满足城市可持续发展的要求，其保护的重点是人体健康和保护较清洁、舒适优美的生活环境，同时重视一些生态目标的保护。

区域生态环境影响预测应考虑多个方面的内容，一般采用定性分析与定量分析相结合的方法进行。

6. 区域生态环境保护方案与措施

编制区域生态环境保护方案的原则要求是：根据区域可持续发展要求，区域生态环境保护应从满足未来长期稳定发展的需求着眼，重点放在可再生资源的持续利用和整个生态系统完整性与生物多样性保护上，同时应满足社会不断发展、人民生活不断提高对环境质量的需求；要全面贯彻国家关于资源和环境的保护政策与法规，以及可持续发展战略和思想；还要注意协调各方面的矛盾和利益，并根据区域环境特点和开发建设活动特点进行管理，建立完善的管理体系；另外，方案与措施既要对关系到区域可持续发展的生态环境功能实行坚决的保护，又要适应不断变动的开发建设活动对环境的需求和冲击，即留有余地和弹性空间。

区域生态环境保护方案的基本内容是：①提出区域资源环境管理的政策性建议，包括资源利用政策、环境管理政策、区域产业政策、区域规划方案、区域环保工程筹资政策等；②提出管理方案，内容为管理机构设置及其权责鉴别、人员配置及其素质要求、管理制度建设、环境与资源监测控制与管理计划；③提出功能分区方案，明确界域和目标，建立缓冲区或隔离带，指出各功能区管理的不同要求；④提出生态工程建设方案，根据区域生态环境特点和可持续发展的要求，提出保护与改善区域生态环境的生态工程建设方案，如风景名胜区建设工程、自然生态景观保护工程、城市公园和绿地建设方案、绿化方案、自然灾害防护工程（含陡坡绿化、封禁、防护林建设、护岸护坡等）、水源地建设与水源林建设工程、农田防护林体系建设工程、台风防风林带、荒瘠地或山地绿化工程、各种鸟兽虫鱼保护地与保护区建设工程、污染隔离带建设工程等等。

在措施方案的技术经济论证过程中，要继续优化和落实有关的措施。论证的主要内容是：计算生态环境保护措施的投资需求（投资额、投资方向、投资期等）和投资效益，主要是投资的生态环境功能保护与提高的效益，包括直接对经济社会保护效益和间接的经济社会保障效益。

第八章　生态环境监测管理和质量保证措施

第一节　环境监测管理

为保证环境监测发展，理顺和规范监测工作及保证监测质量，必须要对环境监测实施管理。管理工作包括：行政、制度上管理和监测技术管理，后者一般称为环境监测质量保证，但相互之间有一定交叉。

一、主要环境监测管理制度

我国已经颁布的主要环境监测管理制度有：《环境监测管理条例》《环境监测管理办法》《环境监测报告制度》《国家监控企业污染源自动监测数据有效性审核办法》《全国环境监测站建设标准》《环境监测质量管理规定》《环境监测人员持证上岗考核制度》《污染源监测管理办法》和《环境监测技术路线》等。

（1）《环境监测管理条例》：1983 年由城乡建设环境保护部（现已撤销）颁布《全国环境监测管理条例》，2009 年由环境保护部颁布《环境监测管理条例》（征求意见稿），原管理条例废止。其主要内容包括：环境监测的定义和适用范围，环境监测事业的性质与地位，环境监测管理体制，环境监测数据的效力，环境监测工作的财政保障，环境监测标志管理，科技进步、表彰与国际合作，境外组织或者个人的环境监测活动；环境监测工作的组织实施和定期报告，环境监测事业发展规划的编制，环境监测机构的设立，环境监测机构与人员；环境监测制度的建立和完善，环境监测质量管理制度，环境监测公告与环境监测信息共享，跨区域环境监测数据的技术认定；环境监测网的建设，环境监测网的管理，环境监测点位（断面）的设立和调整，因重大工程建设对环境监测点位（断面）的移动申报，对环境监测点位（断面）周边建设项目的限制，环境监测设施的保护；环境预警监测；突发环境事件应急监测；环境监测技术规范等。

（2）《环境监测管理办法》：自 2007 年 9 月 1 日起施行，适用于县级以上环境保护部门下列环境监测活动的管理，其中包括：环境质量监测，污染源监督性监测，突发环境污染事件应急监测，为环境状况调查、评价等环境管理活动提供监测数据的其他环境监测活动四个方面。明确环境监测工作是县级以上环境保护部门的法定职责。

（3）《环境监测报告制度》（环监〔1996〕914号）：目的是加强环境监测报告的管理，实现环境监测数据、资料管理制度化，确保环境监测信息的高效传递，提高为环境决策与管理服务的及时性、针对性、准确性和系统性。环境监测报告分为数据型和文字型两种：数据型报告是指根据监测原始数据编制的各种报表、软盘等，文字型报告是指依据各种监测数据及综合计算结果进行以文字表述为主的报告。环境监测报告按内容和周期分为环境监测快报、简报、月报、季报、年报、环境质量报告书及污染源监测报告。地方各级环境保护局负责组织、协调本辖区各类环境监测报告的编制和审定，并按本制度规定的要求，向上一级环境保护部门和同级人民政府提交各类文字型报告。中国环境监测总站及各级环境监测站具体承担本辖区各类监测报告的编制，并按本规定的要求进行报告；各流域（区域）近岸海域等专业监测网组长单位负责按本制度规定的要求组织编制和上报本网络各类环境监测报告等。

（4）关于国家环境监测站的设置：全国环境保护系统设置四级环境监测站，一级站：中国环境监测总站；二级站：各省、自治区、直辖市设置的省级环境监测中心站；三级站：各地级市设置的市级环境监测站（或中心站）；四级站：各县、旗、县级市、大城市的区设置的环境监测站。各级环境监测站受同级环境保护主管部门的领导，业务上受上一级环境监测站的指导。

二、环境监测管理的内容和原则

1. 环境监测管理的内容

环境监测管理是以环境监测质量、效率为主对环境监测系统整体进行全过程的科学管理，其核心内容是环境监测质量保证。作为一个完整的质量保证归宿（即质量保证的目的）是应保证监测数据具有如下五方面的质量特征。

（1）准确度：测量值与真值的一致程度。

（2）精密度：均一样品重复测定多次的符合程度。

（3）完整性：取得有效监测数据的总数满足预期计划要求的程度。

（4）代表性：监测样品在空间和时间分布上的代表程度。

（5）可比性：在监测方法、环境条件、数据表达方式等可比条件下所得数据的一致程度。

2. 环境监测管理原则

（1）实用原则：监测不是目的，而是手段；监测数据并不是越多越好，而是实用；监测手段也不是越先进越好，而是准确、可靠、实用。

（2）经济原则：确定监测技术路线和技术装备，要经过技术经济论证，进行费用-效益分析。

为达到上述目的，环境监测质量保证系统应该控制的要点见图 8-1。

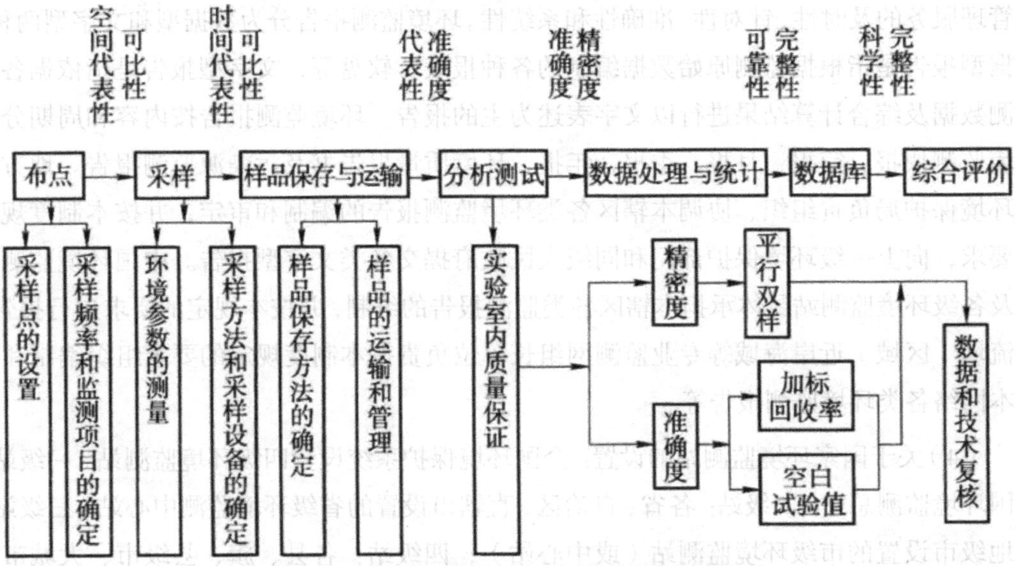

图8–1　环境监测质量保证系统应该控制的要点

3. 环境监测的档案文件管理

为了保证环境监测的质量，以及技术的完整性和可追溯性，应对监测全过程的一切文件（包括任务来源、制订计划、布点、采样、分析及数据处理等）按严格制度予以记录并存档。同时对所积累的资料、数据进行整理，建立完整的数据库。环境监测是环境信息的捕获、传递、解析、综合的过程。环境信息是各种环境质量状况的情报和数据的总称。自然界的资源有三种，即可再生资源（如动、植物资源）、不可再生资源（如金属、非金属、矿产等）及信息资源，而信息资源的重要性正越来越被重视。因此，档案文件的管理，资料、信息的整理、分析是环境监测管理的重要内容。

对于自动监测站，除了数据库外，档案内容应包括以下文件。

（1）仪器设备的生产厂家、购置和验收记录。

（2）流量标准的传递和追溯记录文件。

（3）气体标准的传递和追溯记录文件。

（4）监测仪器的多点线性校准表格。

（5）运行监测仪器零点和跨度漂移的例行检查报表。

（6）监测仪器的审核数据报告。

（7）运行监测仪器的例行检查记录。

（8）监测子站和仪器设施的预防性维护文件。

（9）仪器设备检修登记卡。

第二节　质量保证的意义和内容

环境监测对象成分复杂，含量低，时间、空间量级上分布广，且随机多变，不易准确测量。特别是在区域性、国际大规模的环境调查中，常需要在同一时间内，由许多实验室同时参加、同步测定。这就要求各个实验室从采样到结果所提供的数据有规定的准确度和可比性，以便得出正确的结论。如果没有一个科学的环境监测质量保证程序，由于人员的技术水平、仪器设备、地域等差异，难免出现调查资料互相矛盾、数据不能利用的现象，造成大量人力、物力和财力的浪费。

环境监测质量保证是环境监测中十分重要的技术工作和管理工作。质量保证和质量控制，是一种保证监测数据准确可靠的方法，也是科学管理实验室和监测系统的有效措施，它可以保证数据质量，使环境监测建立在可靠的数据基础之上。

环境监测质量保证是整个监测过程的全面质量管理，包括制订计划，根据需要和可能确定监测指标及数据的质量要求，规定相应的分析监测系统。其内容包括采样、样品预处理、贮存、运输、实验室供应，仪器设备、器皿的选择和校准，试剂、溶剂和基准物质的选用，统一测量方法，质量控制程序，数据的记录和整理，各类人员的要求和技术培训，实验室的清洁度和安全，以及编写有关的文件、指南和手册等。

环境监测质量控制是环境监测质量保证的一个部分，它包括实验室内部质量控制和外部质量控制两个部分。实验室内部质量控制，是实验室自我控制质量的常规程序，它能反映分析质量的稳定性，以便及时发现分析中的异常情况，随时采取相应的校正措施。其内容包括空白试验、校准曲线核查、仪器设备的定期标定、平行样品分析、加标样品分析、密码样品分析和编制质量控制图等。外部质量控制通常是由常规监测以外的监测中心站或其他有经验的人员来执行，以便对数据质量进行独立评价，各实验室可以从中发现所存在的系统误差等问题，以便做到及时校正，提高监测质量。常用的方法有分析标准样品以进行实验室之间的评价和分析测量系统的现场评价等。

样品的采集和保存等内容已在本书有关章节中说明，实验室分析操作技术等内容可参阅有关分析化学书籍，本章会着重讨论标准分析方法、环境标准物质、质量控制体系等内容。

第三节　实验室认可和计量认证/审查认可概述

一、中国实验室国家认可制度

实验室认可由中国实验室国家认可委员会组织实施。中国实验室国家认可委员会（简称认可委员会）是根据《中华人民共和国产品质量法》《中华人民共和国计量法》《中华人民共和国标准化法》《中华人民共和国进出口商品检验法》《中华人民共和国进出境动植物检疫法》《中华人民共和国食品卫生法》《中华人民共和国国境卫生检疫法》《中华人民共和国产品质量认证管理条例》等法律法规的规定，由国务院有关行政部门及与实验室、检查机构认可的相关方联合成立的国家认可机构。英文名称为 China National Accreditation Board for Laboratories（英文缩写 CNAL）。中国实验室国家认可委员会经中国国家认证认可监督管理委员会批准设立并授权，统一负责实验室和检查机构认可及相关工作。

CNAL 是由中国实验室国家认可委员会（CNACL）和中国国家出入境检验检疫实验室认可委员会（CCIBLAC）合并重新组建的。CNACL 和 CCIBLAC 均为亚太实验室认可合作组织（APLAC）和国际实验室认可合作组织（ILAC）的正式成员，并签署了 ILAC-MRA（相互承认协议）和 APLAC-MRA。

中国实验室国家认可委员会的宗旨是推进实验室和检查机构按照国际规范要求，不断提高技术和管理水平；促进实验室和检查机构以公正的行为、科学的手段、准确的结果，更好地为社会各界提供服务；统一对实验室和检查机构的评价工作，促进国际贸易。

其认可的主要内容为：检测结果的公正性、质量方针与目标、组织与管理，如组织机构、技术委员会、质量监督网、权力委派，防止不恰当干扰、保护委托人机密和所有权、比对和能力验证计划等，质量体系、审核与评审。检测样品的代表性、有效性和完整性将直接影响检测结果的准确度，因此必须对抽样过程、样品的接收、运输、贮存、处置，以及样品的识别等各个环节实施有效的质量控制。这是在实验室认可中特别强调的内容。

二、计量认证 / 审查认可

我国于 20 世纪 80 年代中期开始，依据《中华人民共和国计量法》、《中华人民共和国标准化法》、《中华人民共和国产品质量法》及相关法规和规章，对产品质量监督检验机构（以下简称质检机构）实行计量认证和审查认可（验收）考核制度。对评价质检机构能力、规范质检机构检验行为、加强质检机构管理和提高检测技术水平进行技术管理。

（一）计量认证

为了规范质检机构和依照其他法律法规设立的专业检验机构的工作行为，提高检验工作质量，国家计量局（现为国家质量监督检验检疫总局）借鉴国外对检验机构（检测实验室）管理的经验，在 1985 年颁布《中华人民共和国计量法》时，规定了对检验机构的考核要求。1987 年发布的《中华人民共和国计量法实施细则》中对检验机构的考核称之为计量认证。

《中华人民共和国计量法实施细则》实施后，为规范计量认证工作，参照英国实验室认可机构（NAMAS）、欧共体（现为欧洲联盟）实验室认可机构等国外认可机构对检验机构的考核标准，结合我国实际情况，制定了对检验机构计量认证的考核标准，颁布了对检验机构计量认证的考核标准——《产品质量检验机构计量认证技术考核规范》（参考采用 ISO/IEC 导则 25、38 等）。

（二）审查认可

为了有效地对检验机构的工作范围、工作能力、工作质量进行监控和界定，规范检验市场秩序，提出对检验机构进行审查认可的要求，国家技术监督局（现为国家质量监督检验检疫总局）在 1990 年发布的《中华人民共和国标准化法实施条例》中以法规的形式明确了对设立检验机构的规划、审查条款（《中华人民共和国标准化法实施条例》第二十九条），并将规划、审查工作称之为“审查认可（验收）”。

（三）计量认证与审查认可的发展及改革调整

我国经计量认证、审查认可考核合格的检验机构的专业已涉及机械、电子、冶金、石油、化工、煤炭、地勘、航空、航天、船舶、建筑、水利、公安、公路、铁路、建材、医药、防疫、农药、种子、环保、节能等国民经济各个领域，承担了产品质量监督检验、质量仲裁检验、商贸验货检验、药品检验、防疫检验、环境监测、地质勘测、节能监测和进出口等大量的检验检测任务，为政府执法部门提供了强有力的技术保障，为审判机关裁决因产品质量引发的案件提供了准确的技术依据，为商业贸易双方提供了公正的检验结果，为工农业生产和工程项目提供了科学、准确、可靠的检测数据。

根据市场经济规律，检验机构应属中介组织。但我国计量认证和审查认可（验收）工作分别由计量部门和质量监督部门实施，其考核标准基本类同，致使检验机构接受考核条款相近的两种考核，造成了对检验机构的重复评审。我国自加入 WTO 后，对检验机构的考核标准也需要与国际上对实验室考核的标准趋于一致。为解决重复考核和与国际惯例接轨问题，同时又兼顾我国法律要求和具体国情，决定制定“二合一”评审标准——《产品质量检验机构计量认证 / 审查认可（验收）评审准则》，替代原计量认证考核条款（50 条）和审查认可（验收）条款（39 条）。该评审准则已于 2000 年 10 月 24 日发布，并于 2001 年 12 月 1 日正式实施。

三、实验室认可与计量认证/审查认可（验收）的关系及其发展

按照国际惯例，申请实验室认可是实验室的自愿行为。实验室为完善其内部质量体系和技术保证能力向认可机构申请认可，由认可机构对其质量体系和技术保证能力进行评审，进而做出是否符合认可准则的评价结论。如获得认可证书，则证明其具备向用户、社会及政府提供自身质量保证的能力。

计量认证是通过计量立法，对为社会出具公证数据的检验机构（实验室）进行强制考核的一种手段，也可以说计量认证是具有中国特色的政府对实验室的强制认可。审查认可（验收）是政府质量管理部门对依法设置或授权的承担产品质量检验任务的检验机构的设立条件、界定任务范围、检验能力考核、最终授权（验收）的强制性管理手段。这种最终授权（验收）前的评审，当然也完全可以建立在计量认证/审查认可评审或实验室认可评审的基础上。这样就可以减少对实验室的重复评审，将计量认证和审查认可（验收）评审内容统一是未来的必然趋势。

综上所述，计量认证/审查认可（验收）是法律法规规定的强制性行为，其管理模式为国家和省两级管理，以维护国家法治的需要，其考核工作是在注重国际通行做法的基础上充分考虑我国国情和计量认证/审查认可（验收）实践的基础上而实施的。实验室认可工作是我国完全与国际惯例接轨的一套国家实验室认可体系，目前已有亚太、欧洲、南非和南美洲等地区实验室认可机构承认其认可结果。

四、我国环境监测机构计量认证的评审内容与考核要求

目前我国各级环境监测站计量认证的评审内容是按照《产品质量检验机构计量认证/审查认可（验收）评审准则》的规定要求进行的。

认证内容有13个要素56项条款的具体规定。主要的内容及要求如下。

（一）组织和管理

1. 实验室应有明确的法律地位

实验室的组织和运作方式应保证固定的、临时的和可移动的设施满足本准则的要求。申请计量认证的实验室一般为独立法人，能独立承担第三方公正的检验，独立对外行文和开展业务活动，有独立账目和独立核算。

2. 实验室应满足的要求

（1）有管理人员，并具有履行其职责所需的权力和资源。

（2）有措施保证所有工作人员均不受任何来自商业、财务和其他会影响其工作质

量的压力。

（3）其组织形式在任何时候都能保证判断的独立性和诚实性。

（4）对影响检验质量的所有管理、执行或验证人员规定其职责、职权和相互关系并形成文件。

（5）由熟悉检验方法和程序、了解检验工作目的，以及懂得如何评定检验结果的人员实施监督工作；监督人员与非监督人员的比例应足以保证监督工作的正常进行。

（6）有负责技术工作的技术主管（无论如何称谓）。

（7）有负责质量体系及其实施的质量主管（无论如何称谓），其能直接与负责实验室质量方针和资源决策的最高管理者及技术主管联系。

（8）在技术或质量主管不在时，要指定其代理人，并在质量手册中进行规定。

（9）应在质量手册或程序文件中规定，保证委托方的机密信息和所有权。

（10）适当时，参加国际、国家、行业或自行组织的实验室之间的比对和能力验证计划。

（11）对政府下达的指令性检验任务，应编制计划，并保质保量按时完成。

（二）质量体系、审核和评审

实验室应建立和保持与其承担的检验工作类型、范围和工作量相适应的质量体系。质量体系要素应形成相关文件。质量文件应提供给实验室人员使用。实验室应明文规定达到良好工作水平和检验服务的质量方针、目标并作出承诺。实验室的管理者应将质量方针和目标纳入质量手册，并使实验室所有有关人员都知道、理解并贯彻执行。质量主管应负责保守质量手册的现行有效性。

1. 质量手册及相关的质量文件

质量手册及相关的质量文件应包括。

（1）最高管理者的质量方针声明，包括目标和承诺。

（2）实验室组织与管理结构，以及它在任一母体组织中的地位和相应的组织图。

（3）管理工作、技术工作、支持服务和质量体系之间的关系。

（4）文件的控制和维护程序。

（5）关键人员的岗位描述及相关人员的工作岗位描述。

（6）实验室获准签字人的识别（适用时）。

（7）实验室实现量值溯源的程序。

（8）实验室检验的范围。

（9）确保实验室评审所有新工作的措施，以保证实验室在开始新工作之前有相应的设施和资源。

（10）列出在用的检验程序。

（11）处置检验样品的程序。

（12）列出在用的主要仪器设备和参考测量标准。

（13）仪器设备的校准、检定（验证）维护程序。

（14）涉及检定（验证）的活动，包括实验室之间比对、能力验证计划、标准物质的使用、内部质量控制方案的制订。

（15）当发现检验有差异或发生偏离规定的政策和程序时，应遵循反馈和纠正措施的程序。

（16）实验室关于允许偏离规定的政策和程序或标准规范的例外情况的管理措施。

（17）处理抱怨程序。

（18）保密和保护所有权的程序。

（19）质量体系审核和评审程序。

2. 实验室的工作审核和评审

实验室应定期对其工作进行全面的审核，以证实其运行能持续地符合质量体系的要求。

（1）审核应由受过培训和有资格的人员承担，审核人员应与被审核工作无关。当审核中发现检验结果的正确性和有效性可疑时，实验室应立即采取纠正措施并书面通知可能受到影响的所有委托方。

（2）管理者应对为满足本准则要求而建立的质量体系每年至少评审一次，以确保其持续适用和有效性，并进行必要的更改和改进。

（3）在审核和评审中发现的问题和采取的纠正措施应形成文件。对质量负责的人员应保证这些纠正措施在议定的时间内完成。

（4）除定期审核以外，实验室还应采取其他有效的检查方法来确保提供给委托方结果的质量，并应对这些检查方法的有效性进行科学评审，其内容包括（但不仅限于此）：尽可能采用统计技术的内容质量控制方案，参加能力验证试验或其他实验室间的比对，定期使用有证标准物质和（或）在内部质量控制中使用副标准物质，用相同或不相同的方法进行重复检验，对保留样品的再检验，一个样品不同特性检验结果的相关性。

（三）人员

（1）实验室应有足够的人员。这些人员应经过与其承担的任务相适应的教育、培训，并有相应的技术知识和经验。

①实验室最高管理者、技术主管、质量主管及各部门主管应有任命文件。

②最高管理者和技术主管的变更需上报发证机关或授权的部门备案。

③非独立法人实验室的最高管理者应由其法人单位的行政领导成员担任。

④实验室技术主管应具有工程师以上技术职称，熟悉检测业务。

（2）实验室应确保其人员得到及时培训，检验人员应考核合格持证上岗，实验室应保存技术人员有关资格、培训、技能和经历等的技术业绩档案。

（四）设施和环境

（1）实验室的设施、检验场地，以及能源、照明、采暖和通风等应便于检验工作的正常运行。

（2）检验所处的环境不应影响检验结果的有效性或对其所要求的测量准确度产生不利的影响，在非固定场所进行检验时尤应注意这些。

（3）适当时，实验室应配备对环境条件进行有效监测、控制和记录的设施。对影响检验的因素，如微生物、灰尘、电磁干扰、湿度、电源电压、温度、噪声和振动水平等应予以适当重视。应配置停电、停水、防火等应急的安全设施，以免影响检验工作质量。

（4）相邻区域内的工作相互有不利影响时，应采取有效的隔离措施。

（5）进入和使用有影响工作质量的区域应有明确的限制和控制。

（6）应有适当措施以确保实验室有良好的内务管理，并符合有关人身健康和环保要求。

（五）仪器设备和标准物资

（1）实验室应正确配备进行检测的全部仪器设备（包括标准物质）。如果要使用实验室永久控制范围以外的仪器设备（限使用频率低、价格昂贵及特种项目），则应保证符合本准则规定的相关要求。仪器设备购置、验收、流转应受控。未经定型的专用检验仪器设备需提供相关技术单位的验证证明。

（2）应对所有仪器设备进行正常维护，并有相应的维护程序：如果任一仪器设备有过载或错误操作，或显示的结果可疑，或通过检定（验证）或其他方式表明有缺陷时，应立即停止使用，并加以明显标识，如可能应将其贮存在规定的地方直至修复；修复的仪器设备必须经校准、检定（验证）或检验证明其功能指标已恢复。实验室应检查由于这种缺陷对过去进行的检验所造成的相关影响。

（3）每一台仪器设备（包括标准物质）都应有明显的标识来表明其校准状态。

（4）应保存每一台仪器设备及对检验有重要意义的标准物质的档案，其内容包括以下方面。

①仪器设备名称。

②制造商名称、型号、序号或其他唯一性标识。

③接收日期和启用日期。

④目前放置地点（如果适用）。

⑤接收时的状态及验收记录（如全新的、用过的、经改装的）。

⑥仪器设备使用说明书。

⑦校准和（或）检定（验证）的日期和今后维护的计划。

⑧迄今所进行维护的记录和今后维护的计划。

⑨损坏、故障、改装或修理的历史记录。

（六）量值溯源和校准

（1）凡对检验准确度和有效性有影响的测量和检验仪器设备，在投入使用前必须进行校准和（或）检定（验证）。实验室应编制有关测量和检验仪器设备的校准与检定（验证）的周期检定计划。

（2）应制定和实施仪器设备的校准和（或）检定（验证）和确认的总体计划，以确保（适用时）实验室的测量可追溯到已有的国家计量标准。校准证书应能证明溯源到国家计量基准，并应提供测量结果和有关测量有确定性和（或）符合经批准的计量规范的说明。自检定/校准的仪器设备，按国家计量检定系统的要求，绘制能溯源到国家计量基准的量值传递方框图（适用时），以确保在用的测量仪器设备量值符合计量法律规定的要求。

（3）如不可能溯源到国家计量基准，实验室应提供结果相关性的满意证据，如参加一个适当的实验室间的比对或能力验证计划。

（4）实验室建立的测量参考标准只能用于校准，而不能用于其他目的，除非能够证明其作为测量参考标准的性能不会失效。

（5）测量的参考标准的校准工作应由能提供对国家计量基准溯源的机构进行。应编制参考标准进行校准和检定（验证）的计划。

（6）使用时，参考标准、测量和检验仪器设备在两次检定（验证）/校准之间应接受运行中的检查。

（7）如可能，标准物质应能溯源到国家或国际计量基准，或溯源到国家或国际标准参考物质，并应使用有证标准物质（有效期内）。

（七）检验方法

（1）实验室应对缺少指导书可能会给检验工作带来危害的所有仪器设备的使用和操作、样品的处置和制备、检验工作编制指导书，并在质量文件中规定。与实验室工作有关的指导书、标准、手册和参考数据都应现行有效并便于工作人员实际使用。

（2）实验室应使用适当的方法和程序进行所有检验工作，以及职责范围内的其他有关业务活动（包括样品的抽取、处置、传送和贮存、制备，测量不确定性的估算，检验数据的分析），这些方法和程序应与所要求的准确度和有关检验的标准规范一致。

（3）没有国际、国家、行业、地方规定的检验方法时，实验室应尽可能选择国际或国家标准中已经公布或由知名的技术组织或有关科技文献或杂志上公布的方法，但应经实验室技术主管进行确认。

（4）需要使用非标准方法时，这些方法应征得委托方同意，并形成有效文件，使出具的报告为委托方和用户所接受。

（5）当抽样作为检验方法的一部分时，实验室应按有关程序文件的规定和适当的统计技术抽取样品。

（6）应对计算和数据换算进行适当的检查。

（7）当使用计算机或自动化设备采集、处理、运算、记录、报告、存储或检索检验数据时，实验室应确保：符合本准则要求；计算机软件应形成文件并满足使用要求；制定并执行保护数据完整性的程序，这些程序应包括（但不限于）数据输入或采集、数据存储、数据传输和数据处理的完整性；对计算机和自动化设备进行维护，以确保其功能正常实现，并提供保证检测数据完整性所必需的环境和工作条件；制定和执行保证数据安全的适当程序，包括防止非授权人员接触和未经批准修改计算机记录。

（8）实验室应制定其技术工作中所使用的消耗材料的采购、验收和贮存的程序。

（八）检验样品的处置

（1）实验室应建立对拟检验样品的唯一识别系统，以保证在任何时候对样品的识别不发生混淆。

（2）在接收检验样品时，应记录其状态，包括是否异常或是否与相应的检验方法中所描述的标准状态有所偏离。如果对样品是否适用于检验有任何疑问，或者样品与提供的说明不符，或者对要求的检验规定得不完全，实验室应在工作开始前就询问委托方，要求进一步予以说明。实验室应确定是否已完成了对样品的必要准备，包括是否按委托方要求对样品进行的相应准备。

（3）实验室应在质量文件中规定适当的设施，避免检验所用样品在贮存、处置、准备检验过程中变质或损坏，并遵守随样品提供的任何有关说明书。如果样品必须在特定的环境条件下贮存或处置，则应对这些条件加以维持、监控和记录（如必要）。当检验样品或其一部分须妥善保存时（例如：基于记录、安全或价值昂贵或日后对检验进行检查的原因），实验室应有相应贮存和安全措施，以保护这些需要妥善保存的样品或其部分状态的完整性。

（4）实验室应编制对检验样品接收、保存或安全处置的质量程序文件，包括为维护实验室诚实性所必需的各项规定。

（九）记录

（1）实验室应有适合自身具体情况并符合现行规章的记录制度。所有的原始观测记录、计算和导出数据、记录，以及证书副本、检验证书副本、检验报告副本均应归档并保存适当的期限。每次检验的记录应包含足够的信息以保证其能够再现。记录应包含参与实验的全过程、样品准备、检验人员的标识。记录更改应按适当程序规范进行。

（2）所有记录包括（五）（4）条中有关校准和检验仪器设备的记录、证书和报告都应安全存放、妥善保管并为委托方保密。

（十）证书和报告

（1）对于实验室完成的每一项或每一系列检验的结果，均应按照检验方法中的规定，准确、清晰、明确、客观地在检验证书或报告中表述，应采用法定计量单位。证书或报告中还应包括为说明检验结果所必需的各种信息及采用方法所要求的全部信息。

（2）每份检验证书或报告至少应包括以下信息。

①标题，如“检验证书”或“检验报告”。

②实验室的名称与地址，进行检验的地点（如果与实验室地址不同）。

③检验证书或报告的唯一性标识（如序号）和每页及总页数的标识。

④委托方的名称和地址（如果适用）。

⑤检验样品的说明和明确标识。

⑥检验样品的特性和状态。

⑦检验样品的接收和进行检验的日期（如果适用）。

⑧对所采用检验方法的标识，或者对所采用的任何非标准方法的明确说明。

⑨涉及的抽样程序（如果适用）。

⑩测量、检查和导出的结果（适当辅以表格、图、简图和照片加以说明），以及对结果失效的说明。

对估算的检验结果不确定性的说明（如果适用）。

对检验证书或报告（不管如何形成）内容负责人员的签字、职务或等效标识，以及签发日期。

如果适用，作出本结果仅对所检验样品有效的声明。

未经实验室书面批准，不得复制检验证书或报告（完整复制除外）的声明。

（3）如果检验证书或报告中包含分包方所进行的检验结果，则应明确地标记出来。

（4）应合理地编制检验证书或报告，尤其是检验数据的表达应易于读者理解。注意逐一设计所承担不同类型检验证书或报告的格式，但标题应尽量实现标准化。

（5）对已发出的检验证书或报告作重大修改，只能以另发文的方式，或采用对“编号为××××的检验证书或报告”作出补充声明或检验数据修改单的方式。这种修改应有相应规定并符合本准则第条的全部相应要求。

（6）当发现诸如检验仪器设备有缺陷等情况，而对任何证书、报告或对证书或报告的修改单所给出的结果的有效性产生疑问时，实验室应立即以书面形式来通知委托方。

（7）当委托方要求用电话、电传、图文传真或其他电子和电磁设备传送检验结果时，实验室应保证其工作人员遵循质量文件规定的程序，这些程序应满足本准则的要求，并为委托方保密。

（十一）检验的分包

（1）如果实验室将检验工作的一部分分包，接受分包的实验室便要符合本准则的要求：分包比例必须予以控制（限仪器设备为使用频率低、价格昂贵及特种项目）。实验室应确保并证实分包方有能力完成分包任务，并能满足相同的能力要求。实验室应将分包事项以书面形式征得委托方同意后方可分包。

（2）实验室应记录和保存调查分包方的能力及符合性的详细资料，保存有关分包事项的登记册。

（十二）外部支持服务和供应

（1）实验室在寻求本准则未涉及的外部支持服务和供应以支持其检验工作时，应选用能充分保证实验室检验质量的外部支持服务和供应。

（2）如外部支持服务或供应商无独立的质量保证，实验室则应制定有关程序确保所购仪器设备、材料和服务符合规定的要求，只要有可能，实验室应确保所购仪器设备和消耗材料在使用前按相应的检验所要求的标准规范进行检验、校准或检定（验证）。

（3）实验室应保存所有为检验提供所需的支持服务和供应品的所有供应商的信息记录。

（十三）抱怨

（1）实验室应在质量文件或程序中，作出处理委托方或其他单位对实验室工作提出抱怨的规定，并记录和保存所有抱怨及处理意见。

（2）当抱怨和其他任何事项是对实验室是否符合其方针或程序，或者是否符合本准则要求，或者是对其他有关实验室检验质量提出疑问时，实验室应确保按本准则“（二）2. 实验室的工作审核和评审”的要求，立即对抱怨涉及的范围和职责进行相关审核。

第四节 监测实验室基础

实验室是获得监测结果的关键部门，要使监测质量达到规定水平，必须要有合格的实验室和合格的分析操作人员。具体地讲其中包括仪器的正确使用和定期校正，玻璃量器的选用和校正，化学试剂和溶剂的选用，溶液的配制和标定，试剂的提纯，实验室的清洁和安全工作，分析人员的操作技术等。

仪器和玻璃量器是为分析结果提供原始测量数据的设备，它的选择视监测项目的要求和实验室条件而定。仪器和玻璃量器的正确使用、定期维护和校正是保证监测质量、延长使用寿命的重要工作，也是反映操作人员技术素质的重要方面。

一、实验用水

水是最常用的溶剂，配制试剂、标准物质、洗涤时均需大量使用。水对分析质量有着广泛和根本的影响，对于不同用途需要不同质量的水。市售蒸馏水或去离子水必须经检验合格才能投入使用。实验室中应配备相应的提纯装置。

（一）蒸馏水

蒸馏水的质量因蒸馏器的材料与结构而异，水中常含有可溶性气体和挥发性物质。下面分别介绍几种不同蒸馏器及其所得蒸馏水的质量。

（1）金属蒸馏器：金属蒸馏器内壁为纯铜、黄铜、青铜，也有镀纯锡的。用这种蒸馏器所获得的蒸馏水含有微量金属杂质，如含 Cu^{2+} 的质量分数为（10 ~ 200）$\times 10^{-6}$，电阻率小于 0.1MΩ·cm（25℃），只适用于清洗容器和配制一般试剂。

（2）玻璃蒸馏器：玻璃蒸馏器由含低碱高硅硼酸盐的“硬质玻璃”制成，二氧化硅质量分数约为 80%。经蒸馏所得的水中含痕量金属，如含质量分数为 5×10^{-9} 的 Cu^{2+}，还可能有微量玻璃溶出物，如硼、砷等。其电阻率约 0.5MΩ cm，适用于配制一般定量分析试剂，不宜用于配制分析重金属或痕量非金属试剂。

（3）石英蒸馏器：石英蒸馏器含二氧化硅质量分数 99.9% 以上。所得蒸馏水仅含痕量金属杂质，不含玻璃溶出物。电阻率为 2 ~ 3MΩ·cm，特别适用于配制对痕量非金属进行分析的试剂。

（4）亚沸蒸馏器：它是由石英制成的自动补液蒸馏装置。其热源功率很小，使水可在沸点以下缓慢蒸发，故而不存在雾滴污染问题。所得蒸馏水几乎不含金属杂质（超痕量），适用于配制除可溶性气体和挥发性物质以外的各种物质的痕量分析用试剂。亚沸蒸馏器常作为最终的纯水器与其他纯水装置（如离子交换纯水器等）联用，所得纯水的电阻率高达16MΩ·cm以上。但应注意保存，一旦接触空气，在不到5min内可迅速降至2MΩ·cm。

（二）去离子水

去离子水是用阳离子交换树脂和阴离子交换树脂以一定形式组合进行水处理而得到的。去离子水含金属杂质极少，适于配制痕量金属分析用的试剂，因它含有微量树脂浸出物和树脂崩解颗粒物，所以不适于配制有机分析试剂。通常用自来水作为原水时，由于自来水含有一定余氯，能氧化破坏树脂使之很难再生，因此进入交换器前必须充分曝气。自然曝气夏季约需1d，冬季需3d以上，如急用可进行煮沸、搅拌、曝气并冷却后使用。湖水、河水和塘水作为原水应仿照自来水先作沉淀、过滤等净化处理。含有大量矿物质、硬度很高的井水应先经蒸馏或电渗析等步骤去除大量无机盐，以延长树脂使用周期。

（三）特殊要求的纯水

在分析某些指标时，对分析过程中所用的纯水中这些指标的含量应越低越好，这就提出某些具有特殊要求的纯水，例如：无氯水、无氨水、无二氧化碳水、无铅（重金属）水、无砷水、无酚水，以及不含有机物的蒸馏水等，制取方法可查阅有关资料。

二、试剂

实验室中所用的试剂应根据实际需要合理选用，按规定浓度和需要量正确配制。配好的试剂须按规定要求妥善保存，注意空气、温度、光、杂质等的影响。另外要注意保存时间，一般浓溶液稳定性较好，稀溶液稳定性较差。通常，较稳定的试剂，其10^{-3}mol/L溶液可贮存一个月以上，10^{-4}mol/L溶液只能贮存一周，而10^{-5}mol/L溶液需当日配制，故许多试剂常配成浓的贮备液，临用时稀释成所需浓度。配制溶液均需注明配制日期和配制人员，以备核查追溯。由于各种原因，有时需对试剂进行提纯和精制，以保证分析质量。

一级品用于精密的分析工作，在环境分析中用于配制标准溶液；二级品常用于配制定量分析中普通试剂，如无注明环境监测所用试剂均应为二级或二级以上；三级品只能用于配制半定量、定性分析中试剂和清洁剂等。

质量高于一级品的高纯试剂（超纯试剂）目前国际上也无统一的规格，常以“9”的数目表示产品的纯度，在规格栏中标以4个9、5个9、6个9等。4个9表示纯度为99.99%，杂质总含量不大于0.01%；5个9表示纯度为99.999%，杂质总含量不大于0.001%；6个9表示纯度为99.999 9%，杂质总含量不大于0.000 1%，依此类推。

其他表示方法有：高纯物质（EP）、基准试剂、pH基准缓冲物质、色谱纯试剂（GC）、实验试剂（LR）、指示剂（Ind）、生化试剂（BR）、生物染色剂（BS）和特殊专用试剂等。

三、实验室的环境条件

实验室空气中如含有固体、液体的气溶胶和污染气体，对痕量分析和超痕量分析会导致较大误差。例如：在一般通风柜中蒸发200g溶剂，可得6mg残留物，若在清洁空气中蒸发可降至0.08mg。因此痕量和超痕量分析及某些高灵敏度的仪器，应在超净实验室中进行和使用。超净实验室中空气清洁度常采用100号。这种空气清洁度是根据悬浮固体颗粒物的大小和数量多少进行分类的。

要达到清洁度为100号标准，空气进口必须用高效过滤器过滤。高效过滤器效率为85%～95%，对直径为0.5～5.0μm颗粒物的过滤效率为85%，对直径大于5.0μm颗粒物的过滤效率为95%。超净实验室一般较小，面积约12㎡，并设有缓冲室，四壁涂环氧树脂油漆，桌面用聚四氟乙烯或聚乙烯膜，地板用整块塑料制成，门窗密闭，使用空调，室内略带正压，通风柜用层流。

没有超净实验室条件的可采用相应的措施。例如：样品的预处理、蒸干、消化等操作最好在专门的毒气柜内进行，并与一般实验室、仪器室分开。几种分析同时进行时应注意防止发生相互交叉污染。

四、实验室的管理及岗位责任制

监测质量的保证是以一系列完善的管理制度为基础的。严格执行科学的管理制度是评定一个实验室的重要依据。

（一）对监测分析人员的要求

（1）监测分析人员应具有相当于中专以上的文化水平，经培训、考试合格，方能承担监测分析工作。

（2）熟练掌握本岗位的监测分析技术，对承担的监测项目要做到理解原理、操作正确、严守规程、准确无误。

（3）接收新项目前，应在测试工作中达到规定的各种质量控制要求，才能进行项目的监测。

（4）认真做好分析测试前的各项技术准备工作，实验用水、试剂、标准溶液、器皿、仪器等均应符合要求，方能进行分析测试。

（5）负责填报监测分析结果，做到书写清晰、记录完整、校对严格、实事求是。

（6）及时完成分析测试后的实验室清理工作，做到现场环境整洁、工作交接清楚，做好安全检查。

（7）树立高尚的科研和实验道德，热爱本职工作，钻研科学技术，培养科学作风和谦虚谨慎的态度，遵守劳动纪律，搞好团结协作。

（二）对监测质量保证人员的要求

环境监测站内要有质量保证归口管辖部门或指定专人（专职或兼职）负责监测质量保证工作。监测质量保证人员应熟悉质量保证的内容、程序和方法，了解监测环节中的关键技术，具备有关的数理统计知识，协助监测站的技术负责人员进行以下各项工作。

（1）负责监督和检查环境监测质量保证各项内容的实施情况。

（2）按隶属关系定期组织实验室内及实验室间的分析质量控制工作，向上级单位报告质量保证工作执行情况，并接受上级单位的有关工作部署、安排，组织实施。

（3）组织有关的技术培训和技术交流，帮助解决所辖站有关质量保证方面的技术问题。

（三）实验室安全制度

（1）实验室内需设各种必备的安全设施（通风柜、防尘罩、排气管道及消防灭火器材等），并应定期检查，保证随时可供使用。使用电、气、水、火时，应按有关使用规则进行操作，保证安全。

（2）实验室内各种仪器、器皿应有规定的放置处所，不得任意堆放，以免错拿错用，造成事故。

（3）进入实验室应严格遵守实验室规章制度，尤其是使用易燃、易爆和剧毒试剂时，必须遵照有关规定进行操作。实验室内不得吸烟、会客、喧哗、用餐或私用电器等。

（4）下班后要有专人负责检查实验室的门、窗、水、电、煤气等，切实关好，不得疏忽大意。

（5）实验室的消防器材应定期检查，妥善保管，不得随意挪用。一旦实验室发生意外事故时，应迅速切断电源、火源，立即采取有效措施，及时处理，并上报有关领导。

（四）药品使用管理制度

（1）实验室使用的化学试剂应由专人负责管理，分类存放，定期检查使用和管理情况。

（2）易燃、易爆物品应存放在阴凉通风处，并有相应安全保障措施。易燃、易爆试剂要随用随领，不得在实验室内大量贮存。保存在实验室内的少量易燃品和危险品应严格控制、加强管理。

（3）剧毒试剂应由专人负责管理，加双锁存放，经批准后方可使用，使用时由两人共同称量，登记用量。

（4）取用化学试剂的器皿（如药匙、量杯等）必须分开，每种试剂用一件器皿，至少洗净后再用，不得混用。

（5）使用氰化物时，切实注意安全，不可在酸性条件下使用，并严防溅洒沾污。氰化物废液必须经处理再倒入下水道，并用大量流水冲洗。其他剧毒试剂也应注意经适当转化处理后再行清洗排放。

（6）使用有机溶剂和挥发性强的试剂的操作应在通风良好的地方或在通风柜内进行。任何情况下，都不允许用明火直接加热有机溶剂。

（7）稀释浓酸试剂时，应按规定要求操作和贮存。

（五）仪器使用管理制度

（1）各种精密贵重仪器及贵重器皿（如铂器皿和玛瑙研钵等）要有专人进行管理，分别登记造册、建卡立档。仪器档案应包括仪器说明书、验收和调试记录、仪器的各种初始参数，定期保养维修、检定、校准及使用情况的登记记录等。

（2）精密仪器的安装、调试、使用和保养维修均应严格遵照仪器说明书的要求。上机人员应进行考核，考核合格方可上机操作。

（3）使用仪器前应先检查仪器是否正常。仪器发生故障时，应立即查清原因，排除故障后方可继续使用，严禁仪器“带病”运转。

（4）仪器用完后，应将各部件恢复到所要求的位置，及时做好清理工作，盖好防尘罩。

（5）仪器的附属设备应妥善安放，并经常进行安全检查。

（六）样品管理制度

（1）由于环境样品的特殊性，要求样品的采集、运送和保存等各环节都必须严格遵守有关规定，以保证其真实性和代表性。

（2）监测站的技术负责人应和采样人员、测试人员共同议定详细的工作计划，周密地安排采样和实验室测试间的衔接、协调，以保证自采样开始至结果报出的全过程中，样品都具有合格的代表性。

（3）样品容器除一般情况外的特殊处理，其他应由实验室负责进行。对于需在现场进行处理的样品，应注明处理方法和注意事项，所需试剂和仪器应准备好，同时提供给采样人员。对采样有特殊要求时，应对采样人员进行相关培训。

（4）样品容器的材质要符合监测分析的要求，容器应密闭、不渗不漏。

（5）样品的登记、验收和保存要按以下规定执行。

①采集好的样品应及时贴好样品标签，填写好采样记录。将样品连同样品登记表、送样单在规定的时间内送交到指定的实验室。填写样品标签和采样记录需使用防水墨汁，严寒季节圆珠笔不宜使用时，可用铅笔进行填写。

②如需对采集的样品进行分装，分样的容器应和样品容器材质相同，并填写同样的

样品标签，注明“分样”字样。同时对“空白”和“副样”也都要分别注明。

③实验室应有专人负责样品的登记、验收，其内容包括：样品名称和编号；样品采集点的详细地址和现场特征；样品的采集方式，是定时样、不定时样还是混合样；监测分析项目；样品保存所用的保存剂的名称、浓度和用量；样品的包装、保管状况；采样日期和时间；采样人、送样人及登记验收人签名。

④样品验收过程中，如发现编号错乱、标签缺损、字迹不清、监测项目不明、规格不符、数量不足，以及采样不合要求者，可拒收并建议其补采样品。如无法补采或重采，应经有关领导批准后方可收样，完成测试后，应在报告中注明。

⑤样品应按规定方法妥善保存，并在规定时间内安排测试，不得无故拖延。

⑥采样记录、样品登记表、送样单和现场测试的原始记录应完整、齐全、清晰，并与实验室测试记录汇总保存。

第五节　环境标准物质

一、环境标准物质及其分类

（一）环境计量

环境计量是定量描述环境中有害物质或物理量在不同介质中的分布及浓度（或强度）的一种计量系统。环境计量包括环境化学计量和环境物理计量两大类。

环境化学计量是以测定大气、水体、土壤，以及人和其他生物中有害物质为中心的化学物质测量系统；环境物理计量是以测定噪声、振动、电磁辐射、放射性等为中心的物理测量系统，有关测量项目在前面相关章节已有叙述。

（二）基体和基体效应

在环境样品中，各种污染物的含量一般在6 - 10或9 - 10甚至10 - 12数量级水平，而大量存在的其他物质则称为基体。

目前环境监测中所用的测定方法绝大多数是相对分析法，即将基准试剂或标准溶液与待测样品在相同条件下进行比较测定的方法。这种用“纯物质”配成的标准溶液与实际环境样品间的基体差异很大。由于基体组成不同，因物理、化学性质差异而给实际测定带来的误差，叫作基体效应。

（三）环境标准物质

环境标准物质是标准物质中的一类。不同国家、不同机构对标准物质有不同的名称，而且至今仍没有被普遍接受的定义。

国际标准化组织（ISO）将标准物质（reference material，简称 RM）定义为这种物质具有一种或数种已被充分确定的性质，这些性质可以用作校准仪器或验证测量方法。RM 可以传递不同地点之间的测量数据（包括物理的、化学的、生物的或技术的）。RM 可以是纯的，也可以是混合的气体、液体或固体，甚至可以是简单的人造物质。在一批 RM 发放前，应确定其给定的一种或数种性质，以及足够的稳定性。通常在规定的不确定性范围内，适当小量的 RM 样品应该具备完整的 RM 的性质。ISO 还定义了具有证书的标准物质（certified reference material，简称 CRM），这类标准物质应带有证书，在证书中应具备有关的特性值、使用和保存方法及有效期。证书是由国家权威计量单位发放。

美国国家标准技术研究院（NIST）定义的标准物质称为标准参考物质（简称 SRM），是由 NIST 鉴定发行的，其中具有鉴定证书的也称 CRM。标准物质的定值由下述三种方法之一获得：①一种已知准确度的标准方法；②两种以上独立可靠的方法；③一种专门设立的实验室协作网。SRM 主要用于：①帮助发展标准方法；②校正测量系统；③保证质量控制程序的长期完善。

我国的标准物质以 GBW 为代号，国家标准物质应具备以下条件。

（1）用绝对测量法或两种以上不同原理的准确、可靠的测量方法进行定值。此外，亦可在多个实验室中分别使用准确、可靠的方法进行协作定值。

（2）定值的准确度应具有国内最高水平。

（3）应具有国家统一编号的标准物质证书。

（4）稳定时间应在一年以上。

（5）应保证其均匀度在定值的精密度范围内。

（6）应具有规定的合格的包装形式。

作为标准物质中的一类，环境标准物质除具备上述性质外，还应具备：

（1）由环境样品直接制备或人工模拟环境样品制备的混合物；

（2）具有一定的环境基体代表性。

美国是最早研制环境标准物质的国家。1964 年首次制备成供环境样品和生物样品分析用的标准物质——甘蓝粉。在这一研究中，由 29 个实验室采用 11 种方法测定了甘蓝粉中所含的 40 余种元素的含量。1986 年底，美国研制的环境、生物和临床的 SRM 已达百余种，包括各种气体、液体和固体。目前，世界许多国家及一些国际组织和机构（如国际原子能机构），也都开展了制备各种环境标准物质的工作。

我国环境标准物质的研制工作始于 20 世纪 70 年代末，目前已有气体、液体和固体的多种环境标准物质。

在环境监测中应根据分析方法和被测样品的具体情况选用适当的环境标准物质。在选择环境标准物质时应考虑以下原则。

（1）对环境标准物质基体组成的选择：环境标准物质的基体组成与被测样品的组成越接近越好，这样可以消除方法基体效应引入的系统误差。

（2）环境标准物质准确度水平的选择：环境标准物质的准确度应比被测样品预期达到的准确度高 3 ~ 10 倍。

（3）环境标准物质浓度水平的选择：分析方法的精密度是被测样品浓度的函数，所以要选择浓度水平适当的环境标准物质。

（4）取样量的考虑：取样量不得小于标准物质证书中规定的最小取样量。

环境标准物质可以广泛地应用于环境监测，主要用于下列所述。

（1）评价监测分析方法的准确度和精密度，研究和验证标准方法，发展新的监测方法。

（2）校正并标定监测分析仪器，发展新的监测技术。

（3）在协作试验中用于评价实验室的管理效能和分析人员的技术水平，从而加强实验室提供准确、可靠数据的能力。

（4）把环境标准物质当作工作标准和监控标准使用。

（5）通过环境标准物质的准确度传递系统和追溯系统，可以实现国际同行间、国内同行间，以及实验室间数据的可比性和时间上的一致性。

（6）作为相对真值，环境标准物质可以用作环境监测的技术仲裁依据；

（7）以一级环境标准物质作为真值，控制二级环境标准物质和质量控制样品的制备和定值，也可以为新型的环境标准物质的研制与生产提供保证。

二、我国环境标准物质

我国环境标准物质研制非常迅速，为提高环境监测质量提供技术支持，目前我国环境标准物质分为 9 类，共 700 多种，需要时可查阅中国标准物质网，按需进行采用，如图表 8-1 所示。

表8–1　我国环境标准物质分类及数量

类别	标准物质产品数量	可提供产品数量
有机监测标准物质	120	110
土壤和植物标准物质	60	60
水质监测标准物质	300	298
模拟天然水标准物质	60	48
空气质量监测标准物质	20	20
海水质量监测标准物质	20	9

续表

类别	标准物质产品数量	可提供产品数量
电子电气产品标准物质	20	1
沉积物标准物质	60	55
其他产品标准物质	100	92

参考文献

[1] 滕嵩 . 污染源自动监测技术在生态环境保护中的应用探析 [J]. 黑龙江环境通报 , 2023, 36 (07): 154-156.

[2] 饶梦文 . 浅论 3S 技术在生态环境监测领域中的应用 [J]. 皮革制作与环保科技 , 2023, 4 (18): 176-178.

[3] 刘增彩 . 生态环境保护工作中环境监测技术应用 [J]. 资源节约与环保 , 2023, (09): 50-53.

[4] 谢丹 . 基于物联网技术的生态环境监测应用研究 [J]. 环境与生活 , 2023, (08): 79-81.

[5] 陈桢玺 . 基于生态环境保护的环境监测技术应用研究 [J]. 皮革制作与环保科技 , 2023, 4 (14): 25-27.

[6] 饶丹 , 刘雅旋 , 梁柱 , 刘壮 . 3S 技术在生态环境监测中的应用 [J]. 皮革制作与环保科技 , 2023, 4 (14): 54-56+59.

[7] 侯勇团 , 王莉 , 胡云辉 , 牛晨霄 . 环境监测技术在生态环境保护中的应用分析 [J]. 黑龙江环境通报 , 2023, 36 (04): 147-149.

[8] 章秀华 . 生态环境监测技术在大气污染防治中的应用研究 [J]. 皮革制作与环保科技 , 2023, 4 (13): 119-121.

[9] 刘志敏 , 谢静 . 生态环境保护中环境监测技术的应用研究 [J]. 当代化工研究 , 2023, (13): 54-56.

[10] 罗文忠 , 陈莲花 . 探究铊在线监测技术在生态环境保护中的作用与应用策略 [J]. 皮革制作与环保科技 , 2023, 4 (11): 71-73.

[11] 陈鑫 . 卫星遥感技术在森林资源及生态环境变化监测中的应用 [J]. 乡村科技 , 2023, 14 (10): 151-154.

[12] 谢静 , 刘志敏 . 基于环保视角下的生态环境监测技术应用研究 [J]. 当代化工研究 , 2023, (09): 73-75.

[13] 董逵才 . 人工智能在三江源地区生态监测的研究与应用 [J]. 青海科技 , 2023, 30 (02): 44-48.

[14] 李琪 , 相巧明 . 基于物联网技术的生态环境监测应用分析 [J]. 皮革制作与环保科技 , 2023, 4 (04): 78-80+89.

[15] 刘增彩 . 基于物联网技术的生态环境监测应用研究 [J]. 低碳世界 , 2023, 13 (02): 22-24.

[16] 陈美瑾 . 水体生态环境监测难点及生物监测技术应用研究 [J]. 造纸装备及材料 , 2022, 51 (12): 142-144.

[17] 胡帆 , 杨子毅 , 马洪石 . GIS 技术在生态环境应急监测中的应用 [J]. 仪器仪表与分析监测 , 2022, (04): 40-43.

[18] 娄英斌 . 3S 技术在生态环境监测中的应用研究 [J]. 造纸装备及材料 , 2022, 51 (11): 129-131.

[19] 曹大成, 刘敏, 张亚彤. 水生态环境监测现状及新型监测技术的应用 [A]. 2022(第十届) 中国水生态大会论文集 [C]. 河海大学、南阳市人民政府、南阳师范学院、南水北调集团中线公司 , 北京沃特咨询有限公司 , 2022: 8.

[20] 李国清 . 基于物联网技术的生态环境监测应用研究 [J]. 冶金管理 , 2022, (19): 12-14.

[21] 张景毓 . 生态环境监测智能机器车导航系统研究与实现 [D]. 内蒙古大学 , 2022.

[22] 魏旋 . 基于 Landsat TM/OLI 遥感影像的蒙自市生态环境监测与评价 [D]. 昆明理工大学 , 2022.

[23] 吴强 . 面向 SDG11.4 的自然遗产地生态环境遥感监测及评价研究 [D]. 中国科学院大学 (中国科学院空天信息创新研究院), 2021.

[24] 郭嘉 . 我国社会生态环境监测机构监管制度研究 [D]. 常州大学 , 2021.

[25] 陈兰鑫 . 洞庭湖生态环境监测系统知识图谱的构建 [D]. 湖南农业大学 , 2019.

[26] 杨洋 . 基于 Landsat TM/OLI 遥感影像的焦作市生态环境监测与评价 [D]. 东华理工大学 , 2018.

[27] 胡莉烨 . 基于 ArcGIS Engine 的海洋生态环境监测技术研究与应用 [D]. 浙江海洋大学 , 2017.

[28] 汤杰 . 崇明岛生态环境监测与预警系统开发研究 [D]. 华东师范大学 , 2015.

[29] 唐松 . 无线传感器网络技术在拉鲁湿地生态环境监测中的应用研究 [D]. 西藏大学 , 2015.

[30] 张晓萍 . 基于遥感的舟山群岛生态环境监测及评价研究 [D]. 武汉大学 , 2014.

[31] 关佳佳 . 辽河保护区水生态监测指标体系构建的研究 [D]. 东北大学 , 2013.

[32] 周春兰 . “3S” 技术在矿山生态环境监测中的应用研究 [D]. 成都理工大学 ,

2009.

[33] 李海鹰 . RS 与 GIS 技术在采煤塌陷区生态环境时空监测中的研究与应用 [D]. 成都理工大学 , 2007.

[34] 郑泽忠 . “3S”技术在四川省生态环境动态监测中的应用 [D]. 成都理工大学 , 2006.

[35] 张红梅 . 遥感与 GIS 技术在区域生态环境脆弱性监测与评价中的应用研究 [D]. 福建师范大学 , 2005.